向为创建中国卫星导航事业

并使之立于世界最前列而做出卓越贡献的北斗功臣们

致以深深的敬意！

“十三五”国家重点出版物
出版规划项目

卫星导航工程技术丛书

主　编　杨元喜
副主编　蔚保国

导航星座测控管理系统

Navigation Satellite Constellation TT&C System

陈韬鸣　胡　敏　王绍山　李朋远　编著

国防工业出版社
·北京·

内 容 简 介

本书详细阐述了导航星座测控系统设计方法及导航星座构型保持与控制方法，主要内容包括导航星座地面测控网设计、MEO/IGSO/GEO 卫星/星座构型保持与控制方法、测控信息安全传输协议总体设计、导航星座测控任务设计与实现、导航星座测控大型试验任务设计与实现等。

本书可作为从事卫星导航系统及其地面测控管理与控制工作者和工程师的工具书，也可作为卫星导航领域相关专业的参考书。

图书在版编目(CIP)数据

导航星座测控管理系统 / 陈韬鸣等编著. —北京：国防工业出版社，2021.3

（卫星导航工程技术丛书）

ISBN 978-7-118-12272-5

Ⅰ. ①导… Ⅱ. ①陈… Ⅲ. ①卫星导航-全球定位系统 Ⅳ. ①P228.4

中国版本图书馆 CIP 数据核字(2020)第 268583 号

审图号 GS(2020)4269 号

※

国防工業出版社出版发行

（北京市海淀区紫竹院南路 23 号　邮政编码 100048）

天津嘉恒印务有限公司印刷

新华书店经售

*

开本 710×1000　1/16　**插页** 10　**印张** 16¼　**字数** 301 千字

2021 年 3 月第 1 版第 1 次印刷　**印数** 1—2000 册　**定价** 118.00 元

国防书店：(010)88540777　　书店传真：(010)88540776

发行业务：(010)88540717　　发行传真：(010)88540762

孙家栋院士为本套丛书致辞

探索中国北斗自主创新之路
凝练卫星导航工程技术之果

当今世界,卫星导航系统覆盖全球,应用服务广泛渗透,科技影响如日中天。

我国卫星导航事业从北斗一号工程开始到北斗三号工程,已经走过了二十六个春秋。在长达四分之一世纪的艰辛发展历程中,北斗卫星导航系统从无到有,从小到大,从弱到强,从区域到全球,从单一星座到高中轨混合星座,从 RDSS 到 RNSS,从定位授时到位置报告,从差分增强到精密单点定位,从星地站间组网到星间链路组网,不断演进和升级,形成了包括卫星导航及其增强系统的研究规划、研制生产、测试运行及产业化应用的综合体系,培养造就了一支高水平、高素质的专业人才队伍,为我国卫星导航事业的蓬勃发展奠定了坚实基础。

如今北斗已开启全球时代,打造"天上好用,地上用好"的自主卫星导航系统任务已初步实现,我国卫星导航事业也已跻身于国际先进水平,领域专家们认为有必要对以往的工作进行回顾和总结,将积累的工程技术、管理成果进行系统的梳理、凝练和提高,以利再战,同时也有必要充分利用前期积累的成果指导工程研制、系统应用和人才培养,因此决定撰写一套卫星导航工程技术丛书,为国家导航事业,也为参与者留下宝贵的知识财富和经验积淀。

在各位北斗专家及国防工业出版社的共同努力下,历经八年时间,这套导航丛书终于得以顺利出版。这是一件十分可喜可贺的大事!丛书展示了从北斗二号到北斗三号的历史性跨越,体系完整,理论与工程实践相结合，突出北斗卫星导航自主创新精神，注意与国际先进技术融合与接轨，展现了“中国的北斗，世界的北斗，一流的北斗”之大气！每一本书都是作者亲身工作成果的凝练和升华，相信能够为相关领域的发展和人才培养做出贡献。

“只要你管这件事，就要认认真真负责到底。”这是中国航天界的习惯，也是本套丛书作者的特点。我与丛书作者多有相识与共事，深知他们在北斗卫星导航科研和工程实践中取得了巨大成就，并积累了丰富经验。现在他们又在百忙之中牺牲休息时间来著书立说，继续弘扬“自主创新、开放融合、万众一心、追求卓越”的北斗精神，力争在学术出版界再现北斗的光辉形象，为北斗事业的后续发展鼎力相助，为导航技术的代代相传添砖加瓦。为他们喝彩！更由衷地感谢他们的巨大付出！由这些科研骨干潜心写成的著作，内蓄十足的含金量！我相信这套丛书一定具有鲜明的中国北斗特色，一定经得起时间的考验。

我一辈子都在航天战线工作，虽然已年逾九旬，但仍愿为北斗卫星导航事业的发展而思考和实践。人才培养是我国科技发展第一要事，令人欣慰的是，这套丛书非常及时地全面总结了中国北斗卫星导航的工程经验、理论方法、技术成果，可谓承前启后，必将有助于我国卫星导航系统的推广应用以及人才培养。我推荐从事这方面工作的科研人员以及在校师生都能读好这套丛书，它一定能给你启发和帮助，有助于你的进步与成长，从而为我国全球北斗卫星导航事业又好又快发展做出更多更大的贡献。

2020年8月

祝贺卫星导航工程技术丛书

圆满出版

杨元喜

于2019年第十届中国卫星导航年会期间题词。

期待卫星导航工程技术丛书

助力中国北斗系统发展

于 2019 年第十届中国卫星导航年会期间题词。

卫星导航工程技术丛书
编审委员会

卫星导航工程技术丛书
编写委员会

丛书序

宇宙浩瀚、海洋无际、大漠无垠、丛林层密、山峦叠嶂，这就是我们生活的空间，这就是我们探索的远方。我在何处？我之去向？这是我们每天都必须面对的问题。从原始人巡游狩猎、航行海洋，到近代人周游世界、遨游太空，无一不需要定位和导航。

正如《北斗赋》所描述，乘舟而惑，不知东西，见斗则寤矣。又戒之，瀚海识途，昼则观日，夜则观星矣。我们的祖先不仅为后人指明了“昼观日，夜观星”的天文导航法，而且还发明了“司南”或“指南针”定向法。我们为祖先的聪颖智慧而自豪，但是又不得不面临新的定位、导航与授时（PNT）需求。信息化社会、智能化建设、智慧城市、数字地球、物联网、大数据等，无一不需要统一时间、空间信息的支持。为顺应新的需求，“卫星导航”应运而生。

卫星导航始于美国子午仪系统，成形于美国的全球定位系统（GPS）和俄罗斯的全球卫星导航系统（GLONASS），发展于中国的北斗卫星导航系统（BDS）（简称“北斗系统”）和欧盟的伽利略卫星导航系统（简称“Galileo 系统”），补充于印度及日本的区域卫星导航系统。卫星导航系统是时间、空间信息服务的基础设施，是国防建设和国家经济建设的基础设施，也是政治大国、经济强国、科技强国的基本象征。

中国的北斗系统不仅是我国 PNT 体系的重要基础设施，也是国家经济、科技与社会发展的重要标志，是改革开放的重要成果之一。北斗系统不仅“标新”“立异”，而且“特色”鲜明。标新于设计（混合星座、信号调制、云平台运控、星间链路、全球报文通信等），立异于功能（一体化星基增强、嵌入式精密单点定位、嵌入式全球搜救等服务），特色于应用（报文通信、精密位置服务等）。标新立异和特色服务是北斗系统的立身之本，也是北斗系统推广应用的基础。

2020 年 6 月 23 日，北斗系统最后一颗卫星发射升空，标志着中国北斗全球卫星导航系统卫星组网完成；2020 年 7 月 31 日，北斗系统正式向全球用户开通服务，标志着中国北斗全球卫星导航系统进入运行维护阶段。为了全面反映中国北斗系统建设成果,同时也为了推进北斗系统的广泛应用,我们紧跟北斗工程的成功进展,组织北斗系统建设的部分技术骨干,撰写了卫星导航工程技术丛书,系统地描述北斗系统的最新发展、创新设计和特色应用成果。丛书共26个分册,分别介绍如下:

卫星导航定位遵循几何交会原理,但又涉及无线电信号传输的大气物理特性以及卫星动力学效应。《卫星导航定位原理》全面阐述卫星导航定位的基本概念和基本原理,侧重卫星导航概念描述和理论论述,包括北斗系统的卫星无线电测定业务(RDSS)原理、卫星无线电导航业务(RNSS)原理、北斗三频信号最优组合、精密定轨与时间同步、精密定位模型和自主导航理论与算法等。其中北斗三频信号最优组合、自适应卫星轨道测定、自主定轨理论与方法、自适应导航定位等均是作者团队近年来的研究成果。此外,该书第一次较详细地描述了"综合 PNT"、"微 PNT"和"弹性 PNT"基本框架,这些都可望成为未来 PNT 的主要发展方向。

北斗系统由空间段、地面运行控制系统和用户段三部分构成,其中空间段的组网卫星是系统建设最关键的核心组成部分。《北斗导航卫星》描述我国北斗导航卫星研制历程及其取得的成果,论述导航卫星环境和任务要求、导航卫星总体设计、导航卫星平台、卫星有效载荷和星间链路等内容,并对未来卫星导航系统和关键技术的发展进行展望,特色的载荷、特色的功能设计、特色的组网,成就了特色的北斗导航卫星星座。

卫星导航信号的连续可用是卫星导航系统的根本要求。《北斗导航卫星可靠性工程》描述北斗导航卫星在工程研制中的系列可靠性研究成果和经验。围绕高可靠性、高可用性,论述导航卫星及星座的可靠性定性定量要求、可靠性设计、可靠性建模与分析等,侧重描述可靠性指标论证和分解、星座及卫星可用性设计、中断及可用性分析、可靠性试验、可靠性专项实施等内容。围绕导航卫星批量研制,分析可靠性工作的特殊性,介绍工艺可靠性、过程故障模式及其影响、贮存可靠性、备份星论证等批产可靠性保证技术内容。

卫星导航系统的运行与服务需要精密的时间同步和高精度的卫星轨道支持。《卫星导航时间同步与精密定轨》侧重描述北斗导航卫星高精度时间同步与精密定轨相关理论与方法,包括:相对论框架下时间比对基本原理、星地/站间各种时间比对技术及误差分析、高精度钟差预报方法、常规状态下导航卫星轨道精密测定与预报等;围绕北斗系统独有的技术体制和运行服务特点,详细论述星地无线电双向时间比对、地球静止轨道/倾斜地球同步轨道/中圆地球轨道(GEO/IGSO/MEO)混合星座精密定轨及轨道快速恢复、基于星间链路的时间同步与精密定轨、多源数据系统性偏差综合解算等前沿技术与方法；同时，从系统信息生成者角度，给出用户使用北斗卫星导航电文的具体建议。

北斗卫星发射与早期轨道段测控、长期运行段卫星及星座高效测控是北斗卫星发射组网、补网，系统连续、稳定、可靠运行与服务的核心要素之一。《导航星座测控管理系统》详细描述北斗系统的卫星/星座测控管理总体设计、系列关键技术及其解决途径，如测控系统总体设计、地面测控网总体设计、基于轨道参数偏置的 MEO 和 IGSO 卫星摄动补偿方法、MEO 卫星轨道构型重构控制评价指标体系及优化方案、分布式数据中心设计方法、数据一体化存储与多级共享自动迁移设计等。

波束测量是卫星测控的重要创新技术。《卫星导航数字多波束测量系统》阐述数字波束形成与扩频测量传输深度融合机理，梳理数字多波束多星测量技术体制的最新成果，包括全分散式数字多波束测量装备体系架构、单站系统对多星的高效测量管理技术、数字波束时延概念、数字多波束时延综合处理方法、收发链路波束时延误差控制、数字波束时延在线精确标校管理等，描述复杂星座时空测量的地面基准确定、恒相位中心多波束动态优化算法、多波束相位中心恒定解决方案、数字波束合成条件下高精度星地链路测量、数字多波束测量系统性能测试方法等。

工程测试是北斗系统建设与应用的重要环节。《卫星导航系统工程测试技术》结合我国北斗三号工程建设中的重大测试、联试及试验，成体系地介绍卫星导航系统工程的测试评估技术，既包括卫星导航工程的卫星、地面运行控制、应用三大组成部分的测试技术及系统间大型测试与试验，也包括工程测试中的组织管理、基础理论和时延测量等关键技术。其中星地对接试验、卫星在轨测试技术、地面运行控制系统测试等内容都是我国北斗三号工程建设的实践成果。

卫星之间的星间链路体系是北斗三号卫星导航系统的重要标志之一，为北斗系统的全球服务奠定了坚实基础，也为构建未来天基信息网络提供了技术支撑。《卫星导航系统星间链路测量与通信原理》介绍卫星导航系统星间链路测量通信概念、理论与方法，论述星间链路在星历预报、卫星之间数据传输、动态无线组网、卫星导航系统性能提升等方面的重要作用，反映了我国全球卫星导航系统星间链路测量通信技术的最新成果。

自主导航技术是保证北斗地面系统应对突发灾难事件、可靠维持系统常规服务性能的重要手段。《北斗导航卫星自主导航原理与方法》详细介绍了自主导航的基本理论、星座自主定轨与时间同步技术、卫星自主完好性监测技术等自主导航关键技术及解决方法。内容既有理论分析,也有仿真和实测数据验证。其中在自主时空基准维持、自主定轨与时间同步算法设计等方面的研究成果,反映了北斗自主导航理论和工程应用方面的新进展。

卫星导航“完好性”是安全导航定位的核心指标之一。《卫星导航系统完好性原理与方法》全面阐述系统基本完好性监测、接收机自主完好性监测、星基增强系统完好性监测、地基增强系统完好性监测、卫星自主完好性监测等原理和方法,重点介绍相应的系统方案设计、监测处理方法、算法原理、完好性性能保证等内容,详细描述我国北斗系统完好性设计与实现技术,如基于地面运行控制系统的基本完好性的监测体系、顾及卫星自主完好性的监测体系、系统基本完好性和用户端有机结合的监测体系、完好性性能测试评估方法等。

时间是卫星导航的基础,也是卫星导航服务的重要内容。《时间基准与授时服务》从时间的概念形成开始:阐述从古代到现代人类关于时间的基本认识,时间频率的理论形成、技术发展、工程应用及未来前景等;介绍早期的牛顿绝对时空观、现代的爱因斯坦相对时空观及以霍金为代表的宇宙学时空观等;总结梳理各类时空观的内涵、特点、关系,重点分析相对论框架下的常用理论时标,并给出相互转换关系;重点阐述针对我国北斗系统的时间频率体系研究、体制设计、工程应用等关键问题,特别对时间频率与卫星导航系统地面、卫星、用户等各部分之间的密切关系进行了较深入的理论分析。

卫星导航系统本质上是一种高精度的时间频率测量系统,通过对时间信号的测量实现精密测距,进而实现高精度的定位、导航和授时服务。《卫星导航精密时间传递系统及应用》以卫星导航系统中的时间为切入点,全面系统地阐述卫星导航系统中的高精度时间传递技术,包括卫星导航授时技术、星地时间传递技术、卫星双向时间传递技术、光纤时间频率传递技术、卫星共视时间传递技术,以及时间传递技术在多个领域中的应用案例。

空间导航信号是连接导航卫星、地面运行控制系统和用户之间的纽带,其质量的好坏直接关系到全球卫星导航系统(GNSS)的定位、测速和授时性能。《GNSS 空间信号质量监测评估》从卫星导航系统地面运行控制和测试角度出发,介绍导航信号生成、空间传播、接收处理等环节的数学模型,并从时域、频域、测量域、调制域和相关域监测评估等方面,系统描述工程实现算法,分析实测数据,重点阐述低失真接收、交替采样、信号重构与监测评估等关键技术,最后对空间信号质量监测评估系统体系结构、工作原理、工作模式等进行论述,同时对空间信号质量监测评估应用实践进行总结。

北斗系统地面运行控制系统建设与维护是一项极其复杂的工程。地面运行控制系统的仿真测试与模拟训练是北斗系统建设的重要支撑。《卫星导航地面运行控制系统仿真测试与模拟训练技术》详细阐述地面运行控制系统主要业务的仿真测试理论与方法,系统分析全球主要卫星导航系统地面控制段的功能组成及特点,描述地面控制段一整套仿真测试理论和方法,包括卫星导航数学建模与仿真方法、仿真模型的有效性验证方法、虚-实结合的仿真测试方法、面向协议测试的通用接口仿真方法、复杂仿真系统的开放式体系架构设计方法等。最后分析了地面运行控制系统操作人员岗前培训对训练环境和训练设备的需求,提出利用仿真系统支持地面操作人员岗前培训的技术和具体实施方法。

卫星导航信号严重受制于地球空间电离层延迟的影响,利用该影响可实现电离层变化的精细监测,进而提升卫星导航电离层延迟修正效果。《卫星导航电离层建模与应用》结合北斗系统建设和应用需求,重点论述了北斗系统广播电离层延迟及区域增强电离层延迟改正模型、码偏差处理方法及电离层模型精化与电离层变化监测等内容,主要包括北斗全球广播电离层时延改正模型、北斗全球卫星导航差分码偏差处理方法、面向我国低纬地区的北斗区域增强电离层延迟修正模型、卫星导航全球广播电离层模型改进、卫星导航全球与区域电离层延迟精确建模、卫星导航电离层层析反演及扰动探测方法、卫星导航定位电离层时延修正的典型方法等,体系化地阐述和总结了北斗系统电离层建模的理论、方法与应用成果及特色。

卫星导航终端是卫星导航系统服务的端点,也是体现系统服务性能的重要载体,所以卫星导航终端本身必须具备良好的性能。《卫星导航终端测试系统原理与应用》详细介绍并分析卫星导航终端测试系统的分类和实现原理,包括卫星导航终端的室内测试、室外测试、抗干扰测试等系统的构成和实现方法以及我国第一个大型室外导航终端测试环境的设计技术,并详述各种测试系统的工程实践技术,形成卫星导航终端测试系统理论研究和工程应用的较完整体系。

卫星导航系统 PNT 服务的精度、完好性、连续性、可用性是系统的关键指标,而卫星导航系统必然存在卫星轨道误差、钟差以及信号大气传播误差,需要增强系统来提高服务精度和完好性等关键指标。卫星导航增强系统是有效削弱大多数系统误差的重要手段。《卫星导航增强系统原理与应用》根据国际民航组织有关全球卫星导航系统服务的标准和操作规范,详细阐述了卫星导航系统的星基增强系统、地基增强系统、空基增强系统以及差分系统和低轨移动卫星导航增强系统的原理与应用。

与卫星导航增强系统原理相似，实时动态（RTK）定位也采用差分定位原理削弱各类系统误差的影响。《GNSS 网络 RTK 技术原理与工程应用》侧重介绍网络 RTK 技术原理和工作模式。结合北斗系统发展应用，详细分析网络 RTK 定位模型和各类误差特性以及处理方法、基于基准站的大气延迟和整周模糊度估计与北斗三频模糊度快速固定算法等，论述空间相关误差区域建模原理、基准站双差模糊度转换为非差模糊度相关技术途径以及基准站双差和非差一体化定位方法，综合介绍网络 RTK 技术在测绘、精准农业、变形监测等方面的应用。

GNSS 精密单点定位（PPP）技术是在卫星导航增强原理和 RTK 原理的基础上发展起来的精密定位技术，PPP 方法一经提出即得到同行的极大关注。《GNSS 精密单点定位理论方法及其应用》是国内第一本全面系统论述 GNSS 精密单点定位理论、模型、技术方法和应用的学术专著。该书从非差观测方程出发，推导并建立 BDS/GNSS 单频、双频、三频及多频 PPP 的函数模型和随机模型，详细讨论非差观测数据预处理及各类误差处理策略、缩短 PPP 收敛时间的系列创新模型和技术，介绍 PPP 质量控制与质量评估方法、PPP 整周模糊度解算理论和方法，包括基于原始观测模型的北斗三频载波相位小数偏差的分离、估计和外推问题，以及利用连续运行参考站网增强 PPP 的概念和方法，阐述实时精密单点定位的关键技术和典型应用。

GNSS 信号到达地表产生多路径延迟，是 GNSS 导航定位的主要误差源之一，反过来可以估计地表介质特征，即 GNSS 反射测量。《GNSS 反射测量原理与应用》详细、全面地介绍全球卫星导航系统反射测量原理、方法及应用，包括 GNSS 反射信号特征、多路径反射测量、干涉模式技术、多普勒时延图、空基 GNSS 反射测量理论、海洋遥感、水文遥感、植被遥感和冰川遥感等，其中利用 BDS/GNSS 反射测量估计海平面变化、海面风场、有效波高、积雪变化、土壤湿度、冻土变化和植被生长量等内容都是作者的最新研究成果。

伪卫星定位系统是卫星导航系统的重要补充和增强手段。《GNSS 伪卫星定位系统原理与应用》首先系统总结国际上伪卫星定位系统发展的历程，进而系统描述北斗伪卫星导航系统的应用需求和相关理论方法，涵盖信号传输与多路径效应、测量误差模型等多个方面，系统描述 GNSS 伪卫星定位系统（中国伽利略测试场测试型伪卫星）、自组网伪卫星系统（Locata 伪卫星和转发式伪卫星）、GNSS 伪卫星增强系统（闭环同步伪卫星和非同步伪卫星）等体系结构、组网与高精度时间同步技术、测量与定位方法等，系统总结 GNSS 伪卫星在各个领域的成功应用案例，包括测绘、工业控制、军事导航和 GNSS 测试试验等,充分体现出 GNSS 伪卫星的“高精度、高完好性、高连续性和高可用性”的应用特性和应用趋势。

GNSS 存在易受干扰和欺骗的缺点,但若与惯性导航系统(INS)组合,则能发挥两者的优势,提高导航系统的综合性能。《高精度 GNSS/INS 组合定位及测姿技术》系统描述北斗卫星导航/惯性导航相结合的组合定位基础理论、关键技术以及工程实践,重点阐述不同方式组合定位的基本原理、误差建模、关键技术以及工程实践等,并将组合定位与高精度定位相互融合,依托移动测绘车组合定位系统进行典型设计,然后详细介绍组合定位系统的多种应用。

未来 PNT 应用需求逐渐呈现出多样化的特征,单一导航源在可用性、连续性和稳健性方面通常不能全面满足需求,多源信息融合能够实现不同导航源的优势互补,提升 PNT 服务的连续性和可靠性。《多源融合导航技术及其演进》系统分析现有主要导航手段的特点、多源融合导航终端的总体构架、多源导航信息时空基准统一方法、导航源质量评估与故障检测方法、多源融合导航场景感知技术、多源融合数据处理方法等,依托车辆的室内外无缝定位应用进行典型设计,探讨多源融合导航技术未来发展趋势,以及多源融合导航在 PNT 体系中的作用和地位等。

卫星导航系统是典型的军民两用系统,一定程度上改变了人类的生产、生活和斗争方式。《卫星导航系统典型应用》从定位服务、位置报告、导航服务、授时服务和军事应用 5 个维度系统阐述卫星导航系统的应用范例。“天上好用,地上用好”,北斗卫星导航系统只有服务于国计民生,才能产生价值。

海洋定位、导航、授时、报文通信以及搜救是北斗系统对海事应用的重要特色贡献。《北斗卫星导航系统海事应用》梳理分析国际海事组织、国际电信联盟、国际海事无线电技术委员会等相关国际组织发布的 GNSS 在海事领域应用的相关技术标准,详细阐述全球海上遇险与安全系统、船舶自动识别系统、船舶动态监控系统、船舶远程识别与跟踪系统以及海事增强系统等的工作原理及在海事导航领域的具体应用。

将卫星导航技术应用于民用航空,并满足飞行安全性对导航完好性的严格要求,其核心是卫星导航增强技术。未来的全球卫星导航系统将呈现多个星座共同运行的局面,每个星座均向民航用户提供至少 2 个频率的导航信号。双频多星座卫星导航增强技术已经成为国际民航下一代航空运输系统的核心技术。《民用航空卫星导航增强新技术与应用》系统阐述多星座卫星导航系统的运行概念、先进接收机自主完好性监测技术、双频多星座星基增强技术、双频多星座地基增强技术和实时精密定位技术等的原理和方法,介绍双频多星座卫星导航系统在民航领域应用的关键技术、算法实现和应用实施等。

本丛书全面反映了我国北斗系统建设工程的主要成就,包括导航定位原理,工程实现技术,卫星平台和各类载荷技术,信号传输与处理理论及技术,用户定位、导航、授时处理技术等。各分册:虽有侧重,但又相互衔接;虽自成体系,又避免大量重复。整套丛书力求理论严密、方法实用,工程建设内容力求系统,应用领域力求全面,适合从事卫星导航工程建设、科研与教学人员学习参考,同时也为从事北斗系统应用研究和开发的广大科技人员提供技术借鉴,从而为建成更加完善的北斗综合 PNT 体系做出贡献。

最后,让我们从中国科技发展史的角度,来评价编撰和出版本丛书的深远意义,那就是:将中国卫星导航事业发展的重要的里程碑式的阶段永远地铭刻在历史的丰碑上!

杨元喜

2020 年 8 月

前 言

航天测控系统是航天系统工程的重要有机组成部分，其作用是对各飞行阶段航天器进行跟踪、测量与控制，保证航天器按照预定的状态和计划完成航天任务。导航星座测控管理系统的作用是完成导航卫星的测控任务，保证导航卫星/星座可靠、稳定、连续运行，为导航系统正常运行提供可靠保证。

全球卫星导航系统（GNSS）包括美国的 GPS、俄罗斯的 GLONASS、中国的 BDS，以及欧盟的 Galileo 系统等。本书紧贴北斗工程实际，系统介绍中国北斗卫星导航系统测控管理系统，主要包括地面测控网设计、测控任务中心设计、导航星座构型保持、测控信息安全总体设计和导航星座测控总体设计，具有强烈的北斗测控特点。

本书对北斗导航星座测控系统工程进行了全面系统的论述。第 1 章介绍航天工程分类、航天测控系统的地位、作用和组成等基础知识。第 2 章论述导航星座地面测控网设计，包括航天测控网的分类、航天测控网的设计、航天器常用观测方法、测控信道估算方法及地面测控网建设方案、任务总体方案等。第 3 章论述导航星座测控任务中心设计，提出分布式数据中心设计的方法，在数据中心内资源按需分配、共享共用的同时，避免数据中心云的单点故障，提出了存储区域网络（SAN）和网络附加存储（NAS）一体化共享存储设计的方法，在为结构化和非结构化数据提供存储方案的同时，自动进行数据的多级迁移。第 4、5 章论述中圆地球轨道（MEO）、地球静止轨道（GEO）导航卫星星座构型保持与控制方法；提出基于轨道参数偏置的 MEO 卫星摄动补偿方法，有效解决了轨道运动特性和长期摄动影响的平衡问题；建立了 MEO 卫星轨道构型重构控制评价指标体系，提出了 MEO 星座构型优化方法；针对倾斜地球同步轨道（IGSO）卫星首次应用问题，提出基于轨道参数偏置的 IGSO 卫星轨道摄动补偿方法，显著提高了导航星座的使用效益。第 6 章论述测控信息安全总体设计，开展了测控信息传输需求分析、信息传输安全需求分析，设计了测控密码算法、测控认证加密方案、密钥管理方案，并较为详细地介绍了测控信息安全传输协议设计情况。第 7 章论述导航星座测控任务设计实现，包括测控系统总体需求及约束条件分析、导航星座测控管理模式构想及导航星座测控管理总体方案。第 8 章论述导航星座测控大型试验任务设计实现，包括测控系统与卫星系统、运载火箭系统间的大型对接试验,以及测控系统相关大型试验。第 9 章对地面系统发展趋势及高效智能运行管理相关关键技术进行了展望。

本书作者根据所掌握的基础理论知识和专业理论知识,结合长期的航天测控总体工作实践经验,对导航星座测控系统工程的方方面面进行了论述,其主要特点是理论与实际相结合,内容丰富全面,工程性强。

由于作者水平有限,书中难免有错误或疏漏之处,恳请读者批评指正。

作者

2020 年 8 月

目 录

第1章　概　　论

航天工程是指人类从事和航天有关的一些工程项目和计划,包括空间探测、空间利用。空间探测是指为了一定的科学目的,人类对空间环境和天体进行的一种探测活动,包括近地空间探测、月球探测、火星探测等;空间利用是指为了科学研究和应用,发射一个或多个航天器,直接或间接地为人类提供服务,所用航天器包括人造地球卫星、航天飞机、载人飞船、空间站等。

1.1　航天工程

1.1.1　航天工程分类

航天工程种类繁多,按照功能和特点大致可以分为人造地球卫星工程、载人航天工程、深空探测工程[1]。

人造地球卫星由运载火箭送入空间轨道,并能环绕地球多圈运行。人造地球卫星是目前发射数量最多、用途最广的一种无人航天器。按照运行轨道可分为低轨道卫星、中高轨道卫星、地球同步轨道卫星等;按照任务性质通常可分为科学卫星、技术试验卫星和应用卫星。应用卫星是指直接为国民经济和军事服务的人造地球卫星,按照卫星用途可分为通信卫星、侦察卫星、中继卫星、导航卫星、资源卫星、气象卫星、校准卫星等。导航卫星是发射无线电信号和高精度导航信息,为地面、海洋、空中和空间用户提供导航定位服务功能的人造地球卫星。由多颗导航卫星构成的导航星座、用户导航设备和地面控制部分共同组成卫星导航系统。导航卫星按照导航方法可分为多普勒导航卫星和测距定时导航卫星,按照用户是否向卫星发射信号可分为主动式导航卫星和被动式导航卫星。导航卫星具有精度高、全天候、能够覆盖全球和用户设备简便等优点。

1.1.2　航天工程组成

航天工程一般由航天器系统、运输系统、发射场系统、测控系统、应用系统等组成。对于载人航天工程,还有回收着陆场系统和航天员系统[2]。

航天器又称空间飞行器,是在地球大气层外的宇宙空间(太空)执行探索、开发和利用太空(包括地球以外天体)等航天任务,并按照天体力学规律运行的飞行器。

航天器按照是否载人,可分为无人航天器和载人航天器。无人航天器又可分为人造地球卫星、空间平台和空间探测器；载人航天器又可分为载人飞船、空间站和航天飞机。

航天器根据不同的任务由具有不同功能的若干分系统组成。各种不同航天器一般都具有结构与机构分系统，热控分系统，制导、导航与控制(GNC)分系统，推进分系统，测控与通信分系统，数据管理分系统，电源分系统和有效载荷分系统。有效载荷分系统是航天器的核心，不同用途的航天器相互区别主要在于装有不同的专用有效载荷系统。有效载荷种类很多，按主要应用大致可分为如下几类：①用于获取信息的，如可见光照相机、无线电侦察接收机、多光谱成像仪、各种气象遥感器等；②用于传输信息的，如通信转发器和天线、导航无线电信标和高稳定度钟等；③用于研制某些高性能新材料和科学实验的，如材料加工炉、电泳仪等。返回式航天器还配有返回着陆分系统。载人航天器还有乘员分系统、环境控制与生命保障分系统、仪表与照明分系统和应急救生分系统等。各个分系统的规模和复杂性，视航天器的具体任务和载荷情况而定。

运输系统根据服务任务的不同，可分为运载器和运输器两类。运送航天器进入预定轨道的称为运载器，为在轨航天器接送人员、装备、物质和进行在轨维修、更换、补给等服务的称为运输器。航天运输器通常为一次性使用的运载火箭。运载火箭一般由纵向串联与横向捆绑的多级火箭组成，其最上面的一级称为末级。末级的前端放置有效载荷(航天器)，为保护有效载荷，航天器外面套有防护整流罩。运载火箭从航天发射场发射时，首先第一级火箭点火工作，从发射台垂直起飞，按照预定的飞行程序，飞行十几秒后开始程序操作拐弯。第一级火箭工作结束后与火箭分离，第二级火箭点火接替工作并在飞出稠密大气层后适时抛除整流罩。当末级火箭工作结束并经必要的姿态调整后，末级火箭与航天器分离，航天器进入预定轨道。航天运输器由推进级和轨道器组成。推进级是运输器发射起飞、加速上升的推进工具，大多数为一次性使用的运载火箭，或者是用降落伞回收可重复使用的固体火箭助推器。轨道器是运输器进入预定轨道的部分，有带主发动机和不带主发动机两种。

发射场系统是装备有专门设施、利用运载火箭从地面发射航天器的特定场区系统，一般由技术区、发射区和勤务保障系统等组成。发射载人航天器的发射场区还包括航天员区。技术区是对航天器、运载火箭和有效载荷进行射前装配与检测等技术准备活动的专用区域，主要设施有火箭装配测试厂房、航天器装配测试厂房、危险品储存和装配检测设施。发射区是运载火箭、航天器发射前准备和发射起飞的专用区域，主要设施有发射台、勤务塔、推进剂加注系统和发射控制室等。勤务保障设施主要有气象、通信和电力保障系统，压缩气体和液态氮、氢、氧生产车间，以及各种推进剂储运、化验鉴定设施等。航天器可以从陆上发射场发射，也可以从空间、空中和海上发射。

测控系统是对航天器及其有效载荷进行跟踪测量、监视与控制的技术系统。航天测控系统是航天工程的重要组成部分，其作用是对各飞行阶段航天器进行跟踪、测

量与控制,保证航天器按预定的状态和计划完成航天任务。

应用系统是直接执行航天使命,为科学研究、技术实验、国民经济建设和军事目的等服务的系统,是航天工程表现效益的系统。对于每一种使命的航天系统,常需建立相应的应用系统。应用系统由有效载荷、有效载荷公用设备、有效载荷应用中心和应用终端系统等部分组成。其中,前两部分装载在航天器上,是应用系统的空间部分,而后两部分为应用系统的地面部分。应用系统的有效载荷部分构成航天器的专用有效载荷系统。应用系统的有效载荷公用设备为有效载荷与航天器之间提供测控和数传设备的统一接口,完成有效载荷的电源配电、数据管理、数据存储和专用高速数据传输等功能。有效载荷应用中心是制订有效载荷运行计划,对有效载荷进行监控和业务管理,并对有效载荷数据进行接收、处理、存储、加工,为用户提供应用服务的机构。应用终端系统主要有应用地球站(如卫星通信地球站、遥感数据接收站)、应用用户设备(如导航用户接收机等)。

航天员系统是选拔培训合格航天员,对航天员实施医学监督与医学保障,设计合理的人工环境并研制相应专用设备,以保证在轨航天员的生命安全、生活条件和工作能力的系统,又称航天员准备中心或航天员中心。按照任务和功能要求,航天员系统一般包括航天员选拔训练分系统、航天员医学监督与医学保障分系统、航天服分系统、航天营养与食品分系统、失重生理效应与特种防护分系统、航天器拟人载荷及医学评价分系统、地面模拟设备分系统、飞行训练模拟器分系统和航天器工程涉及的医学工效学要求与评价分系统等。航天员系统是一个航天医学和航天工程相结合的系统,涉及人、机器和环境的各个方面,其最终成果包括合格航天员、装载到航天器上的产品、地面(包括飞控中心、发射场、着陆场)配套仪器设备、医学功效学要求及航天医学研究成果等。航天员中心的主要工程设施,包括航天员选训区、医监医保区、航天员航天环境医学区、工程技术保障区等,各区建有相应楼房场馆,配套相应设施。

着陆场系统是提供航天器(主要是载人飞船)返回着陆场区、对返回着陆后的航天员及其返回舱实施搜索救援与回收、对返回轨道出黑障后部分进行跟踪测量的系统。返回着陆场区一般分为主着陆场、副着陆场和应急返回着陆区3类。主着陆场是航天器正常返回的着陆场;副着陆场为主着陆场的气象备用着陆场;应急返回着陆区是在出现危及航天员生命安全的异常情况下,航天器应急返回的着陆区域,包括发射台应急救生着陆区、上升段(发射段)应急救生着陆区和运行段应急返回着陆区。着陆场系统的技术装备一般均是可搬移的,或是安装在可运动载体(如飞机、直升机、车辆、舰船等)上机动的,从功能配套划分,可包括跟踪测量设备、空中搜索救援与回收装备、地面搜索救援与回收装备、航天员医监医保设备、气象保障设备和通信设备等。

1.2 航天测控系统

航天测控系统是对航天器飞行轨道、姿态和其上各分系统工作状态进行跟踪测量、监视与控制的技术系统,用于保障航天器按照预先设计好的状态飞行与工作,以完成规定的航天任务。当系统中还包括天地话音、电视和用户数据传输等通信功能时,又称为航天测控通信系统。

各种航天工程都包括测控系统。不同的航天工程可以有专用的测控系统,某几个航天工程也可以按其测控需求的共性合用一个相互兼容的测控系统。航天测控系统按其测控的航天器类型的不同,大体上可分为 3 类,即卫星测控系统、载人航天测控系统和深空测控系统。

卫星测控系统完成各种应用卫星和科学试验卫星的测控任务,是现今各国建造数量最多的一类航天测控系统。卫星测控系统按照测控作用距离可分为近地卫星测控系统、中高轨卫星测控系统和地球同步轨道卫星测控系统。近地卫星测控系统为飞行轨道高度在 3000km 以下的卫星服务,其中包括近极地太阳同步轨道卫星。中高轨卫星测控系统以全球卫星导航系统(如 GPS、BDS 等)的测控系统为典型代表,其星座中的中圆轨道卫星运行在高度约 22000km、周期约 12h 的近圆轨道上。地球同步轨道卫星测控系统是一类高轨道卫星测控系统,主要为发射和长期管理各种用途的对地静止轨道卫星服务,也可为远地点高度达 4 万 km 的大椭圆轨道卫星服务。

载人航天测控系统为载人航天器的发射上升、在轨运行和离轨返回提供服务。由于需要及时掌握航天员的生理状态与工作情况,以及可适时准备航天员应急返回地球,载人航天测控系统的突出特点是测控与通信的覆盖率要求高,除一般跟踪测轨与遥测(TM)、遥控(TC)设备外,还要求配备与航天员通话和传递电视信号的设备。

深空测控系统为月球、行星和行星际等空间探测器服务,其突出特点是为达到超远程测控及通信作用距离,要求地面站装备大口径天线和高灵敏度接收系统。

1.2.1 地位和作用

航天测控系统是航天工程的重要组成部分,无论是无人航天系统,还是载人航天系统,都必须借助航天测控系统的支持,才能使地面人员随时掌握航天器工作和航天员身体情况,做出判断、决策,发挥控制干预作用,达到运营使用的目的。

1.2.1.1 天地联系唯一通道

航天测控系统是航天系统中天地两大部分之间唯一联系的通道。通过测控站(包括发射段测控站、运行段测控站和返回段测控站)建立地面-航天器之间的天地无线电链路,完成对航天器的跟踪测量、遥测、遥控和天地通信、数据传输业务。其工作过程是测控站通过下行链路获取航天器信息,并通过通信链路将信息发送至航天飞行控制中心,航天飞行控制中心对信息进行处理和分析,形成控制决策,生成遥控指令、注入数据或对航天员的话音指示,再通过测控站上行链路发向航天器实施。

1.2.1.2 综合技术分析和信息交换中枢

就飞行任务技术支持来讲,航天测控系统的飞行控制中心是综合状态监视、综合技术分析和控制决策的中枢,全面负责飞行任务的组织指挥和调度。在航天器发射

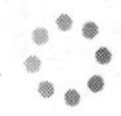

阶段,录取数据和监视参数,判断航天器是否入轨。航天器入轨后,航天飞行控制中心继续进行运行段飞行控制。航天器运行阶段,与有关系统交换数据,提供必要的任务支持。在航天器返回着陆阶段,航天飞行控制中心向返回段测控站发送目标捕获引导数据,完成返回段航天器测控和着陆点精确预报任务,并将着陆点预报通知着陆场系统的搜索救援回收综合体,组织航天器返回舱搜索、航天员救援及相应的回收工作。在载人飞行期间,航天飞行控制中心向航天员中心传送航天员生理遥测信息、话音、图像及航天器上环控生保等设备工作遥测信息,由航天员中心配合对航天员生理状态和有关设备故障进行监测分析,并提出相应控制支持建议,由航天飞行控制中心组织综合分析决策后实施。

1.2.1.3　为各相关系统提供分析和应用处理所需基准信息

航天测控系统在飞行任务各阶段及飞行任务结束后,为航天其他系统提供航天器精确轨道与姿态数据、遥测原始信息与处理结果数据、对航天器进行全程控制的信息等资料,供各系统进行准实时或事后详细分析和技术设计改进使用,也可作为有效载荷应用数据处理的基准信息。

1.2.2　系统组成

航天测控系统按照专业可分为无线电测控系统、光学测量系统、数据处理与监控显示系统、通信系统、时间统一系统、辅助支持系统等。

1.2.2.1　无线电测控系统

无线电测控系统包括无线电外测系统和无线电遥控、遥测系统。

1）无线电外测系统

无线电外测系统是利用无线电信号对运载火箭、航天器进行跟踪测量以确定其弹道和轨道、目标特性等参数的测量系统。无线电外测系统的基本测量原理是由地面发射机产生无线电信号,通过天线发向目标,地面设备接收目标发射信号或应答机转发的信号,经接收机处理,最终由终端机给出目标距离、角度、距离变化率等测量参数。无线电外测系统具有全天候工作、测量精度高、作用距离远、能同时传送多种信息和可实时输出测量数据等优点,现已成为航天测控系统的主要测控设备。无线电外测系统的种类很多,从工作体制分,主要有脉冲测量系统和连续波测量系统。

2）无线电遥控、遥测系统

无线电遥控系统是利用编码信号对运载火箭和航天器进行远距离控制的设备组合。遥控系统由遥控控制台、遥控信号发射设备、引导或自跟踪设备及星上接收译码设备组成。遥控指令由计算机生成传至遥控主控台,经调制后发向目标,星上遥控接收机接收解调、译码后,送至执行机构执行控制任务。

无线电遥测系统是完成遥测功能的设备组合,通常由输入设备、传输设备和终端设备三部分组成。输入设备包括传感器和信号调节器,其功能是将需要测量的参数转换成适于采集并进行远距离传输的规范化信号。传输设备包括多路组合调制装置、信号发射装置、传输信道、信号接收装置和解调、分路装置,其功能是将规范化的各路遥测信号,按一定程式集合在一起形成群信号,进行编码并对副载波或载波进行调制,通过传输信道(有线或无线)传送到接收地点,进行解调、译码和分路,输出各路遥测信号。终端设备包括计算、记录与显示设备,其功能是对各路遥测信号进行处理,并记录和显示处理结果,供用户使用。航天器下传的遥测数据除了反映航天器姿态和主要部件的工作状态和环境、信息外,还可能包括有效载荷的探测信息,但是遥测信道容量较低,最高仅几兆比特每秒,更高速率的探测数据一般用专门的更高频段的链路下行发送。目前,在轨航天器的常用无线电测控系统是集上述测轨、遥测和遥控功能于一体的微波统一系统。

1.2.2.2 光学测量系统

光学测量系统是利用光学信号对运载火箭进行飞行轨道参数测量、飞行状态图像记录和物理特性测量的专用系统。用于运载火箭测量的光学测量设备有光电经纬仪、光电望远镜、高速摄像(影)机、红外辐射仪、弹道照相机、激光雷达等。早期的近程、中近程和中程导弹飞行试验外弹道测量主要采用光学测量系统。但与无线电测量系统相比,光学测量的作用距离近,传统光学设备不能实时输出外测信息,并易受气象条件的制约,因此无线电外测系统逐渐代替光学测量系统成为测控系统的主要外测系统。光学测量系统具有测量定位精度高、直观性强、性能稳定、不受黑障和地面杂波干扰影响等优点,且现代光学测量系统大量应用电视、红外、激光等技术,使它在初始段和再入段的弹道测量、实况记录及无线电外测系统精度鉴定中,仍然发挥着重要作用。在航天器发射场则主要用于实时图像、初始段外景记录、供事后故障分析使用。在对空间非合作目标的探测中,远程光电设备起着重要的作用。

1.2.2.3 数据处理与监控显示系统

1) 数据处理系统

数据处理系统是由计算机和通用、专用外部设备及应用软件组成,对测量数据进行加工、计算的系统。数据处理系统主要功能是将各种测量信息按预定的方案进行检测和计算分析,加工成可用的信息,最后将其显示、打印输出或自动标绘。航天发射场的数据处理系统对接收到的测量信息进行快速实时处理,对运载火箭和航天器的飞行实施监控,确保发射场及航区的安全。航天器在轨运行中,将接收到的测距数据和遥测数据进行处理,以此掌握航天器运行轨道、航天器各系统及其有效载荷的工作状态,并做出正确判断,将必要指令发送航天器,同时将用户需要的精密轨道、星上时间及探测数据等送至最终用户。

2) 监控显示系统

监控显示系统是将指挥控制人员关注的信息进行汇集、加工、处理和显示,为其提供决策、指挥、控制依据的技术系统。监控显示系统实时接收和处理测控系统获取的遥测和外测信息及实况监视信息,将有关指挥决策的信息以曲线、图像、字符、参数等形式形象地显示给指挥控制人员,让其对运载火箭飞行情况和航天器运行轨道做

实时分析和判断。监控显示系统分为集中式结构和分布式结构。分布式结构具有技术先进、可靠性高、适应性强并可扩充等特点。采用分布式结构时计算机显示工作站、图形工作站、记录打印工作站通过网络与主机连接,主机把处理结果向网络广播,各工作站从网上接收所需信息并按照预定程序加工处理,形成显示屏和大屏幕上显示的字符和曲线,并可配上实况电视图像或多媒体图像。

1.2.2.4 通信系统

通信系统指执行航天任务中,提供数据、时频信号、话音、图像、指挥调度等通信业务的专用通信系统。它一般包括场区内部通信系统和跨场区通信系统。在发射国外卫星任务中,还包括外事通信系统。场区内部通信系统由程控交换设备、光缆传输系统、微波传输系统、无线移动通信系统、调度指挥系统、电视监视系统、数据传输系统等组成。跨场区通信系统由卫星通信系统、短波通信系统、国家军用或民用干线电路、海事卫星通信终端组成。外事通信系统由卫星通信系统、电话交换系统、数据传输系统和电视监视系统等组成。外事通信系统应与试验任务中的其他通信系统隔离,确保安全保密。场区内部通信系统与跨场区通信系统相结合,形成试验任务的各个通信业务系统。

1.2.2.5 时间统一系统

时间统一系统是为测控系统提供统一的标准时间信号和标准频率信号的系统。完整的时间统一系统由两部分组成:一部分是授时系统,即国家时间频率基准及其授时台,其作用是建立和发播国家级时间和频率基准信号;另一部分是时统设备,由定时校频设备(接收机)、频率标准源和标频放大器、时间码产生和放大分配器组成,必要时还包括时码信号传输设备和时码用户接口终端(或时统副站)。定时校频设备接收授时系统发播的时间和频率基准信号,用来同步本地的时间码产生器的时间("定时")、校准本地频率标准源的频率("校频")。频率标准源产生并保持一定准确度要求的高稳定标准频率信号,其输出一方面作为时间码产生器的信号源,同时经过标频放大器隔离放大后向用户提供标准频率信号。时间码产生器产生和保持所需同步精度的本地时间,并完成时间信号的编码,经过时间放大分配器放大区分后发送给用户。时频用户根据需要可以直接使用时统设备送来的时频信号,也可用时统的时频信号同步用户自己的接口终端,由接口终端产生所需的更多种时频信号。

1.2.2.6 辅助支持系统

辅助支持系统主要包括气象保障、大地测量保障、供配电、空调及海上测量船的船位(经度、纬度、航向、航速)、船姿(纵摇角、横摇角、船体形变)测量和船上跟踪天线波束指向稳定等系统。

1.2.3 网络组成及各单元功能

航天测控系统按其系统结构,可看成是由若干个位置分布合理的测控单元经通信系统连接构成的网络。由于航天器飞行轨迹的地面投影,除地球同步轨道卫星为范围有限的小 8 字外,都是环球形的。因此,为了从地面上实现对航天器飞行轨道的高百分率跟踪和通信覆盖,常需从全球范围甚至高空考虑测控系统的布局问题。航天测控系统是以"测控单元"为单位进行布局的。测控单元,是指由若干种功能的测控分系统组成的有机集合,它可以作为一个相对独立的单位,布置在适当的位置,执行指定功能的航天测控任务。

航天测控系统有两类基本的测控单元,即航天飞行控制中心和航天测控站。当从位置布局的角度来观察航天测控系统时,航天测控系统可看成是由航天飞行控制中心和若干地域分布广泛的测控站,通过通信系统和时间统一系统联结组成的一个有机整体,形如一个信息沟通、时间统一的网,即航天测控网。

1.2.3.1 航天飞行控制中心

航天飞行控制中心是航天测控网的中央测控单元,一般分为两类,即航天测控网操作控制中心和航天任务指挥控制中心。

航天测控网操作控制中心的职能是负责测控网本身的组织协调和操作管理。目前,大多数航天测控网实现了自动化操作控制,在中心、测控站及测控设备上均配备了相应的远程监视控制系统。根据任务要求,中心通过远程控制指令对测控站和测控设备进行调度和组配,并设置设备的工作参数;测控设备的现行工作状态和参数,经站内远程监视控制系统收集后,作为远程监视信息传送至中心进行监视和分析处理,以检查和确认测控站设备组配的正确性,确保设备保持正常的工作状态。测控网操作控制中心主要是为协调多航天任务共用一个测控网的需要而设立的,在测控站和航天任务较少的情况下,可以和任务指挥控制中心合并,只建一个控制中心。

航天任务指挥控制中心的职能是飞行任务的计划与组织(任务控制)以及航天器飞行的监视与操作控制(航天器操作控制)。具体任务有:①根据飞行任务制订测控计划,实施飞行任务和测控网业务的指挥调度;②监视航天器的运行轨道、姿态、仪器设备工作状态及航天员的生理状态,同航天员通话,对航天员工作进行指导;③进行数据处理,确定航天器轨道、姿态参数和仪器设备状态参数;④生成轨道和姿态机动以及改变飞行程序和仪器设备工作状态的控制指令和注入数据,实施对航天器的测控管理;⑤根据有效载荷系统或有关用户需要,提供对航天器的有关特殊测控支持;⑥收集和发送测控信息,组织航天系统各中心及测控网内部的信息交换;⑦为控制人员提供工作环境,组织飞行任务的综合技术分析,故障情况下按预案或决策采取措施。

航天飞行控制中心的设备主要包括数据处理系统、监控显示系统、通信系统(包括内部和外部的指挥通信、数据传输、电话通信、电视监视等子系统)和时间统一系统。

1.2.3.2 航天测控站

航天测控站是航天测控网同航天器进行无线电联系的结点,是直接对航天器实施跟踪测量、控制和进行通信、数据传输的测控单元。其任务是在航天飞行控制中心

的组织下，跟踪测量航天器的轨道运动参数、接收解调航天器的遥测信息、向航天器发送遥控指令（含注入数据）及与航天器通信和交换数据信息。

航天测控站配备的测控分系统具备跟踪测轨、遥测、遥控、天-地通信与数传、数据处理、监控显示、时间统一及同控制中心联系的地-地通信等能力。其中，前4个分系统直接实现对航天器的测控通信功能，可根据它们在测控站中的配置情况，将航天测控站分为单功能测控站和多功能测控站。单功能测控站只具有一种测控功能，如跟踪测轨站、遥测站、遥控站或天-地通信站；多功能测控站具有两种或两种以上测控功能，比较典型的有遥测和天-地通信站，遥测、跟踪和指挥（TT&C）站，以及4项测控功能均具有的综合测控站。

航天测控站又可以根据其布置位置，分为天基测控站、空基测控站和地基（或地面）测控站。天基测控站，即运行于地球静止轨道上的跟踪与数据中继卫星（TDRS），简称中继卫星。由中继卫星、地面终端站和用户航天器上的合作设备组成跟踪与数据中继卫星系统（TDRSS），系统中的中继卫星作为测量基准点完成对用户航天器的跟踪测量，以及用户航天器和地面终端站之间的信息中继；地面终端站通过地-地通信链路与航天控制中心相连，完成控制中心与天基测控站的信息交换任务。用两颗定点经度相隔130°左右的中继卫星，从一个地面终端站经此两星转发，可实现对中、低轨道航天器85%以上轨道段的连续测控和通信覆盖。空基测控站即测量飞机，是一种空中机动测控站。在航天测控中，主要用在载人航天器的入轨段和返回段，保障天地间双向话音通信、接收和记录遥测信息，必要时向航天器发送遥控指令。地面测控站有陆上固定站、陆上机动战和海上测量船3种。

（1）陆上固定站的站址是固定的，有大型基建设施。其站址选择除要求遮蔽角小、电磁环境良好和供电、通信、交通、生活依托等方便外，主要应使其尽可能兼顾多种型号的航天器测控任务，并能有较多的测控圈次和较长的测控弧段。

（2）陆上机动站大多以汽车为载体，将测控设备装至车底盘上、车厢内或者车载方舱内，由汽车运送至指定地点展开工作。陆上机动站主要用于临时填补测控覆盖的某些空隙，而这些空隙处的测控对于相应飞行事件来说非常重要（如返回型卫星制动点的测控、载人飞船返回再入点与出黑障后弧段的测控），但又因任务频度稀少而不需要长期设站或由于地区偏远而不便于建设固定站的地方。

（3）海上测量船是海上机动测控站。海洋占地球表面总面积的71%。因此，航天测量船的最大优点是其布设的地理范围大，可根据航天器飞行轨道和测控具体要求比较自由布设在最有利于测控海域，以弥补陆地特别是国土范围的局限性，较高效率地增大测控与通信覆盖。对于中等轨道倾角的近地轨道航天器，原理上利用3艘测量船合理布设在与轨道倾角数值相当的地理纬度海域上，可以获得每圈都有对航天器测控覆盖的效果。测量船与陆上测控站的最大区别是其在进行测控作业时必须实时确定准确而精密的自身位置坐标和船体姿态数据，以便能将测量设备获得的测量信息归算到统一的轨道计算坐标系统，并为测控设备的目标捕获与稳定跟踪提供参考基准。因此,测量船上除根据测控功能要求装备相应于陆上测控站应有的测控设备外,还需针对其在海上游弋时位置和姿态随时间变化、船体在外力作用下发生变形的特殊性,装备瞬时船位(经度、纬度、航向、航速、升沉)、船姿(纵摇角、横摇角)和船体变形的测量设备及船上跟踪天线波束指向稳定设备等。

1.2.4 导航星座测控系统组成

导航星座测控系统是根据导航星座测控管理任务需求而构建的测控系统,也包含无线电测控系统、光学测量系统、通信系统、数据处理与监控显示系统、时间统一系统、辅助支持系统等。无线电测控设备包括脉冲雷达、遥测接收设备、安全控制设备、抛物面天线统一测控设备、多波束天线统一测控设备等;光学测量系统包括光电经纬仪、光电望远镜、高速摄影仪、安控电视等;通信系统包括卫星通信设备、网络传输设备、指挥调度设备等;数据处理与监控显示系统主要由中心计算机系统、网络交换设备组成;辅助支持系统除了包括辅助气象保障、大地测量保障、供配电等系统外,还包括测控设备模拟测试验证系统、测控中心模拟测试验证仿真系统、星地测控对接测试模拟系统等。

导航星座测控系统按照网络体系组成,包含西安卫星测控中心、西昌指控中心、北京航天飞行控制中心、西昌站、宜宾站、贵阳站、西沙站、三亚站、厦门站、喀什站、佳木斯站、海上测量船(布设于印度洋或者太平洋)以及国外站等。

导航星座空间段包含地球静止轨道(GEO)、倾斜地球同步轨道(IGSO)、中圆地球轨道(MEO)等几十颗不同类型卫星,相对于一般卫星工程而言,其测控具有如下特点:①多目标同时测控需求。由于需要部署卫星数量多,一般会采用一箭多星发射,要求发射与早期轨道段测控站(船)具备多目标同时测控能力;在长期运行阶段,同一个测控站也会可见多颗卫星,要求长期运行阶段测控站具备多目标同时测控能力。综上,测控系统需要具备在发射与早期轨道段、长期运行阶段多目标同时测控能力。②全新的卫星星座构型保持与控制能力需求。导航星座由 GEO、IGSO、MEO 等不同类型卫星组成,GEO 卫星需要考虑东西、南北位置保持需求,IGSO 卫星、MEO 卫星需要考虑同一个轨道面内卫星间相位保持要求及不同轨道面间位置保持需求。③高码率测控与数据传输需求。根据导航卫星各类测控和数据传输需求,需要测控系统具备兆比特每秒量级的数据上下行能力。④高性能系统安全防护需求。导航卫星面临相对比较恶劣的电磁使用环境,容易受到各类干扰,需要从测控系统层面设计安全防护方案,保证系统在信道、信息层面具备较强的抗干扰能力。

参考文献

[1] 夏南银. 航天测控系统[M]. 北京:国防工业出版社,2002.
[2] 于志坚. 航天测控系统工程[M]. 北京:国防工业出版社,2008.

第2章　导航星座地面测控网设计

北斗卫星导航系统由卫星系统、运载火箭系统、运控系统、测控系统、发射场系统、应用系统、星间链路运行管理系统7大系统组成。测控系统通过地面测控网完成运载火箭和卫星主动段测控任务、卫星早期轨道段和长期在轨运行管理任务。

地面测控是实现运载火箭和卫星状态监视、确保运载火箭安全控制、保障卫星在轨正常运行的唯一有效途径。航天测控任务由航天测控系统通过航天测控网完成。测控网归属于测控系统,是测控系统用于完成运载火箭飞行、卫星在轨运行、卫星导航系统组网运行管理的庞大机构。测控系统利用地面测控网,通过接收处理运载火箭遥测数据实现运载火箭状态监视;通过对运载火箭飞行弹道进行测定,监视运载火箭飞行轨迹,必要时实施安全控制;通过接收处理卫星遥测数据实现对卫星及星座的状态监视;通过对卫星进行距离和轨道测定,完成卫星轨道机动和位置保持;通过发送遥控指令和注入数据,实现对卫星的运行控制管理。

北斗卫星导航测控系统主要依托我国地面测控资源,在现有测控网基础上,针对导航星座测控管理任务要求和星座相位保持及轨道保持特点,增加建设了轨道计算系统和星座长期运行管理中心,用于完成北斗导航卫星星座轨道和相位计算及保持、星座长期运行管理等测控任务。

本章分步探讨地面测控网的主要功能、布局、测控体制、链路计算方法、任务方案等,并针对不同阶段的测控需求和任务进行了详细说明,主要阶段包括发射上升段(也可称为发射段)、早期轨道段、长期运行段。下面着重讨论和介绍运载火箭和卫星的地面测控网情况及相关知识。

2.1　我国航天测控网的分类

我国航天测控网有多种分类方法,主要包括以下几种情况:

(1) 按主要服务对象的轨道高度,可分为中低轨道航天器测控网、地球同步轨道卫星测控网、深空测控网等。

(2) 按工作频段可分为S频段测控网、C频段测控网、Ka频段测控网等。

(3) 按主要测控站空间位置可分为地基测控网和天基测控网,地基测控网主要包括地面测控站、航天测量船、航天测控中心等,天基测控网主要包括中继卫星系统、卫星导航系统、地面终端站、数据处理中心等。

2.2 航天测控网设计

地面测控网设计主要依据运载火箭和卫星的测控需求,充分利用现有测控资源,深入研究未来若干年的发展规划,进行合理有效的设计。

2.2.1 航天测控网设计原则

航天测控网设计主要原则包括:

(1) 以国家航天发展战略为依据,统筹规划测控网的发展与建设。

(2) 近期和长远发展相结合,在满足当前任务要求的前提下,具备扩展建设能力。

(3) 强化顶层设计,优化体系结构,提高测控系统整体能力和建设效益。

(4) 测控网建设,贯彻“适用、可靠、先进、经济”的原则。

(5) 满足航天试验任务对测控系统的要求,包括测控功能、测量精度、覆盖率等。

(6) 测控体制、传输协议等尽量与国际接轨,具备国际联网的功能和能力,与国际航天组织相互提供测控支持。

(7) 遵循“系列化、通用化、组合化”的三化原则,努力提高设备的可靠性、稳定性和可维护性。

(8) 对于载人航天任务,确保航天员生命安全。

2.2.2 航天测控网设计论证内容

航天测控网设计要根据航天器飞行任务的需求充分利用设备的跟踪性能,合理布站,既满足测控覆盖率要求,又尽可能减少航天测控站的数量。在航天测控网总体设计时通常重点论证以下内容。

(1) 关键飞行事件的覆盖要求。对航天器入轨、姿态轨道控制、返回再入等关键事件一定要有有效的测控覆盖。为确保测控的安全可靠,常常还要考虑适当的备份。

(2) 测轨精度要求。为了满足测轨精度要求应部署相应体制的测控设备,提供满足精度要求的观测资料,还需要多站、多圈次跟踪测量。

(3) 兼顾多型号航天器的测控。航天测控网中的测控站的地理经度分布尽量均匀,以实现有较高的测控覆盖率。在地理纬度上要尽量兼顾多种型号航天器的轨道特点,如大倾角的中低轨道卫星,高纬度测控站观测条件比较有利,其轨道覆盖能力要比低纬度站高。

(4) 尽可能提高测控网的自动化程度,缩短跟踪多目标重新设置的时间,有效地计划调度测控事件和测控资源,提高设备的有效利用率。

2.3　航天测控网功能

航天测控网主要有两大功能,即航天器与运载火箭的测量和控制。航天器与运载火箭的测量包括轨道测量、遥测接收、数据传输等;航天器与运载火箭的控制包括航天器轨道控制、姿态控制、有效载荷工作所需指令的发送与数据注入、运载火箭安全控制等[1]。

1）航天器与运载火箭的测量

航天器与运载火箭的测量包括轨道测量、遥测接收、数据传输等。

轨道测量即对航天器与运载火箭进行跟踪测轨,获得航天器与运载火箭质心相对于测量站的运动信息,包括距离、角度、速度等,测量结果用于确定航天器与运载火箭的飞行轨道。

遥测接收即对航天器与运载火箭的被测对象的有关测量参数进行接收处理,并进行监视,获取航天器与运载火箭本身的姿态、状态、分系统工作等情况,以及飞船上航天员的身体健康情况和生理变化情况。用于飞行计划和控制决策。

数据传输即接收航天器与运载火箭的图像信息、载荷信息及应用信息等,用于状态监视、数据备份等。

2）航天器与运载火箭的控制

航天器与运载火箭的控制包括航天器运动和各部件工作控制及运载火箭安全控制。航天器运动控制包括轨道控制和姿态控制。主要完成以下任务:

(1) 通过遥控指令或数据注入,改变航天器的控制模式或姿态标称值(偏置量)。

(2) 通过遥控指令或数据注入,控制航天器发动机(推力器)点火,飞轮改变转速,或指向机构转动,以进行轨道控制、姿态控制或指向控制。

(3) 通过遥控指令或数据注入,进行故障处理、系统重构和正常运行状态恢复。

(4) 通过遥控指令或数据注入,对航天器进行时间校正或修改。

(5) 通过遥控指令或数据注入,对有效载荷工作状态进行设置。

(6) 通过遥控指令和数据注入,向航天器计算机输入程序或数据。

(7) 通过安全控制指令,对飞行异常的故障运载火箭实施安全控制,将其炸毁。

2.4　航天器观测常用方法[2]

2.4.1　中低轨卫星观测计算

2.4.1.1　最大斜距、观测弧段及作用距离

对于中圆地球轨道(MEO)卫星、低地球轨道(LEO)卫星的测量,如果测量精度要求不高,则测控站跟踪测量卫星的最大斜距、观测弧段及作用距离(作用圈)基本

上可以按卫星轨道近似于圆形、地球近似于静止不动来计算。如果测量精度要求很高,必须将卫星轨道特性和地球自转角速度考虑为测量因素,并参与计算。

图 2.1 所示为卫星观测的几何情况。图中:G 为测控站,S 为卫星,E 为观测起始仰角,β 为自测控站至卫星的地心角,R 为斜距,L 为卫星过顶时所能观测的全部弧段长度,D 为地面作用半径,r_E为测控站的地心距,h 为卫星高度。

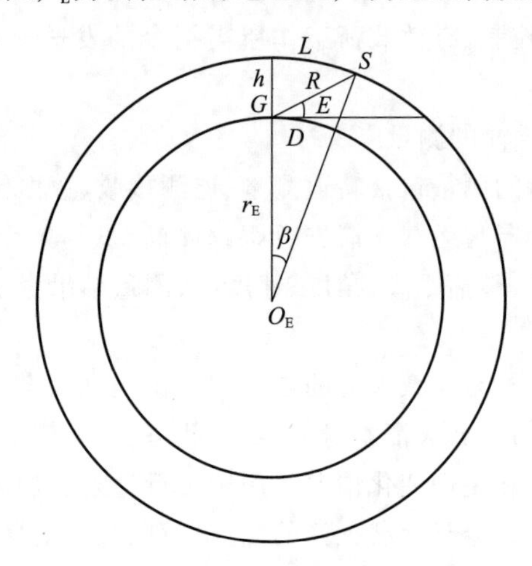

图 2.1 测控站观测范围

计算公式为

$$\beta = 90° - E - \arcsin\left(\frac{r_E}{r_E + h}\cos E\right) \tag{2.1}$$

$$R = (r_E + h)\frac{\sin\beta}{\cos E} \tag{2.2}$$

$$L = \frac{\beta}{360} \cdot 2\pi(r_E + h) \tag{2.3}$$

$$D = \frac{\beta}{360} \cdot 2\pi r_E \tag{2.4}$$

2.4.1.2 卫星非过顶情况下观测弧段长度的计算

卫星运行线路不过顶时观测弧段长度$\overset{\frown}{ab}$为

$$\overset{\frown}{ab} = 2\arccos\left(\frac{\cos D}{\cos d}\right) \tag{2.5}$$

式中:d 为测控站离星下点的最近距离对应的地心角;D 为地面作用半径对应的地心角。

测控站作用圈和星下点轨迹几何如图 2.2 所示。

2.4.1.3 卫星轨道上两点之间的弧段长度

已知卫星星下点轨迹上两点的经纬度,即可求出卫星轨道上相应于这两点之间的弧段长度。从图 2.3 中的球面三角形 NS_1S_2 可知,星下点轨迹弧段长度 L'(=

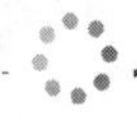

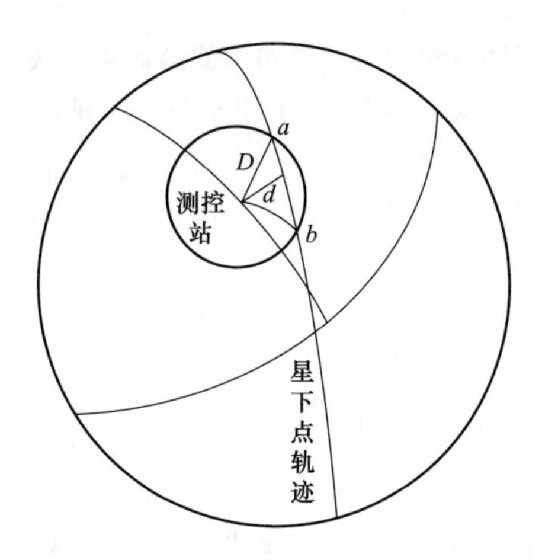

图 2.2 测控站作用圈和星下点轨迹几何图

$\overline{S_1S_2}$)可由式(2.6)求得,即

$$\cos L' = \cos(90^\circ - \varphi_{S_1})\cos(90^\circ - \varphi_{S_2}) + \sin(90^\circ - \varphi_{S_1})\sin(90^\circ - \varphi_{S_2}) \times \cos(\lambda_{S_2} - \lambda_{S_1}) = \sin\varphi_{S_1}\sin\varphi_{S_2} + \cos\varphi_{S_1}\cos\varphi_{S_2}\cos\Delta\lambda \tag{2.6}$$

式中:λ_{S_1}为卫星在轨道上S_1点的经度;λ_{S_2}为卫星在轨道上S_2点的经度;φ_{S_1}为卫星在轨道上S_1点的纬度;φ_{S_2}为卫星在轨道上S_2点的纬度。

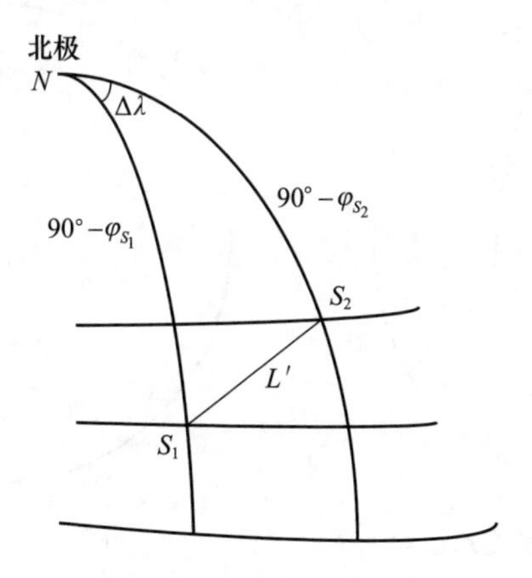

图 2.3 球面三角形

卫星轨道弧段长度为

$$L \approx \frac{r_E + h}{r_E} L' \tag{2.7}$$

式中:h 为卫星高度;r_E为地球半径;$\Delta\lambda$ 为 S_1点和 S_2点的经度差。

当星下点在赤道上时,有

$$L \approx \frac{r_E + h}{r_E} \arccos(\cos\Delta\varphi\cos\Delta\lambda) \tag{2.8}$$

2.4.1.4 测控站观测卫星的方位角和俯仰角计算方法

已知条件:测控站的纬度φ_G和经度λ_G、卫星星下点的纬度φ_S和经度λ_S及卫星高度 h。

(1) 求测控站 G 到卫星 S 的方位角 A(从正北起算)。从图 2.4 中的球面三角形 PGS,可得

$$\frac{\sin\Delta\lambda}{\sin L'} = \frac{\sin A}{\sin(90° - \varphi_S)} \tag{2.9}$$

$$A = \arcsin\left(\frac{\sin\Delta\lambda\sin(90° - \varphi_S)}{\sin L'}\right) \tag{2.10}$$

$$\cos L' = \sin\varphi_G\sin\varphi_S + \cos\varphi_G\cos\varphi_S\cos\Delta\lambda \tag{2.11}$$

如果画出一个以测控站为中心的水平日晷投影地图,则可以从图上直接得出观测卫星的方位角。在这种地图上,测控站作用范围为圆,卫星通过测控站上空的星下点轨迹是直线。从测控站(中心)画直线到轨迹上的一点,它与正北之间的角度便是方位角。图 2.4 所示为一个以位于北纬 30°的测控站为中心的水平日晷投影图。应注意,在这种图中,离开中心不同近远处的距离量度是不同的。

(2) 求测控站到卫星的仰角 E。仰角和地心角的关系如图 2.5 所示。

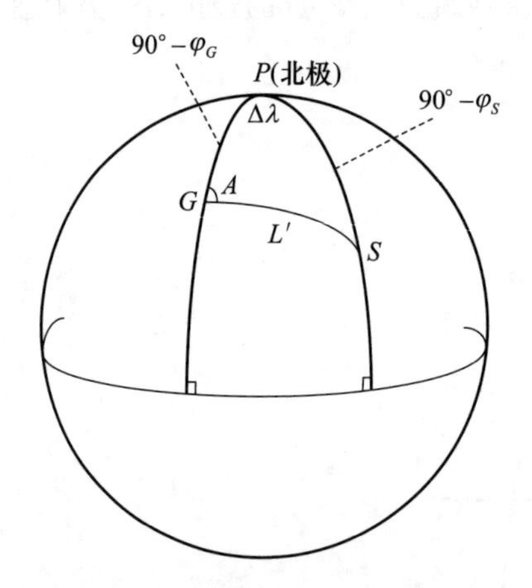

图 2.4 测控站至卫星的方位角

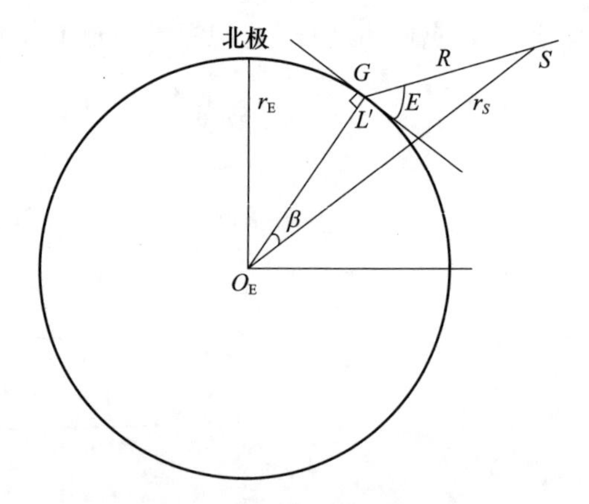

图 2.5 仰角和地心角的关系

计算公式如下:

$$\tan E = \frac{r_S\cos\beta - r_E}{r_S\sin\beta} = \frac{\cos\beta - r_E/r_S}{\sin\beta} \tag{2.12}$$

式中:β 为 L'对应的地心角;$r_S = r_E + h$,h 为卫星高度。

2.4.2 GEO 卫星观测计算[2]

已知测控站 G 坐标为 φ_G、λ_G,GEO 卫星在赤道上空的定点经度为 λ_S。

(1) 求观测方位角 A。观测方位角如图 2.6 所示。

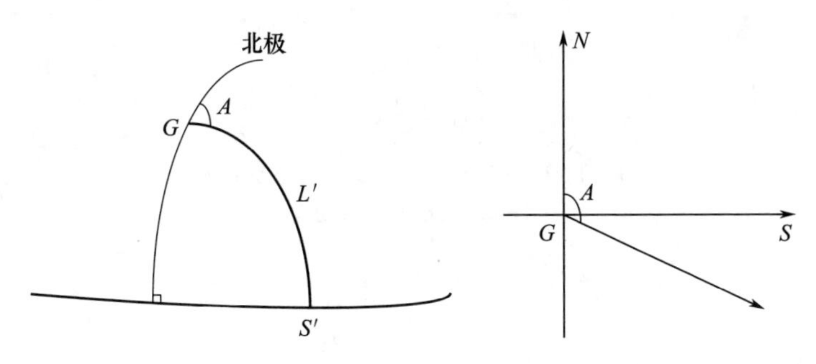

图 2.6　GEO 卫星观测方位角

计算公式为

$$A = \arcsin\left(\frac{\sin\Delta\lambda}{\sin\beta}\right) \tag{2.13}$$

式中

$$\Delta\lambda = \lambda_S - \lambda_G \tag{2.14}$$

（2）求观测仰角 E。

$$E = \arctan\left(\frac{\cos\beta - 0.15126}{\sin\beta}\right) \tag{2.15}$$

式中：地球赤道半径与 GEO 卫星的高度之和是 42166km。

$$\frac{r_E}{r_S} = \frac{6378}{42166} = 0.15126 \tag{2.16}$$

（3）已知测控站坐标和观测起始仰角，则可求出可能观测到的 GEO 卫星的最远定点经度。仰角 E 和卫星离测控站的地心角 β 的关系如图 2.7 所示。

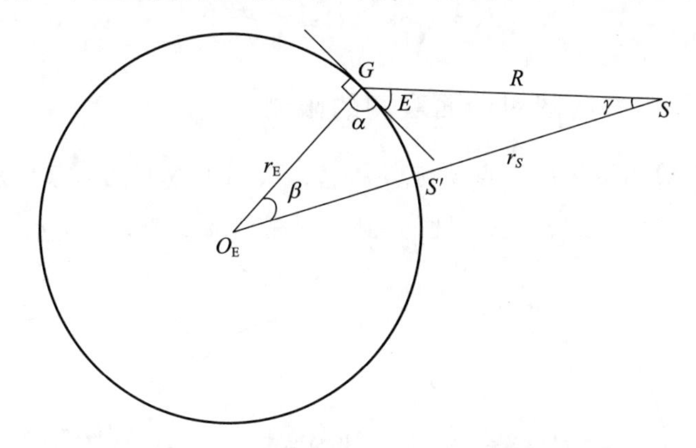

图 2.7　测控站观测 GEO 卫星的仰角 E 和卫星离测控站的地心角 β 的关系

α、β、γ 的计算方法如下：

$$\alpha = 90° + E \tag{2.17}$$

$$\frac{\sin\gamma}{r_E} = \frac{\sin\alpha}{r_S} = \frac{\cos E}{r_S} \tag{2.18}$$

则

$$\sin\gamma = \frac{r_E}{r_S}\cos E \tag{2.19}$$

$$\beta = 180^\circ - (\alpha + \gamma) = 90^\circ - (E + \gamma) \tag{2.20}$$

$$\cos\beta = \cos\varphi_G \cos\Delta\lambda \tag{2.21}$$

故

$$\cos\Delta\lambda = \frac{\cos\beta}{\cos\varphi_G} \tag{2.22}$$

测控站对 GEO 卫星的观测几何如图 2.8 所示。

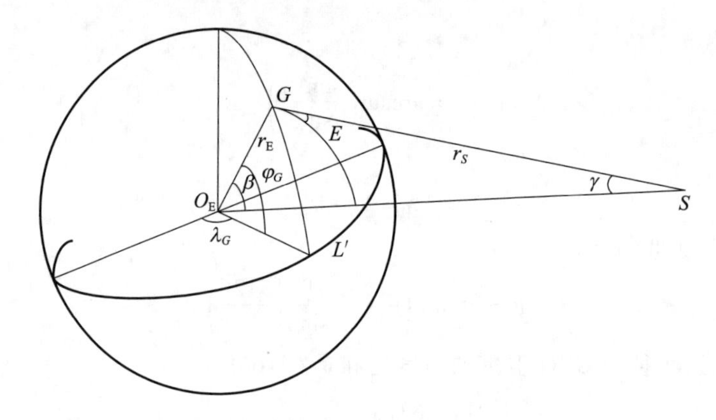

图 2.8　测控站对 GEO 卫星的观测几何

GEO 卫星的定点经度为

$$\lambda_S = \lambda_G + \arccos\left(\frac{\cos\beta}{\cos\varphi_G}\right) \tag{2.23}$$

2.4.3　天线方向图对地面观测的限制

如果已经计算出卫星星下点轨迹($t_i, \lambda_i, \varphi_i$),则可按照几何条件从图上做出某测控站观测卫星的弧段及相应的时间。卫星观测范围如图 2.9 所示,下面介绍观测范围的几何求法。

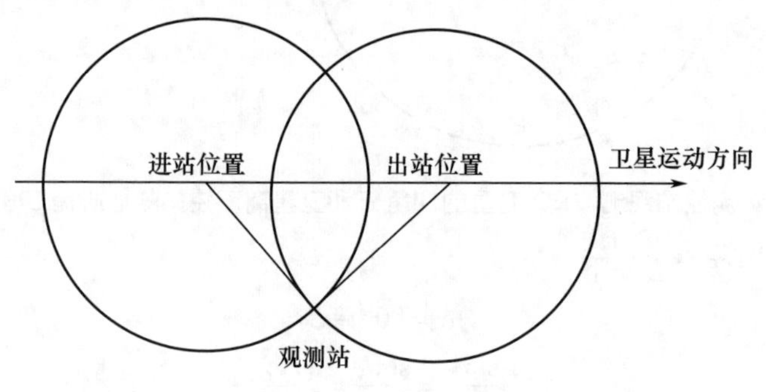

图 2.9　卫星观测范围

卫星天线对地面的覆盖范围为一圆形。夹角为 A 的天线方向图可观测范围如图 2.10 所示。

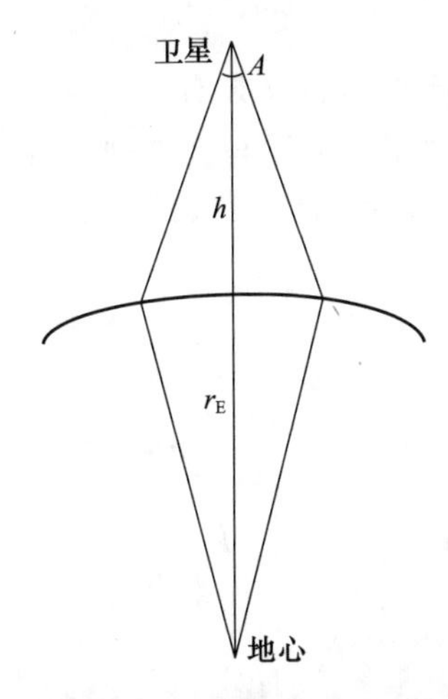

图 2.10　夹角为 A 的天线方向图可观测范围

卫星天线对地面覆盖的地心张角计算方法如下：

$$2D = 2\pi - A - 2\arccos\left[\left(1 + \frac{h}{r_E}\right)\sin\frac{A}{2}\right] \tag{2.24}$$

式中:$2D$ 为此圆的地心张角;r_E 为地球半径;卫星天线方向图正对地心,夹角为 A;h 为卫星高度。

当卫星飞经测控站天顶时,该站观测卫星的最低仰角(进出站)为

$$E = \arcsin\left[\left(1 + \frac{h}{r_E}\right)\sin\frac{A}{2}\right] - \frac{\pi}{2} \tag{2.25}$$

实际应用时注意$\arcsin\left[\left(1 + \frac{h}{r_E}\right)\sin\frac{A}{2}\right]$取为第二象限角。

如果星上采用全向性天线,并一出地平线就观测,进出站角为 0°,A 就唯一由卫星高度 h 确定,而 D 也就唯一由高度 h 确定,如图 2.11 所示。

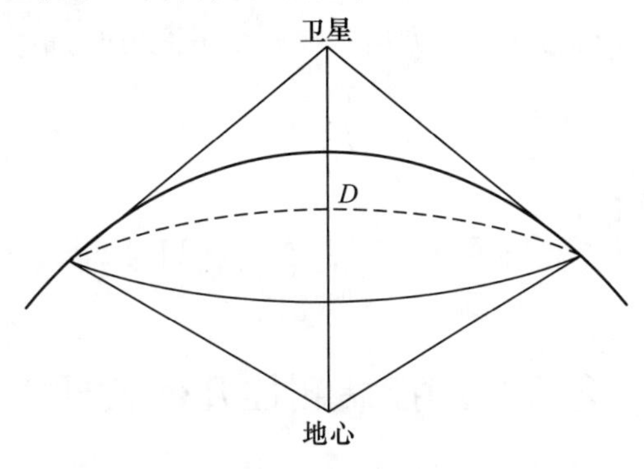

图 2.11　全向天线卫星的可观测范围

此时,卫星天线覆盖范围为

$$2D = 2\arctan \frac{r_E}{h + r_E} \tag{2.26}$$

卫星的天线方向图如不指向地心,而是有一个偏差角 a,则卫星的覆盖区域不是圆,而是椭圆,$2D$ 为此椭圆主轴的地心张角。在这种情况下计算比较复杂,它涉及天线图的指向和卫星运动方向的关系,如图 2.12 所示。

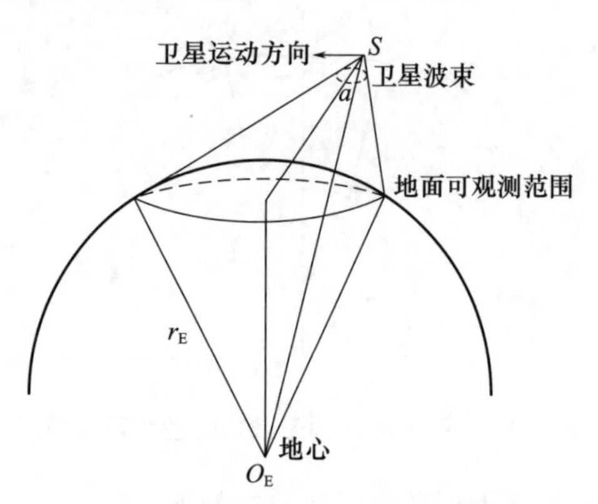

图 2.12　卫星天线波束向前的可观测范围

如果天线的方向和运动方向在一个平面内,卫星正好飞经测控站的天顶,这时进出站的起始仰角为

$$E_1 = \arcsin\left[\left(1 + \frac{h}{r_E}\right)\sin\left(\frac{A}{2} + a\right)\right] - \frac{\pi}{2} \tag{2.27}$$

$$E_2 = \arcsin\left[\left(1 + \frac{h}{r_E}\right)\sin\left(\frac{A}{2} - a\right)\right] - \frac{\pi}{2} \tag{2.28}$$

实际计算时注意角度的象限选择为

$$\begin{cases} 0 \leqslant E \leqslant \dfrac{\pi}{2} \\ \dfrac{\pi}{2} \leqslant \arcsin\left[\left(1 + \dfrac{h}{r_E}\right)\sin\left(\dfrac{A}{2} \pm a\right)\right] \leqslant \pi \end{cases} \tag{2.29}$$

当非过顶或者天线指向和运动方向不在一个平面内时,最大进出站仰角为

$$\arcsin\left[\left(1 + \frac{h}{r_E}\right)\sin\left(\frac{A}{2} - a\right)\right] - \frac{\pi}{2} \tag{2.30}$$

最小进出站仰角为

$$\arcsin\left[\left(1 + \frac{h}{r_E}\right)\sin\left(\frac{A}{2} + a\right)\right] + \frac{\pi}{2} \tag{2.31}$$

2.5　测控站测控几何条件[2]

测控几何条件是指卫星天线波束覆盖测控站(船)范围和测控站(船)对卫星可

进行测控作业的卫星相对于测控站(船)位置角的几何约束条件。

测控站测量几何条件是进行地面测控网设计与建设的首要考虑因素。无线电测控设备跟踪、控制卫星,从测量几何角度必须满足以下两个条件:

(1) 卫星的位置必须在测控站地平线以上。

(2) 卫星的天线波束必须能覆盖测控站(船)。也就是说,测控站(船)至卫星的连线(测量线)必须在卫星天线的波束宽度 θ_S 内。

2.5.1　卫星天线波束宽度与覆盖范围

卫星测控天线安装于卫星 $+Z$ 轴方向。天线波束主轴与卫星 $+Z$ 轴一致。一般情况下卫星的 $+Z$ 轴指向地心。所以,卫星天线波束覆盖测控站(船)的范围取决于卫星的飞行高度 H 和天线波束宽度 θ_S,如图 2.13 所示。

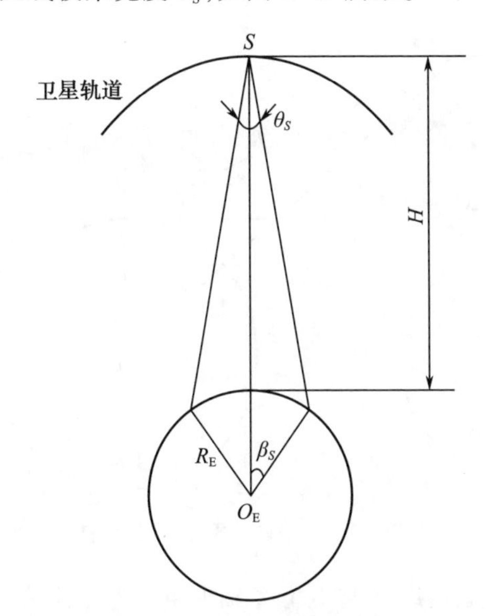

图 2.13　卫星天线覆盖范围

$$\beta_S = 180° - \left[\arcsin\frac{(R_E + H)\sin\dfrac{\theta_S}{2}}{R_E} + \frac{\theta_S}{2} \right] \tag{2.32}$$

当地球恰好与卫星天线波束圆锥面内相切时,其条件方程为

$$\frac{(R_E + H)\sin\dfrac{\theta_S}{2}}{R_E} = 1$$

或

$$\theta_S = 2\arcsin\frac{R_E}{R_E + H} \tag{2.33}$$

由式(2.33)可以看出,与地球内切的天线波束宽度仅取决于卫星飞行高度。当天线波束宽度一定的条件下,覆盖带的宽度不仅取决于卫星飞行高度,还取决于卫星的滚动、俯仰姿态,即 $-Z$ 轴指向。GEO 卫星在转移轨道段处于巡航姿态时,属于这种情况。

在卫星天线覆盖带内设置测控站(船)是测控节点布局的约束条件。

2.5.2 观测几何条件

观测几何条件是指测控站测控天线能“见到”卫星的条件。

测控站测控天线能否“见到”卫星,还受地球曲率和电波传播直线性制约。测控站能“见到”卫星的条件之一是卫星必须在测控站地平坐标系基本平面以上,即 $E>0°$。称这种观测几何条件为测控站“天线仰角可见”,简称“仰角可见”。光学观测中也称为“高度可见”,如图 2.14 所示。

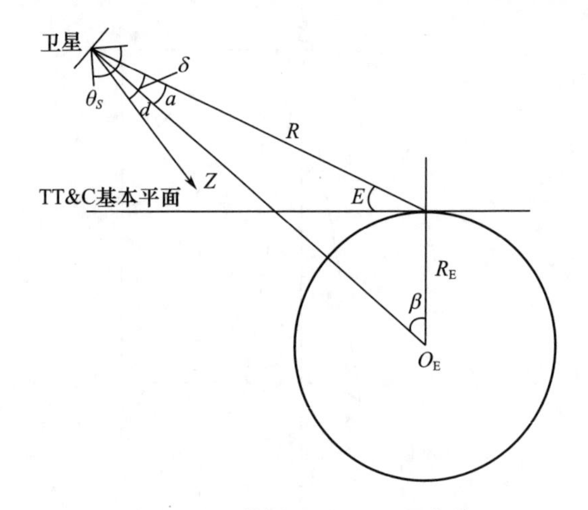

图 2.14 测控站“可见”卫星条件

现定义测控站至卫星连线 R 与卫星 Z 轴夹角 δ 为测控站“天线可见角”,卫星天线波束宽度为 θ_S,则测控站天线能见到卫星的条件之二为

$$\delta \leqslant \frac{1}{2}\theta_S \tag{2.34}$$

即测控站至卫星连线 R 在卫星天线波束宽度 θ_S 内或卫星天线波束覆盖测控站,称这种几何条件为“天线可见”。在天线可见范围内测控站可覆盖卫星。用近地点高度设计卫星天线波束宽度,这一条件即可满足。

2.5.3 GEO 及中高轨卫星的测控条件

2.5.3.1 “天线可见”条件

GEO 及中高轨卫星,测控天线安装在 $+Z$ 轴方向,卫星在转移轨道段处于巡航姿态时,由于其 $-Z$ 轴指向太阳,不同于近地轨道卫星,其“仰角可见”不等同于“天

线可见”。首先是“仰角可见”才能实现“天线可见”。在测控站坐标确定的条件下，“天线可见”取决于卫星的空间位置和当时的太阳位置，应满足式(2.34)，如图2.15所示。

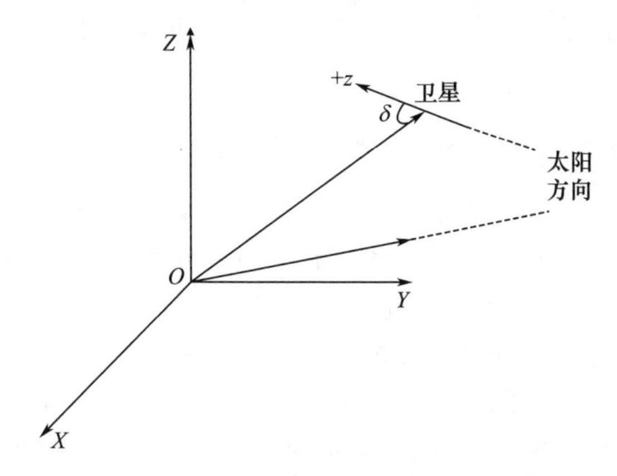

图2.15　测控天线可见几何

卫星在转移轨道段进行轨道机动期间及同步轨道段，其 $+Z$ 轴指向地心，其“仰角可见”和“天线可见”等同。

所以，转移轨道段的测控条件采用“天线可见”的概念。“天线可见”时刻和由“天线可见”到“天线不可见”时刻分别记为 t_{TXKJ}、t_{TXXS}。测控区间为 $\Delta t_{TC}=t_{TXXS}-t_{TXKJ}$。地球同步静止轨道段测控区间 Δt_{TC} 等于卫星正常运行的工作寿命。

2.5.3.2　起始捕获、跟踪点

GEO卫星在转移轨道段运行时，测控站捕获目标以“天线可见”时刻 t_{TXKJ} 的预报参数 A(方位角)、E(俯仰角)为参考点。不考虑测控站遮蔽角的影响。

考虑到目标捕获过程比较复杂，GEO卫星测量起始点一般在 $t_{TXKJ}-3\text{min}$。

2.6　测控站(船)的布局

航天测控站包括固定站、活动站和测量船等。航天测控站的设置必须在满足卫星和航天测控站观测几何条件下按一定规则在局域或全球布设。

测控站(船)布局是指测控网为完成对卫星的测量与控制，测控站(船)布设的空间位置和所需要的最少测控站(船)数量。实质上是解决对卫星各轨道段及运载火箭的跟踪测控覆盖问题。对发射轨道段的关键点的跟踪测控覆盖率必须达到百分之百，对转移轨道段和运行段要求跟踪测控覆盖率尽可能高。

测控站(船)的数量、功能和布局取决于航天器的轨道及其对测控系统的要求。为保证对航天器轨道的有效覆盖并获得足够的测量精度，通常要在地理上合理部署若干航天测控站组成的航天测控网。航天测控站站址选择的主要依据是：确保关键

事件的覆盖，遮蔽角小，电磁环境良好，通信、交通方便。

测控站(船)的布局受运载火箭和卫星各轨道段(发射轨道段、转移轨道段、运行轨道段)飞行轨道、天线波束、测控体制、测控覆盖率、测量精度等多种因素的制约。地球轨道卫星的轨道一般可分为以下阶段：发射入轨段、转移轨道段、运行轨道段等。

2.6.1 发射入轨段测控站(船)的布局

发射入轨段是指卫星与运载火箭分离并进入初始轨道前后的轨道段。在入轨段布设测控站(船)，用于测量、确定卫星的初始轨道和入轨点轨道参数。同时也可以用于运行轨道段测控。因此，入轨段测控站(船)布置位置主要考虑应能覆盖运载火箭和卫星分离点(入轨点)前后。为了确定初始轨道，分离后对卫星应有不少于120s的可用测轨弧段，可用测轨弧段是指地面测控设备天线仰角$E \geqslant 5°$的可见跟踪测量区间，其中特殊情况下，遥测数据接收跟踪测量条件可放宽至$E \geqslant 3°$。

工程实践中，用理论入轨点参数(入轨点高度H，入轨点地理经度λ、地理纬度φ)、理论轨道及其星下点轨迹确定测控站(船)的位置范围。测控站(船)数量取决于采用RAE或$R\dot{R}$AE单站测量体制还是多站测量体制。目前基本都是采用单站测量体制，单站测量体制下卫星与测控站的位置如图2.16所示。

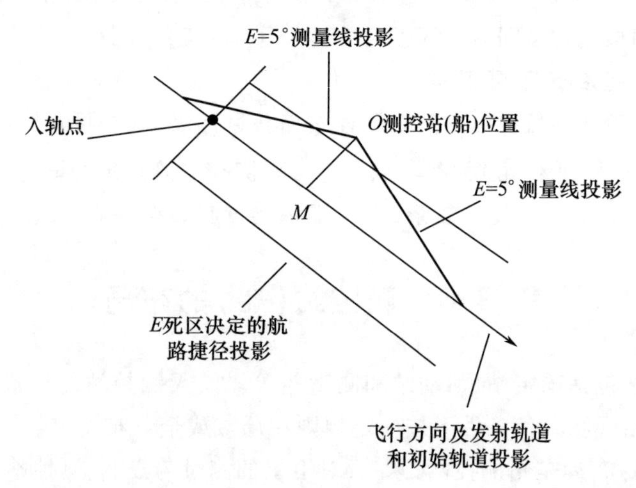

图2.16 RAE或$R\dot{R}$AE单站测量体制下卫星与测控站的位置

在测控站(船)基本平面上，坐标原点O至发射或运行轨道平面的垂直距离$\overline{OM}$定义为卫星航路捷径。

图2.16表示单站测量体制(单脉冲雷达或统一载波设备)的测控站位置O考虑航路捷径时测控站与入轨点和初始轨道的相对位置关系。

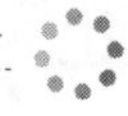

通常将一台测控设备布设在发射轨道面的一侧,并能覆盖入轨点。从雷达俯仰-方位转台天线的限制条件考虑,应避开俯仰角 E 的死区(也就是"可见"跟踪死区),E 的死区为 $\Delta E = 5° \sim 10°$。飞行高度为 H 的卫星飞经测控设备跟踪天线死区边界时,对应一个临界航路捷径,如图 2.17 所示。

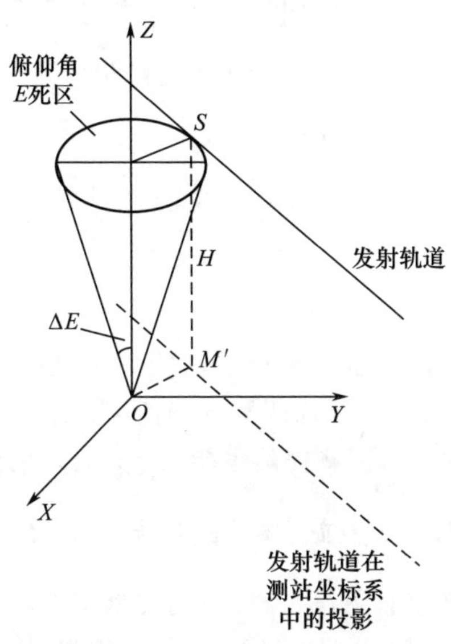

S—卫星过测控站 O 死区边界时的空间位置; H—卫星在测站坐标系中的飞行高度;
M'—S在测控站基本平面的投影; O—测控站位置; $\overline{OM'}$—设备俯仰角死区对应的临界航路捷径。

图 2.17　航路捷径问题

显然,临界航路捷径 $\overline{OM'} = H\tan\Delta E$。

天线方位角速度为

$$\dot{A} \approx \frac{V_g}{d} = \frac{V_g}{R\cos E} \tag{2.35}$$

式中:R 为测控站至卫星的距离;V_g 为地平速度(km/s)。

$$V_g = \frac{R_E}{R_E + H} V \approx \frac{R_E}{R_E + H}\sqrt{\frac{\mu}{R_E + H}} \tag{2.36}$$

式中:μ 为地心引力常数。

当 $E = E_{max} = 90°$ 时,$\dot{A} = \infty$,工程无法实现。这是俯仰-方位转台天线出现天顶死区的原因,这就是通常所说的"过顶问题"。

通常情况下,在选择测控站位置时,卫星的发射轨道为已知,选择 $\overline{OM}$(图 2.16)使得 $\overline{OM} > \overline{OM'} = H\tan\Delta E$,设备的最高工作仰角 $E_{max} < 80°$ 或 $E_{max} < 85°$,以避免设备跟踪目标过程中测量线进入仰角死区。

为了说明航路捷径$\overline{OM}$长度在测控站基本平面上的量级，假定 E 的死角 $\Delta E = 10°$，卫星飞行高度 $H = 400\text{km}$，轨道近圆 $e = 0$，则临界航路捷径$\overline{OM'} = 70.53\text{km}$。$\overline{OM'}$在地面上的投影长度 $\overline{OM'} = 6371\arctan\dfrac{\overline{OM'}}{6371} \approx 70.53\text{km}$，即只要站址的 $\overline{OM} \geqslant 70.53\text{km}$，则测控设备可工作的最高仰角为 $E_{\max} \leqslant 80°$。

考虑到卫星天线波束覆盖地球的宽度β_S的制约，同时应具备$\arctan\dfrac{\overline{OM'}}{6371} < \beta_S$。本例中$\arctan\dfrac{\overline{OM'}}{6371} = 0.63°$。此时$\dot{A}_{\max} = \dfrac{V_g}{\overline{OM}} = \dfrac{7.22}{70.53} = 0.1023\text{rad/s} = 5.86(°)/\text{s}$。

当 $H = 200\text{km}$ 时，$\dot{A}_{\max} \approx 6.13(°)/\text{s}$。

入轨区的测控站还必须具备遥测遥控功能。如单站测量体制采用载波统一系统，则一个测控站（船）即可实现跟踪测量、遥测遥控功能。

按照上述规则布设的入轨区测控站也能用于运行段的测控任务。

2.6.2 转移轨道段测控站（船）的布局

GEO 卫星从入轨到转移轨道段，经历不同类型特性的轨道，在 MEO、IGSO、GEO 卫星中，具有很强的代表。因此本节只针对 GEO 卫星转移轨道段测控站（船）布局条件进行介绍。

转移轨道是发射 GEO 卫星的过渡轨道，通过测控站对在转移轨道上运行的卫星一系列测量与控制，使其进入准同步轨道。转移轨道段的测控站布局应满足必要的测控区间 Δt_{TC}要求，同时必须具备高可靠性。

2.6.2.1 转移轨道及其特点

为了表述问题，下面给出 GEO 卫星转移轨道段的参数，分别为：JD = 16232；$t = 4457.82\text{s}$；$a = 24629.51\text{km}$；$e = 0.73291387$；$i = 28.4987°$；$\Omega = 139.8106°$；$\omega = 179.6064°$；$M = 1.3987°$。

运行周期为

$$P = 2\pi\mu^{-\frac{1}{2}}a^{\frac{3}{2}} \quad (\text{s}) \tag{2.37}$$

将上述轨道根数代入式(2.37)，有 $P = 0.000165867\ a^{\frac{3}{2}} = 641.126\text{min}$。

近地点高度为

$$h_p = a(1 - e) - R_E = 200.06\text{km}$$

远地点高度为

$$h_a = a(1 + e) - R_E = 36302.68\text{km}$$

式中：R_E为地球半径，$R_E = 6378.14\text{km}$；μ 为地心引力常数，$\mu = GM = 3.986005 \times 10^5\ \text{km}^3/\text{s}^2$。

地球非球形引力势引起的轨道面在空间的转动角为

$$\dot{\Omega}=-\frac{3}{2}\frac{nJ_2R_E^{\ 2}}{a^2(1-e^2)^2}\cos i$$

考虑到$n^2a^3=\mu$,将 n 代入上式,$\dot{\Omega}$ 量纲为 rad/s,则

$$\dot{\Omega}=-\frac{3}{2}J_2\frac{\mu^{\frac{1}{2}}}{R_E^{\frac{3}{2}}}\left(\frac{360}{2\pi}\times 86400\right)\left(\frac{R_E}{a}\right)^{\frac{7}{2}}\frac{\cos i}{(1-e^2)^2}=$$

$$-9.96\left(\frac{R_E}{a}\right)^{\frac{7}{2}}\frac{\cos i}{(1-e^2)^2}\quad ((°)/天) \tag{2.38}$$

代入轨道根数,则$\dot{\Omega}=-0.3615(°)/天=-0.000251(°)/\min$。

由根数和计算参数可见,其运行周期为 10h41min,且远地点在赤道附近上空,星下点轨迹的最高纬度在 ±28.49°内,在一个周期内同纬度星下点西移为

$$\Delta\lambda=(\omega_e-\dot{\Omega})P=(0.25068+0.000251)\times 641.126\approx 161°$$

式中:ω_e为地球自转角速度,$\omega_e=0.25068(°)/\min$。

经计算可得:

第一圈的远地点位置为:JD = 16232;t = 23897.82s;r = 42674.90km;λ = 244.09°(W115.91°);$\varphi\approx 0$。

第二圈的远地点位置为:JD = 16232;t = 62537.82s;r = 42674.66km;λ = 82.66°(E);$\varphi\approx 0$。

2.6.2.2　利用转移轨道特点对测控站(船)的布局

在转移轨道确定的条件下,测控站应能最大限度地获取测控区间。测控站(船)的位置(地理经度、地理纬度)决定着测控区间的大小。

本章用例中,卫星在转移轨道的一个周期内,同纬度星下点向西移动 $\Delta\lambda\approx$ 161°,由于 $\Delta\lambda$ 的作用,第 3 圈与第 1 圈的星下点同纬度比较,第 3 圈星下点向西移动量为 $2\Delta\lambda\approx 322°$,远地点在 77.91°W。第 4 圈与第 2 圈同纬度比较,第 4 圈星下点向西移动量也为 322°,远地点在 120.66°E。仅从完成转移轨道段测控任务考虑,并要求对远地点前后覆盖,理想的站址应在转移轨道第 1 圈、第 3 圈星下点轨迹之间(115.91°W ~ 77.91°W)和第 2 圈、第 4 圈星下点轨迹之间(82.66°E ~ 120.66°E)。为了避免天线跟踪过程中出现"死区",站址的纬度 φ 要在南、北纬 8.5°之外,这样,采用$RR\dot{R}AE$统一载波测控体制的测控站(船)只需要 2 个,2 个测控站(船)的站址跨度为 161°,可以实现对卫星进行连续 4 圈次的跟踪测控。

假设陆基测控站设在第 2 圈、第 4 圈的星下点轨迹中间(107.66°E,35°N)处,仅考虑测控站对卫星轨道的覆盖,即测控站"仰角可见",则第 2 圈卫星的位置与陆基测控站的测量几何数据如表 2.1 所列。

表 2.1　卫星位置与陆基测控站测量几何关系数据

卫星位置	测量几何
JD = 16232 t = 46525.82s r = 18577.42km λ = 95.34° φ = −24.02°	JD = 16232 t = 46525.82s R = 16368.31km A = 192.97° E = 10.07°
t = 60352.82s r = 42391.30km λ = 87.73° φ = −2.11°	t = 60352.82s R = 37854.99km A = 210.90° E = 42.04°
t = 80897.82s r = 7913.57km λ = 135.94° φ = 22.53°	t = 80897.82s R = 3721.91km A = 109.21° E = 9.81°

测控站 $E\approx10°$的“仰角可见”测控区间为 $\Delta t_{\mathrm{TC}}=80897.82\mathrm{s}-46525.82\mathrm{s}=34372\mathrm{s}=9.5\mathrm{h}$,“天线可见”区间要小于此值。测控区间的最高仰角为 $E_{\mathrm{m}}=42.04°$。

该测控站对第 4 圈测量区间同上。

如果将测量船布设在第 1 圈、第 3 圈的星下点轨迹中间的南(或北)纬 35°处,会有同样的结果。如果第 4 圈为点火圈次,则第 4 圈点火前两个测控站(船)的覆盖率为 0.96。但是,测控站(船)的布局不仅是个图上作业的问题,而且受到其他各种因素的制约,如卫星天线方向性图对测控区间的影响(要考虑测控站(船)的“天线可见”)、站址的环境因素(气候、地理环境)、国外建站可能性、考虑其他轨道段测控、兼顾其他卫星的测控任务等。所以,实际的测控站(船)布局会牺牲部分理论跟踪测控区间和效果,只针对包含主要测控弧段及主要测控任务的必保测控区间进行布局设计。如将测控站布局限制在中国陆地版图内(如 118°E,24.5°N),将 3 圈半的飞行程序压缩到 1 圈半完成,利用第 2 圈和第 4 圈的上升段累计测控时间为 14.29h,其覆盖率 <0.382。在这种测控站布局的条件下,为提高测控可靠性,测控系统通常采用逐级备份和两站同时测控 1 个圈次的方法。

2.6.3　GEO 卫星运行轨道段测控站(船)的布局

GEO 卫星从转移轨道进入准同步轨道,期间至少利用一个测控站进行跟踪测控,因此在运行轨道阶段,从测控站对卫星的几何关系来说,如图 2.18 所示,卫星从准同步轨道至定点位置,一个统一载波测控站 G 就可以完成定点捕获和定点管理,并能实现 24h 连续跟踪测控。

在卫星定点位置已确定和测控站最低工作仰角限定的条件下,β 角的数值与测控站-卫星相对位置关系相关。

假设卫星定点在 λ_S赤道上空,测控站的坐标为 λ_G和 φ_G,两者的相对位置关系为

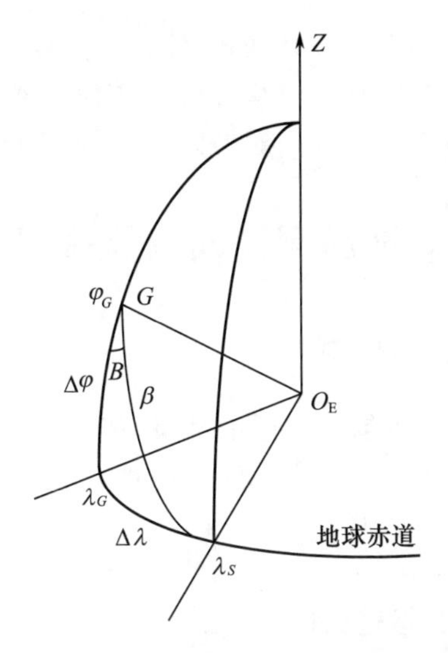

图 2.18　测控站-卫星相对位置关系

$$\Delta\lambda = \lambda_S - \lambda_G, \quad \Delta\varphi = \varphi_G - i$$

式中：i 为卫星轨道倾角。

由图 2.18 得

$$\cos\beta = \cos\Delta\varphi\cos\Delta\lambda \tag{2.39}$$

式中

$$\beta = (90° - E) - \arcsin\frac{R_E\cos E}{R_E + H}$$

其中

$$R_E + H = r_T$$

式(2.39)是定点管理测控站 G 相对于卫星位置的约束条件。

考虑到大气折射对电磁波传播的影响和测控站天线工作方向背景噪声的影响，取测控站的工作仰角 $E \geqslant 15°$，则地心角 $\beta \leqslant 66.59°$，$\cos\beta \geqslant 0.3973$。所以，在 $E \geqslant 15°$ 条件下，GEO 运行段的布站约束条件为

$$\cos\Delta\varphi\cos\Delta\lambda \leqslant 0.3973 \tag{2.40}$$

测控站的站址方式符合式(2.40)的均可作为定点管理使用。一个测控站用于定点管理，覆盖 GEO 卫星的范围按如下方法计算。

设测控站的坐标纬度 $\varphi_G \approx \Delta\varphi$（因 $i \approx 0$），由式(2.40)，得

$$\cos\Delta\lambda = \frac{0.3973}{\cos\Delta\varphi}$$

以测控站坐标经度 λ_G 为中心线，其覆盖范围为

$$\lambda_G \pm \arccos(0.3973/\cos\Delta\varphi)$$

即天线工作仰角 $E = 15°$ 的条件下，给定一个测控站的纬度，便对应有一个经度方向覆盖范围。如 $\varphi_G = \Delta\varphi = 0°$，覆盖范围最大，$\lambda_G = \pm 66.59°$。$\varphi_G = \Delta\varphi = 66.59°$ 时，覆盖

范围为0°,天线工作仰角不满足$E \geq 15°$的条件。

在测控站布局方案制定过程中,应综合考虑各种因素,如轨道覆盖范围、当地地理环境、当地气候、当地电磁环境、其他航天器测控任务、我国航天测控发展规划等。

2.7 地面测控网测控体制与频段

2.7.1 运载火箭测控体制

发射BDS卫星的运载火箭包括长征三号甲(CZ-3A)系列运载火箭和长征五号(CZ-5)运载火箭(属于长期规划,尚未使用)两种。运载火箭箭载测控合作目标包括外测安全系统和遥测系统,外测安全系统包括安全控制分系统和外测分系统,遥测系统包括地基遥测和天基遥测。

2.7.1.1 CZ-3A系列运载火箭

安全控制分系统采用编码调制体制,箭上安装安全指令接收机和天线;外测分系统采用脉冲雷达测量和全球卫星导航系统(GNSS)测量,箭上安装脉冲相参应答机、GNSS接收机和相应天线。GNSS接收机采用四分集接收,原始测量信息和定位信息通过三级遥测信道下传。

地基遥测采用编码调频体制,分别在二级、三级安装有一套S频段可编程遥测设备和相应天线。S频段遥测发射机采用小型化设计。为弥补由于火箭起飞和级间分离造成遥测信号的失锁,遥测系统对所有缓变信号和部分低频速变信号进行延迟传输,对于火箭处于地基遥测接收盲区时的测量数据,采用存储重发方案,通过地面测控设备获取遥测数据。

天基遥测采用二进制相移键控(BPSK)调制体制。天基遥测在抛整流罩后5s开始发射全功率信号。

CZ-3A系列运载火箭除天基测控天线为相控阵天线外,其他天线均采用全向天线。

2.7.1.2 CZ-5运载火箭

安全控制分系统采用编码调频体制,箭上安装安全指令接收机和天线,外测采用脉冲雷达测量和GNSS测量,箭上安装脉冲相参应答机、GNSS接收机和相应天线。GNSS接收机采用四分集接收,原始测量信息和定位信息通过二级遥测信道下传。

地基遥测采用编码调频体制,一级箭体安装一级遥测发射机及相应天线、仪器舱安装二级遥测发射机和二级备份遥测发射机及相应天线。

天基遥测采用S频段BPSK调制体制。

CZ-5运载火箭除天基测控天线为相控阵天线外,其他天线也均采用全向天线。

2.7.2 卫星测控体制

北斗导航卫星测控频段为S频段,采用统一载波测控体制,可以利用星间链路实

施目标星的遥测、遥控,利用星间链路测量数据联合定轨。

(1) 每颗卫星安装2~3台S频段测控应答机,每台应答机含1台发射机和1台接收机。可以分别标注为应答机A、B、C(分别包括:发射机A机、接收机A机;发射机B机、接收机B机;发射机C机、接收机C机)。

(2) 在发射段和长期运行段,发射机采用双机工作模式:应答机A和应答机B开机工作,应答机C在应急状态下使用。应答机A射前预置为"发射机开"、"相干"状态,应答机B射前预置为"发射机开"、"相干"状态,应答机C射前预置为"发射机关"、"相干"和"测距通"状态。

(3) 在早期轨道段,采用应答机A或应答机B和应答机C双机热备份的方式;另一台应答机(B或A)的接收机开机,发射机关机,当在用应答机A或B出现故障时,应答机B或A紧急接替,将其发射机遥控开机。

(4) 卫星测控天线采用收、发分开方案。在对地面、对天面均安装1副发射天线和1副接收天线。天线中心波束指向与对地面或对天面法线(Z轴指向)相同。

2.8　测控信道性能估算

卫星测控中的电波传播过程是以小能量传送有用信息的过程,而不是单纯的能量传输。由于传送的信息不同及使用无线电波的不同电参数(如利用无线电波的振幅、频率、相位或它们的编码来传送不同的或相同的信息)所需的能量要求也不同,因此必须定量地估算出传送有用信息的最小能量及系统裕度(余量)这就是测控信道的性能估算。

卫星测控中的测控信道分为地星上行信道和星地下行信道:地面站发射信号而星上接收为地星上行信道;星上信标机或应答机转发信号而地面站接收为星地下行信道。无论是地星上行信道还是星地下行信道,都是指从发射系统的发射机功率放大器输出端到接收系统的接收机输入端,测控信道的性能估算是以此为基础的。

2.8.1　主要参量及符号说明

以下是重要参量及符号,其中带"[ ]"的参量是该参量的分贝数。

L_s:自由空间损耗。

L_a:大气损耗。

L_p:天线极化损耗。

L_{ap}:天线指向误差损耗。

L_f:馈线损耗。

L:信道损耗。

L_{de}:大气散焦损耗。

L_{di}:漫射损耗。

R:电波空间传播距离(m)。

R_{max}:星地间的最大距离(m)。

f:工作频率(Hz)。

λ:波长(m)。

D:天线口径(m)。

A:天线孔径面积(m^2)。

η:天线效率。

$[L_s]$:自由空间损耗(dB)。

$[L_a]$:大气损耗(dB)。

$[L_{电吸}]$:电离层的吸收损耗(dB)。

$[L_p]$:天线极化损耗(dB)。

$[L_{tap}]$:发射天线指向误差损耗(dB)。

$[L_{rap}]$:接收天线指向误差损耗(dB)。

$[L_{ap}]$:天线指向误差损耗,为$[L_{rap}]+[L_{tap}]$(dB)。

$[L_{tf}]$、$[L_{rf}]$:发射系统的馈线损耗、接收系统的馈线损耗(dB)。

$[L_f]$:馈线损耗,为$[L_{tf}]+[L_{rf}]$(dB)。

$[M]$:系统储备余量(dB)。

$[L_{路径}]$:路径传输损耗,为$[L_s]+[L_a]$(dB)。

$[L_{总}]$:测控信道总损耗(dB)。

$[L_{de}]$:大气的散焦损耗(dB)。

$[L_{di}]$:漫射损耗(dB)。

T_{sk}:天空背景噪声温度(K)。

T_{at}:大气噪声温度(K)。

T_{sl1}、T_{sl2}、T_{sl3}:地面噪声温度、旁瓣大气噪声温度、太阳射电辐射噪声温度(K)。

T_{sl}:天线旁瓣噪声温度,为$T_{sl1}+T_{sl2}+T_{sl3}$(K)。

T_a:天线噪声温度(接收系统外部噪声温度)(K)。

T_{rf}:接收系统馈线损耗噪声温度(K)。

T_r:接收机噪声温度(K)。

T_I:接收系统内部噪声温度(K)。

T_n:接收系统总噪声温度(K)。

T_e:等效噪声温度(K)。

T^g:银河系辐射噪声的等效噪声温度(K)。

T_{sl3}:太阳射电辐射噪声温度(K)。

K:玻耳兹曼常数,$K=1.38\times10^{-23}(W\cdot s)/K$。

$2B$:接收机工作带宽(Hz)。

[EIRP]:有效全向辐射功率(dBW)。

W_E:功率通量密度(W/m^2)。

[P_t]:发射总功率(dBW)。

[P_s]:接收机接收灵敏度(dBW)。

[G/T]:增益噪声温度比(dB/K)。

[N]、[N_0]:噪声功率(dBW)、噪声功率谱密度(dB/Hz)。

[P_r]:接收总功率,即输入信号总功率(dBW)。

[P_C]、[P_{TC}]、[P_{TM}]、[P_{RN}]:残留载波、遥控副载波、遥测副载波、测距副载波的发射功率分量(dBW)。

[P'_C]、[P'_{TC}]、[P'_{TM}]、[P'_{RN}]:相对于发射功率 P_t 的残留载波、遥控副载波、遥测副载波、测距副载波的发射功率相对分量(dB)。

[P_{Cr}]、[P_{TCr}]、[P_{TMr}]、[P_{RNr}]:残留载波、遥控副载波、遥测副载波、测距副载波的接收功率分量(dBW)。

CML:载波调制损耗。

$SCML_{TC}$、$SCML_{TM}$、$SCML_{RN}$:遥控副载波、遥测副载波、测距副载波的调制损耗(dB)。

[P_{ef}]、[P_x]:总有用功率、总浪费功率(dBW)。

η_{ef}、η_x:载波功率利用率、载波功率浪费率。

[E_b/N_0]:码元能量噪声功率谱密度比(dB)。

[S_C/N_0]:残留载波信号噪声功率谱密度比(dB)。

[S_{TC}/N_0]:遥控副载波信号噪声功率谱密度比(dB)。

[S_{TM}/N_0]:遥测副载波信号噪声功率谱密度比(dB)。

[S_{RN}/N_0]:测距副载波信号噪声功率谱密度比(dB)。

[P_r/N_0]:系统输入信号噪声功率谱密度比(dB)。

[M_C]、[M_{TC}]、[M_{TM}]、[M_{RN}]、[M_{Pr}]:残留载波、遥控副载波、遥测副载波、测距副载波、系统输入信号的信号噪声功率谱密度比余量(dB)。

[M_{EIRP}]:有效全向辐射功率余量(dBW)。

[b_r]:码速率(dB)。

Ω_θ:太阳对地所张的立体角(°)。

$\theta_{1/2}$:旋转抛物面天线波束半功率宽度(°)。

$G_t(\theta)$、$G_r(\theta)$:发射天线和接收天线的功率增益方向性图函数,其中 θ 为偏离天线增益最大值方向的偏离角(°)。

c:光速,$c=3\times10^8$ m/s。

2.8.2 测控信道性能估算的基本内容

测控信道性能估算主要包括测控信道的损耗估算、噪声估算及主要技术指标估算。

2.8.2.1 测控信道的损耗估算

测控电波在传播过程中主要受到自由空间损耗 L_s、大气损耗 L_a、天线极化损耗 L_p、天线指向误差损耗 L_{ap} 及馈线损耗 L_f 等。信道损耗 L 的定义是指信道的信号输入功率 P_i 与输出功率 P_o 的比值,即

$$L = P_i/P_o \tag{2.41}$$

用分贝数表示时,有

$$[L] = 10\lg(P_i/P_o) = [P_i] - [P_o] \tag{2.42}$$

1) 自由空间损耗 L_s

自由空间损耗 L_s 为

$$L_s = \left(\frac{4\pi R}{\lambda}\right)^2 = \left(\frac{4\pi Rf}{3\times10^8}\right)^2 \tag{2.43}$$

以分贝数表示时,有

$$[L_s] = 10\lg\left[\left(\frac{4\pi R}{\lambda}\right)^2\right] = 10\lg\left[\left(\frac{4\pi Rf}{3\times10^8}\right)^2\right] = 21.98 + 20\lg R - 20\lg\lambda = -147.56 + 20\lg R + 20\lg f \tag{2.44}$$

式中:R 为电波空间传播距离(m),工程估算时取星地间的最大距离 R_{max};f 为工作频率(Hz)。

2) 大气损耗 L_a

电波在大气层中传播时,要受到电离层中自由电子和离子的吸收,发生法拉第旋转效应,受到对流层中氧分子、水蒸气分子及云、雾、雨、雪的吸收和散射等,从而引起信号能量的损耗。这种损耗是与电波的频率、波束的仰角及天气情况密切相关的。

(1) 电波在电离层中的损耗。

① 吸收损耗。电波在电离层中传播时受到自由电子和离子的吸收而引起吸收损耗称为吸收损耗,其基本规律如下:

a. 损耗的大小与频率的平方成反比,频率在 0.1GHz 以下时,该损耗在大气损耗中起主要作用;频率在 0.3GHz 以上时,该损耗可以忽略不计。

b. 相同工作频率时,波束的仰角越低,电波通过电离层的路径越长,则该损耗越大。

c. 该损耗白天比晚上显著。

d. 电波垂直入射穿过电离层时,该损耗最大值估算为

$$[A_{max}] = (50/f)^2$$

式中:f 为工作频率(MHz)。

电离层的吸收损耗也可用上式进行估算,即

$$[L_{电吸}] = [A_{max}] = (50/f)^2 \tag{2.45}$$

② 法拉第旋转损耗。电波在电离层中传播时会产生法拉第旋转效应(电波通过各向异性的介质时,由于折射指数的双值性而分裂成寻常波和非寻常波,这两种波穿

过介质层又重新合成一个波，但其极化面与原入射波的极化面有一个倾角变化），从而导致信号能量的损耗，其基本规律如下：

a. 该损耗一般较小，只有当天线采用线极化方式，并在超短波低端频段、低仰角工作时才较大；若天线采用圆极化方式，则可忽略不计。

b. 工作频率越高，损耗越小；波束仰角越低，损耗越大。

c. 法拉第旋转效应使电波极化面旋转的周数最大值（单位为 Hz）为

$$n_{max} = 5 \times (200/f)^2 \tag{2.46}$$

式中：f 为工作频率（MHz）。

（2）电波在对流层中的损耗。电波在对流层中的损耗主要是由氧分子、水蒸气分子等的吸收或散射而引起，在其穿过对流层的雨、云、雾、雪时，会产生损耗，其基本规律如下：

① 工作频率越高，损耗越显著（与电离层中的情况相反）。

② 相同工作频率时，波束的仰角越低，电波通过对流层的路径越长，则损耗越大。

③ 工作频率低于 10GHz、波束仰角大于 5°时，其影响较小，适当情况下可以忽略不计。

④ 频率在 15 ~ 35GHz 时，水蒸气分子的吸收在大气损耗中占主要地位，并在 22.2GHz 处发生谐振吸收而出现一个较大的损耗峰；频率在 15GHz 以下和 35 ~ 80GHz 时，氧分子的吸收在大气损耗中占主要地位，并在 60GHz 附近处发生谐振吸收而出现一个较大的损耗峰。

（3）大气的散焦损耗 L_{de} 和漫射损耗 L_{di}。

① 大气的散焦损耗 L_{de}。电波通过大气层时，由于折射率随高度而变化，大气层起到了凹透镜的作用，而使电波的聚束失散，引起散焦损耗 L_{de}。波束仰角越小，损耗越大，且该损耗与频率无关。当仰角为 5°时，$[L_{de}] \leqslant 0.2$dB。

② 大气的漫射损耗 L_{di}。由于对流层扰动而形成的折射率起伏会引起电波在各个方向上散射，导致波前到达天线口面时，其幅度与相位分布不规则，由此引起的损耗称为漫射损耗或散射损耗 L_{di}。天线口径越大、工作频率越高、仰角越低时，其损耗越大。工作频率 $f \leqslant 4$GHz、波束仰角 E 为 5°、天线口径 $D \leqslant 20$m 时，$[L_{di}] \leqslant 0.2$dB。

（4）晴朗天气下大气损耗的综合估算。在晴朗天气且天线采用圆极化方式的情况下，电波在大气层中的损耗（主要表现为吸收损耗）可做以下估算：

① 工作频率在 0.3 ~ 10GHz 频段时，大气损耗最小，比较适合于电波穿出大气层的传播，此频段称为“无线电窗口”，卫星测控的工作频率一般都选在此频段内。大气损耗主要是对流层中的损耗，且工作频率越高、波束仰角越低，则损耗越大。因此，在此频段的信道设计中，一般情况下可估算 $[L_a]$ 为 0.5 ~ 2.5dB。

② 工作频率在 0.3GHz 以下时，电波在电离层中的损耗在大气损耗中占主要地位，大气损耗 L_a 可按电离层的吸收损耗来估算，即

$$L_a = L_{电吸}$$

③ 在 10GHz 以上频段时，电波的大气损耗主要表现为对流层的吸收损耗，且损耗较严重，卫星测控的工作频率一般不在此频段内。

(5) 坏天气情况下大气损耗的估算。电波通过云、雾的衰减较小，一般可忽略不计，但对于频率大于 10GHz 的电波，衰减将明显增大。雪对电波的衰减甚小，通常可忽略不计。因此，在坏天气情况下，测控信道的大气损耗一般只是增加考虑降雨引起的损耗。降雨越大、气温越高、工作频率越高时，降雨损耗越显著。

在测控信道设计时，通常是以晴天为基础进行估算，然后留有一定的余量，降雨余量一般都综合考虑在系统的储备余量 M 中。

3) 天线极化损耗 L_p

天线采用圆极化方式可以避免法拉第旋转损耗，上、下行电波的极化旋转方向相反时，更有利于收发共用天线的极化隔离。然而，由于各方面的技术原因，通常所说的圆极化都是不同程度上的椭圆极化。椭圆长半轴与短半轴方向上的电场强度之比称为轴比，记为 X_t、X_r，其中 X_t 表示入射波的轴比，X_r 表示接收天线的轴比。

由于卫星姿态随时间变化、降雨及收发两端的设备不可能完全一致等原因，X_t、X_r 也不会完全一样，且入射波极化椭圆与接收天线极化椭圆的轴方向存在一定的夹角 α(以长半轴为参考)，α 在一定的范围内随机变化，从而导致了信号能量的损耗，即天线极化损耗 L_p。

$$[L_p] = -10\lg\frac{1}{2}\left[1+\frac{\pm 4X_tX_r + (1-X_t^2)(1-X_r^2)\cos 2\alpha}{(1+X_t^2)(1+X_r^2)}\right] \tag{2.47}$$

式中：$4X_tX_r$ 前的“±”取决于入射波的极化旋转方向与接收天线的极化旋转方向是否一致，一致时取“+”号，相反时取“-”号。

应用于卫星测控的地面天线，一般都是采用圆极化方式，如果星上天线是线极化的，常需考虑 3～4dB 的极化损耗；如果星上天线是同方向圆极化，也要考虑 0.5～2dB 的极化损耗，因为星上天线不可能在所有角度都做到完善的圆极化，且在全部跟踪范围内，有些情况可能轴比增大，而极化损耗也随之增大。如果星上天线是反方向圆极化，则入射波不是所需的接收波，此时接收电路对其起极化隔离作用，即有极化损耗 $[L_p]\to\infty$，表示接收系统从入射波中没有接收到功率。

4) 天线指向误差损耗 L_{ap}

天线指向误差损耗 L_{ap} 分为发射天线指向误差损耗 L_{tap} 和接收天线指向误差损耗 L_{rap}，它们的估算必须根据天线的方向图及其指向精度具体进行，有

$$[L_{tap}] = 10\lg\frac{G_t(0)}{G_t(\theta)},\quad [L_{rap}] = 10\lg\frac{G_r(0)}{G_r(\theta)}$$

$$[L_{ap}] = [L_{tap}] + [L_{rap}] \tag{2.48}$$

式中：$G_t(\theta)$、$G_r(\theta)$ 分别为发射天线和接收天线的功率增益方向性图函数，其中 θ 为偏离天线增益最大值方向的偏离角，估算损耗时 θ 取天线指向精度值；$G_t(0)$、$G_r(0)$

分别为发射天线和接收天线的最大功率增益。在实际估算中 $G_t(\theta)$、$G_r(\theta)$、$G_t(0)$、$G_r(0)$可查天线的有关技术文件获得。

对于旋转抛物面微波天线,其归一化方向性图函数为

$$F(\theta)=\frac{\cos[(\pi D/\lambda)\cdot\sin\theta]}{1-[(2D/\lambda)\cdot\sin\theta]^2} \tag{2.49}$$

而 $F(\theta)$与 $G(\theta)$的关系为

$$G(\theta)=G(0)\cdot F^2(\theta)$$

式中:λ 为波长(m);D 为天线口径(m)。

旋转抛物面微波天线的 L_{tap}、L_{rap}通常也可用以下近似式估算:

$$[L_{tap}]\approx 12\left(\frac{\theta}{\theta_{1/2}}\right)_t^2$$

$$[L_{rap}]\approx 12\left(\frac{\theta}{\theta_{1/2}}\right)_t^2$$

式中:$\theta_{1/2}$为旋转抛物面天线波束的半功率宽度,即天线增益为其峰值增益1/2处(增益下降3dB)的两个方向之间的夹角,且有

$$\theta_{1/2}\approx 70\frac{\lambda}{D}$$

或

$$\theta_{1/2}\approx\frac{21}{fD}$$

式中:λ 为波长(m);D 为天线口径(m);f 为工作频率(GHz)。

5)馈线损耗 L_f

测控信道的馈线损耗 L_f 有两部分,即发射系统的馈线损耗 L_{tf}和接收系统的馈线损耗 L_{rf},且有

$$[L_f]=[L_{tf}]+[L_{rf}] \tag{2.50}$$

馈线损耗一般与馈线的形式、长度及工作频率等有关,在设备研制出厂时该损耗已被测试而确定,因此,L_{tf}、L_{rf}是由发射系统及接收系统的有关技术文件给定的。

有时馈线损耗也折算到发射天线和接收天线的有效增益 G_{Et}、G_{Er}中,且存在以下关系:

$$G_{Et}=G_t/L_{tf}$$
$$G_{Er}=G_r/L_{rf}$$

用分贝数表示时,有

$$[G_{Et}]=[G_r]-[L_{tf}]$$
$$[G_{Er}]=[G_r]-[L_{rf}]$$

6)系统储备余量 M

由于在估算信道的损耗时并未全面考虑各种因素,如系统存在一定程度的技术损耗(相位起伏损耗、调制技术损耗、解调/检测损耗、波形失真损耗等),并且在估算过程中采用了近似方法,所以为了使系统能安全可靠地工作,必须给其考虑一定的储

备余量 M。同时,降雨等原因引起的损耗及噪声影响通常也综合考虑在系统的储备余量 M 中。

在卫星测控中,系统储备余量 M 一般考虑为 3 ~ 6dB 左右,计入总损耗中。

测控信道的损耗综合估算如下:

测控信道的总损耗 $L_{总}$ 为

$$[L_{总}] = [L_{tf}] + [L_{tap}] + [L_s] + [L_a] + [L_p] + [L_{rap}] + [L_{rp}] + [M] \tag{2.51}$$

令 $[L_{路径}]$ 为路径传输损耗,有

$$[L_{路径}] = [L_s] + [L_a]$$

因为

$$[L_{ap}] = [L_{tap}] + [L_{rap}]$$

$$[L_f] = [L_{tf}] + [L_{rp}]$$

所以

$$[L_{总}] = [L_f] + [L_{路径}] + [L_{ap}] + [L_p] + [M] \tag{2.52}$$

2.8.2.2 测控信道的噪声估算

通常,噪声源的可供功率可等效成一热噪声源的可供功率,即有

$$P_n = KT_e \cdot 2B \tag{2.53}$$

式中:T_e 为等效噪声温度(K);K 为玻耳兹曼常数(1.38×10^{-23}(W · s)/K);$2B$ 为接收机工作带宽(Hz)。

接收系统的噪声是大量不同噪声源所产生的噪声之和,它包括外部噪声和内部噪声。为了便于工程应用,通常用等效噪声温度来估算和描述这两部分噪声。这里提及的噪声温度如无特别注明,均指等效噪声温度。

1) 接收系统外部噪声温度 T_a

接收系统的外部噪声温度是指天线馈线输入端之前产生的噪声温度,也称天线噪声温度,主要包括天空背景噪声温度、大气噪声温度、天线旁瓣噪声温度等。

(1) 天空背景噪声温度 T_{sk}。银河系辐射噪声的等效噪声温度 T_g 可用以下 3 种经验公式进行估算。

① 最大值估算:

$$T_{gmax} = 40 \times f^{-2.31}$$

② 最小值估算:

$$T_{gmin} = 18.2 \times f^{-2.58}$$

③ 平均值估算:

$$T_{gava} = 290 \times \lambda^2$$

式中:f 为工作频率(GHz);λ 为波长(m)。

通过天线主瓣进入的银河系辐射噪声是天线接收天空背景噪声的主要来源,因此对于接收天线的天空背景噪声温度 T_{sk} 可作以下估算:

$$T_{sk} = T_g \tag{2.54}$$

(2) 大气噪声温度 T_{at}。大气噪声温度主要是由于电波在大气层中传播时大气的吸收作用而引起的,它通过主瓣进入接收天线。其影响程度主要取决于大气损耗 L_a 并可用以下近似式估算:

$$T_{at} = (1 - 1/L_a) \times T_0 \tag{2.55}$$

式中:T_0 为大气温度(K),一般情况下取 290K;L_a 为大气损耗。

(3) 雨、云、雾、雪等引起的噪声温度 T_{ar}。雨、云、雾、雪等吸收引起的噪声存在时间概率,它们并不是时时都存在的。而降雨引起的噪声在这些噪声中占主要部分,其大小取决于降雨损耗 L_{ar},因此,T_{ar}可用以下近似式估算:

$$T_{ar} = (1 - 1/L_{ar}) \times T_0 \tag{2.56}$$

式中:T_0 为降雨的大气温度(K),一般情况下取 290K;L_{ar}为降雨损耗。

在测控信道的设计中,通常把降雨等原因引起的噪声影响综合考虑在系统的储备余量 M 中。

(4) 天线旁瓣噪声温度 T_{sl}。通过接收天线旁瓣(包括后瓣)进入的噪声称为天线旁瓣噪声,它有 3 种主要来源,即地面噪声、旁瓣大气噪声及太阳射电辐射噪声。估算星上天线的噪声温度时可以忽略这部分噪声的影响,以下描述都是对地面接收天线而言的。

① 地面噪声温度T_{sl1}。地面噪声主要是由于地面热辐射通过旁瓣进入天线而产生的,天线低仰角工作时,地面热辐射还通过主瓣辐照地面的那一部分进入天线。其大小一般为 3 ~ 20K,也可用以下近似式估算:

$$T_{sl1} = \frac{2\pi}{4\pi} \times T_0 \times g_{sl} \tag{2.57}$$

式中:$2\pi/4\pi$ 表示 4π 的天线旁瓣立体角有一半对地面;T_0 为地面温度,一般取 290K;$g_{sl} = 0.1$,表示一般的天线可以粗略地把除主瓣以外的所有旁瓣(包括后瓣)总地近似为一个增益为 -10dB 的全向性波瓣。

② 旁瓣大气噪声温度 T_{sl2}。旁瓣大气噪声是由于大气噪声进入天线旁瓣而引起的,其影响程度可用以下近似式估算:

$$T_{sl2} = \frac{2\pi}{4\pi} \times T_{at} \times g_{sl} = 0.5 \times T_{at} \times g_{sl} \tag{2.58}$$

式中:T_{at}为大气噪声温度(K)。

③ 太阳射电辐射噪声温度T_{sl3}。太阳射电辐射噪声仅在接收天线主瓣或旁瓣指向太阳时产生,且与天线波束宽度有关。而天线波束主瓣对准太阳的概率极小,因而其表现为天线的一种旁瓣噪声。

宁静太阳的噪声视温度(亮温度)T_θ可用下式估算:

$$T_\theta = \frac{675 \times 290}{f}$$

式中:f 为工作频率(GHz)。

在太阳剧烈活动(爆发、耀斑等)时,太阳射电辐射噪声将大大增加,特别是对超短波有严重影响,因而T_{sl3}可用以下方法综合估算:

$$T_{sl3} = \frac{\Omega_\theta}{4\pi} \times 10T_\theta \times g_{sl}$$

式中:Ω_θ 为太阳对地所张的立体角,约 30′,则 $\Omega_\theta \approx 0.7 \times 10^{-4}$ 单位立体角;取 10 倍 T_θ 是考虑到太阳的活动;$g_{sl} = 0.1$。因此可得以下近似计算式:

$$T_{sl3} = 5.6 \times 10^{-6} \times T_\theta \tag{2.59}$$

④ 天线旁瓣噪声温度 T_{sl}综合估算。综上①~③所述,天线旁瓣噪声温度 T_{sl}为

$$T_{sl} = T_{sl1} + T_{sl2} + T_{sl3} \tag{2.60}$$

(5) 地面热辐射噪声对星上接收天线的影响。地面热辐射噪声可经过大气层通过主瓣进入星上接收天线,因而星上天线接收地面信号时,还需增加考虑地面热辐射噪声的影响,其影响程度折算到星上馈线输入端可估算为 T_0/L_a,表示地面热辐射噪声经过大气层进入星上天线时有 L_a 的大气损耗,其中 T_0 为地面温度(K),一般情况下取 290K,大气损耗 L_a 的单位以倍数计。

近地卫星接收地面信号时,星上天线天空背景噪声可以忽略不计,但必须考虑地面热辐射噪声的影响。

(6) 其他外部噪声。

① 月球及其他射电源的射电辐射噪声。月球及其他射电源的射电辐射噪声一般比太阳的影响要小得多,而且天线波束正对它们的概率极小,因此,在卫星测控中其影响一般都可以忽略不计。

② 天电噪声。天电噪声的主要来源是雷电,每年 6~8 月雷电较多,因而天电噪声也比较严重。频率越低时其影响越显著,频率在 30MHz 以上其影响一般可以忽略不计。

③ 天线罩噪声。天线罩将会引起天线噪声温度的增加,干燥天气下此增量约为 5K,下雨、降雪时噪声温度随之急剧增大。而现在使用的天线均无天线罩,因此其影响不计。

④ 工业噪声。工业噪声来自工业电气设备,其干扰程度取决于该地区的工业化程度。对于这部分噪声应进行实地测试,以得到可靠的工业噪声。一般情况下,卫星测控频率点选择时都尽量避开当地的工业环境干扰,因而在估算中工业噪声的影响可忽略不计。

⑤ 发射系统噪声。发射系统本身所带来的噪声一般较小,且又经过大气衰减,因而它对接收系统的影响可以忽略不计。

(7) 接收系统外部噪声温度(天线噪声温度)T_a。对超短波或 S 频段接收系统而言,折算到接收系统馈线输入端的外部等效噪声温度,即天线外部噪声温度 T_a 如下:

① 对于地面接收天线:

$$T_a = T_{sk}/L_a + T_{at} + T_{sl} \tag{2.61}$$

$$T_{sl} = T_{sl1} + T_{sl2} + T_{sl3} \tag{2.62}$$

式中：T_{sk}/L_a 表示天空背景噪声经过大气层进入地面天线将有 L_a 的大气损耗，L_a 的单位以倍数计；T_{at}为大气噪声温度（K）；T_{sl}为天线旁瓣噪声温度（K）。

② 对于星上接收天线：

$$T_a = T_{sk} + T_{at} + T_0/L_a \tag{2.63}$$

式中：T_0 为地面温度，一般取 290K；其他各参量含义同前所述。

2）接收系统内部噪声温度 T_i

（1）接收系统馈线损耗噪声温度 T_{rf}。由接收系统馈线损耗而引起的噪声温度可用以下方法计算：

① 折算到馈线输出端（接收机输入端）为

$$T_{rf} = (1 - 1/L_{rf}) \times T_0 \tag{2.64}$$

② 折算到馈线输入端为

$$T'_{rf} = (L_{rf} - 1) \times T_0 \tag{2.65}$$

式中：T_0 为馈线物理温度，地面一般约为 290K，而星上约为 300K；L_{rf}为接收系统馈线损耗，其单位以倍数计。

（2）接收机的噪声温度 T_r。把接收机各个部分的噪声温度都折算到接收机的输入端（馈线输出端），其等效噪声温度为 T_r。T_r 将由接收机有关技术文件给定，或根据接收机的噪声系数 F_r（由有关技术文件给定）推算，即有

$$F_r = 1 + T_r/T_0 \tag{2.66}$$

$$T_r = (F_r - 1)T_0 \tag{2.67}$$

式中：T_0 为噪声源参考温度，一般取为 290K。

（3）内部噪声温度 T_i。折算到接收机输入端的接收系统内部噪声温度 T_i 为

$$T_i = T_{rf} + T_r \tag{2.68}$$

式中：T_{rf}为接收系统馈线损耗噪声温度（K）；T_r 为接收机噪声温度（K）。

3）接收系统的总噪声温度 T_n

接收系统外部噪声温度和内部噪声温度都折算到接收机输入端，则接收系统总噪声温度 T_n 为

$$T_n = T_a/L_{rf} + T_i \tag{2.69}$$

式中：T_a 为接收系统外部噪声温度（天线噪声温度，K）；T_i 为接收系统内部噪声温度（K）；L_{rf}为接收系统馈线损耗，单位以倍数计。

2.8.2.3 测控信道的主要技术指标估算

测控信道性能估算的关键内容是其技术指标的估算，主要包括有效全向辐射功率 EIRP、增益噪声温度比 G/T、噪声功率谱密度 N_0、信号功率分配、信号噪声功率谱密度比及其余量等。

1）基本技术指标

（1）天线增益 G。旋转抛物面微波天线的增益可表示为

$$G=\frac{4\pi A}{\lambda^2}\eta=\left(\frac{\pi D}{\lambda}\right)^2\eta$$

以分贝数表示时，有

$$[G]=10\lg G=10\lg\left[\left(\frac{\pi D}{\lambda}\right)^2\eta\right] \tag{2.70}$$

式中：A 为天线的孔径面积（m^2）；D 为天线的口径（m）；λ 为波长（m）；η 为天线效率。

（2）增益噪声温度比 G/T。$G/T=G_r/T_n$，其中，G_r 为接收天线的增益，T_n 为接收天线在仰角为5°时接收系统的等效噪声温度（包括外部噪声和内部噪声，并统一折算到接收机的输入端）。G/T 也称作接收系统灵敏度参数或性能指数。G/T 值越大（天线增益越大、接收机噪声系数越低），接收效率越高，可接收的信号能量也越大。

G/T 值通常是以分贝数表示，即有

$$[G/T]=[G_r]-[T_n] \tag{2.71}$$

接收系统的 G/T 值是发射系统有效全向辐射功率 EIRP 值选取的基本依据之一。

（3）EIRP 及功率通量密度 W_E。假设一个定向发射天线的增益为 G_t，发射总功率为 P_t（指发射机功率放大器输出端），如果在距离为 R 处有一孔径面积为 A_r、接收效率为 η 的天线接收，则天线接收到的最大功率（指接收机输入端，且不考虑损耗）为

$$P_r=\frac{A_r\eta}{4\pi R^2}P_tG_t$$

令 $\mathrm{EIRP}=P_t\cdot G_t$，表示一个各向同性辐射天线为了使接收天线接收到相同的功率（与接收定向辐射天线时相比较）所必须发射的等效功率。

若考虑发射天线的馈线损耗 L_{tf}，则有

$$\mathrm{EIRP}=(P_t\cdot G_t)/L_{tf}$$

用分贝数表示时，有

$$[\mathrm{EIRP}]=10\lg[(P_t\cdot G_t)/L_{tf}]=[P_t]+[G_t]-[L_{tf}] \tag{2.72}$$

令 $W_E=\dfrac{P_tG_t}{4\pi R^2}$，为距离发射天线 R 处的功率通量密度（W/m^2），表示单位面积内所接收的功率，则接收天线接收的功率为

$$P_r=W_EA_r\eta$$

（4）接收机灵敏度 P_s。接收机灵敏度是指接收机有效工作时所必需的输入信号最小总功率，它反映了接收机的接收性能，P_s 值越小，其灵敏度越高，因而接收机越容易接收信号。

接收系统的 P_s 值是发射系统 EIRP 值选取的基本依据之一。

（5）噪声功率谱密度 N_0。假设接收系统的总等效噪声温度为 T_n，并且已归算到接收机的输入端，则在接收机工作带宽 $2B$(Hz)内的总噪声功率 N 为

$$N = KT_e \cdot 2B$$

式中：T_e 为等效噪声温度(K)；K 为玻耳兹曼常数(1.38×10^{-23}(W·s)/K)。

噪声功率谱密度 N_0 表示单位带宽内的噪声功率，即

$$N_0 = N/2B = KT_n$$

以分贝数表示时，有

$$[N_0] = [K] + [T_n] = -228.6 + [T_n] \tag{2.73}$$

（6）接收总功率 P_r。从发射机功率放大器输出端到接收机输入端的整个测控信道中，电波受到的损耗为馈线损耗 L_f(包括发射系统馈线损耗 L_{tf}、接收系统馈线损耗 L_{rf})、路径传输损耗 $L_{路径}$(包括自由空间损耗 L_s、大气损耗 L_a)、天线极化损耗 L_p、天线指向误差损耗 L_{ap}(包括发射天线指向误差损耗 L_{tap}、接收天线指向误差损耗 L_{rap})及系统储备余量 M，则接收机的接收总功率 P_r 为

$$[P_r] = [P_t] + [G_t] - [L_{tf}] - [L_{tap}] - [L_s] - [L_a] - [L_p] - [L_{rap}] - [L_{rf}] - [M] + [G_r]$$

即

$$[P_r] = [P_t] + [G_t] - [L_{总}] + [G_r] \tag{2.74}$$

式中

$$[L_{总}] = [L_f] + [L_{路径}] + [L_{ap}] + [L_p] + [M]$$
$$[L_{路径}] = [L_s] + [L_a]$$
$$[L_f] = [L_{tf}] + [L_{rf}]$$
$$[L_{ap}] = [L_{tap}] + [L_{rap}]$$

$[P_r]$、$[P_t]$的单位为 dBW，$[G_t]$、$[G_r]$的单位为 dBi，各损耗及余量$[M]$的单位均为 dB。

接收机的接收总功率 P_r 也称作接收系统输入信号总功率。

2）信号功率分配(指发射端)

一般情况下，微波统一测控系统的发射信号是一个正弦调相波，它被若干个信息副载波和测距副载波所调制。各副载波对载波的调制指数(一般用窄带即小调制角的相位调制，以减小各调制副载波之间的交叉干扰)确定后，利用贝塞尔函数可确定各副载波及残留载波等有用信号的功率分量。

假设调制信号 $s(t)$ 为

$$s(t) = A\cos[\omega_c t + m_1\cos(\omega_1 t + \varphi_1) + m_2\cos(\omega_2 t + \varphi_2) + \cdots + m_k\cos(\omega_k t + \varphi_k) + \varphi_c] = A\cos[\omega_c t + \sum_{i=1}^{k} m_i\cos(\omega_i t + \varphi_i) + \varphi_c] \tag{2.75}$$

式中：A 为信号幅度，且有发射总功率 $P_t = A^2/2$；k 为副载波的个数；$\omega_c = 2\pi f_c$ 为载波角频率，f_c 为载波频率；$\omega_i = 2\pi f_i (i = 1, 2, \cdots, k)$为第 i 个副载波角频率，f_i 为第 i 个副

载波频率；$m_i(i=1,2,\cdots,k)$为第 i 个副载波对载波的调制指数；φ_c 为载波初始相位；$\varphi_i(i=1,2,\cdots,k)$为第 i 个副载波初始相位。

根据贝塞尔函数将 $s(t)$展开，有

$$s(t)=\sum_{n_1=-\infty}^{+\infty}\sum_{n_2=-\infty}^{+\infty}\cdots\sum_{n_k=-\infty}^{+\infty}(-1)^L A\mathrm{J}_{n_1}(m_1)\mathrm{J}_{n_2}(m_2)\cdots\mathrm{J}_{n_k}(m_k)\times \cos[(\omega_c+n_1\omega_1+n_2\omega_2+\cdots+n_k\omega_k)t+\varphi_{\Sigma}] \tag{2.76}$$

式中：$L=n_1+n_2+\cdots+n_k$；$\varphi_{\Sigma}=\varphi_1+\varphi_2+\cdots+\varphi_k+\varphi_c$；$\mathrm{J}_{n_i}(m_i)$为第 n_i 阶贝塞尔函数，其值可根据调制指数 m_i 值查贝塞尔函数表得到，n_i 为任意整数$(i=1,2,\cdots,k)$。

(1) 有用信号的功率分量。每根谱线功率与每阶频谱功率的比值为1:2，即f_c-f_i 和 $f_c+f_i(i=1,2,\cdots,k)$两根谱线的功率之和为 f_i 阶频谱功率。f_i 阶频谱功率表示 f_i 阶频谱承载信息的功率。

① 残留载波的功率分量。

$$P_c=(A^2/2)\mathrm{J}_0^2(m_1)\mathrm{J}_0^2(m_2)\cdots\mathrm{J}_0^2(m_k)=P_t\prod_{i=1}^{k}\mathrm{J}_0^2(m_i) \tag{2.77}$$

而其相对于发射总功率 P_t 的相对值为

$$P_c'=\mathrm{J}_0^2(m_1)\mathrm{J}_0^2(m_2)\cdots\mathrm{J}_0^2(m_k)=\prod_{i=1}^{k}\mathrm{J}_0^2(m_i)$$

② 第 j 个副载波的功率分量。

$$P_{f_j}=2(A^2/2)\mathrm{J}_1^2(m_j)\prod_{\substack{i=1\\i\neq j}}^{k}\mathrm{J}_0^2(m_i)=2P_t\mathrm{J}_1^2(m_j)\prod_{\substack{i=1\\i\neq j}}^{k}\mathrm{J}_0^2(m_i)$$

而其相对于发射总功率 P_t 的相对值为

$$P_{f_j}'=2\mathrm{J}_1^2(m_j)\prod_{\substack{i=1\\i\neq j}}^{k}\mathrm{J}_0^2(m_i)$$

式中：$j=1,2,\cdots,k$；其他各参量含义同前所述。

在实际卫星测控中，这些副载波的功率分量 P_{f_j}或它们的相对功率 $P_{f_j}'(j=1,2,\cdots,k)$分别为遥控副载波的功率分量 P_{TC}或相对功率 P_{TC}'、遥测副载波的功率分量 P_{TM}或相对功率 P_{TM}'、测距副载波的功率分量 P_{RN}或相对功率 P_{RN}'。这些副载波分量一般不会都同时存在，应视实际情况而定。

将各有用信号的相对功率分量(P_C'、P_{TC}'、P_{TM}'、P_{RN}')以分贝数表示，分别称为残留载波调制损耗(CML)、遥控副载波调制损耗($\mathrm{SCML_{TC}}$)、遥测副载波调制损耗($\mathrm{SCML_{TM}}$)、测距副载波调制损耗($\mathrm{SCML_{RN}}$)，有

$$\mathrm{CML}=10\lg(P_C/P_t)=10\lg P_C'$$

$$\mathrm{SCML_{TC}}=10\lg(P_{TC}/P_t)=10\lg P_{TC}'$$

$$\mathrm{SCML_{TM}}=10\lg(P_{TM}/P_t)=10\lg P_{TM}'$$

$$\mathrm{SCML_{RN}}=10\lg(P_{RN}/P_t)=10\lg P_{RN}'$$

由于残留载波功率与发射总功率之比、各副载波功率与发射总功率之比都是小

于 1 的,即它们的对数都小于 0,因此称为调制损耗,而实际上它们是真正被利用的载波功率,并且在整个测控信道的任一节点上按定义来计算调制损耗,其数值都是不变的。

③ 总的有用功率。总的有用功率 P_{ef} 等于各有用信号的功率分量之和,即

$$P_{ef} = P_c + \sum_{j=1}^{k} P_{f_j} \tag{2.78}$$

而被浪费掉的功率 P_x 为

$$P_x = P_t - P_{ef}$$

总的有用功率与发射总功率之比称为载波功率利用率 η_{ef},即

$$\eta_{ef} = P_{ef}/P_t = (P_t - P_x)/P_t = 1 - (P_x/P_t) \tag{2.79}$$

而载波功率浪费率 η_x 为

$$\eta_x = P_x/P_t = 1 - \eta_{ef} \tag{2.80}$$

并且在整个测控信道的任一节点上按定义计算 η_{ef}、η_x 时,其值都是不变的。

有用信号的功率分量应按接收系统所要求的各有用信号噪声功率谱密度比门限值 $(S/N_0)_{th}$ 来合理分配,并使其中比较重要的信号(如残留载波、遥控副载波)功率有较大的冗余量,这种功率的合理分配是通过调整发射功率及各副载波对载波的调制指数来实现的。同时,因为 P_x 是浪费掉的功率(其中交叉调制项还会形成干扰功率),应越小越好,一般 η_x 以小于 15% 为佳,最大时不超过 20% 。

(2) 副载波频率的组合波干扰。多个副载波同时对一个载波进行调制后,由于交叉调制的存在,将产生各种各样的组合波干扰。

多个副载波频率交叉调制引起的组合干扰谱线幅度为

$$A_{组合} = A\mathrm{J}_{n_p}(m_p)\mathrm{J}_{n_q}(m_q)\cdots\mathrm{J}_{n_r}(m_r) \prod_{\substack{i=1 \\ i\neq p,q,\cdots,r}}^{k} \mathrm{J}_0(m_i) \tag{2.81}$$

式中:$\mathrm{J}_{n_p}(m_p)$ 为第 p 个副载波的 $n_p(n_p \geqslant 1)$ 阶贝塞尔函数;$\mathrm{J}_{n_q}(m_q)$ 为第 q 个副载波的 $n_q(n_q \geqslant 1)$ 阶贝塞尔函数;$\mathrm{J}_{n_r}(m_r)$ 为第 r 个副载波的 $n_r(n_r \geqslant 1)$ 阶贝塞尔函数;$\mathrm{J}_{n_p}(m_p)$,$\mathrm{J}_{n_q}(m_q)$,$\cdots$,$\mathrm{J}_{n_r}(m_r)$ 共 M 个非零阶贝塞尔函数($1 \leqslant M \leqslant K$,且当 $M=1$ 时,非零阶贝塞尔函数的阶数大于等于 2);其他参量含义同前所述。

交叉调制引起的组合波的功率分量为

$$P_{组合} = 2P_t\mathrm{J}_{n_p}^2(m_p)\mathrm{J}_{n_q}^2(m_q)\cdots\mathrm{J}_{n_r}^2(m_r) \prod_{\substack{i=1 \\ i\neq p,q,\cdots,r}}^{k} \mathrm{J}_0(m_i) \tag{2.82}$$

其相对于发射总功率 P_t 的相对值为

$$P'_{组合} = 2\mathrm{J}_{n_p}^2(m_p)\mathrm{J}_{n_q}^2(m_q)\cdots\mathrm{J}_{n_r}^2(m_r) \prod_{\substack{i=1 \\ i\neq p,q,\cdots,r}}^{k} \mathrm{J}_0(m_i) \tag{2.83}$$

3) 信号噪声功率谱密度比及其余量

假设在接收机输入端的输入信号总功率为 P_r(系统接收总功率),而各有用信号

的功率分量 P_{C}、P_{TC}、P_{TM}、P_{RN} 折算到接收机输入端分别为 P_{Cr}、P_{TCr}、P_{TMr}、P_{RNr}，则信号噪声功率谱密度比及其余量的计算有以下几种情况：

(1) 输入信号噪声功率谱密度比 P_r/N_0 及其余量 M_{Pr}。输入信号噪声功率谱密度比是指输入信号总功率（接收总功率）与噪声功率谱密度的比值，记为 P_r/N_0，用分贝数表示时则有

$$\left[\frac{P_r}{N_0}\right] = [P_r] - [N_0] \tag{2.84}$$

若 $[P_r/N_0]_{th}$ 为接收系统门限值，则其实际余量 M_{Pr} 为

$$[M_{Pr}] = \left[\frac{P_r}{N_0}\right] - \left[\frac{P_r}{N_0}\right]_{th} \tag{2.85}$$

(2) 残留载波信号噪声功率谱密度比 S_C/N_0 及其余量 M_C。残留载波信号噪声功率谱密度比是指接收到的残留载波功率与噪声功率谱密度的比值，记为 S_C/N_0，即

$$\frac{S_C}{N_0} = \frac{P_{Cr}}{N_0}$$

用分贝数表示时，有

$$\left[\frac{S_C}{N_0}\right] = [P_{Cr}] - [N_0] \tag{2.86}$$

若 $[S_C/N_0]_{th}$ 为接收系统门限值，则其实际余量 M_C 为

$$[M_C] = \left[\frac{S_C}{N_0}\right] - \left[\frac{S_C}{N_0}\right]_{th} \tag{2.87}$$

(3) 遥控副载波信号噪声功率谱密度比 $\frac{S_{TC}}{N_0}$ 及其余量 M_{TC}。遥控副载波信号噪声功率谱密度比是指接收到的遥控副载波功率与噪声功率谱密度的比值，记为 S_{TC}/N_0，即

$$\frac{S_{TC}}{N_0} = \frac{P_{TCr}}{N_0}$$

用分贝数表示时，有

$$\left[\frac{S_{TC}}{N_0}\right] = [P_{TCr}] - [N_0] \tag{2.88}$$

若 $[S_{TC}/N_0]_{th}$ 为接收系统门限值，则其实际余量 M_{TC} 为

$$[M_{TC}] = \left[\frac{S_{TC}}{N_0}\right] - \left[\frac{S_{TC}}{N_0}\right]_{th} \tag{2.89}$$

(4) 遥测副载波信号噪声功率谱密度比 S_{TM}/N_0 及其余量 M_{TM}。遥测副载波信号噪声功率谱密度比是指接收到的遥测副载波功率与噪声功率谱密度的比值，记为 S_{TM}/N_0，即

$$\frac{S_{TM}}{N_0} = \frac{P_{TMr}}{N_0}$$

用分贝数表示时，有

$$\left[\frac{S_{\mathrm{TM}}}{N_0}\right] = [P_{\mathrm{TMr}}] - [N_0] \tag{2.90}$$

若$[S_{\mathrm{TM}}/N_0]_{\mathrm{th}}$为接收系统门限值，则其实际余量$M_{\mathrm{TM}}$为

$$[M_{\mathrm{TM}}] = \left[\frac{S_{\mathrm{TM}}}{N_0}\right] - \left[\frac{S_{\mathrm{TM}}}{N_0}\right]_{\mathrm{th}} \tag{2.91}$$

(5) 测距副载波信号噪声功率谱密度比S_{RN}/N_0及其余量M_{RN}。测距副载波信号噪声功率谱密度比是指接收到的测距副载波功率与噪声功率谱密度的比值，记为S_{RN}/N_0，有

$$\frac{S_{\mathrm{RN}}}{N_0} = \frac{P_{\mathrm{RNr}}}{N_0}$$

用分贝数表示时，有

$$\left[\frac{S_{\mathrm{RN}}}{N_0}\right] = [P_{\mathrm{RNr}}] - [N_0] \tag{2.92}$$

若$[S_{\mathrm{RN}}/N_0]_{\mathrm{th}}$为接收系统门限值，则其实际余量$M_{\mathrm{RN}}$为

$$[M_{\mathrm{RN}}] = \left[\frac{S_{\mathrm{RN}}}{N_0}\right] - \left[\frac{S_{\mathrm{RN}}}{N_0}\right]_{\mathrm{th}} \tag{2.93}$$

4) 信号噪声功率谱密度比门限值

接收系统的通道门限值(信号噪声功率谱密度比门限值)是系统的重要技术指标，它们可通过其他已确知的技术指标推算得到。

(1) 输入信号噪声功率谱密度比门限值$[P_{\mathrm{r}}/N_0]_{\mathrm{th}}$。接收系统的输入信号噪声功率谱密度比门限值$[P_{\mathrm{r}}/N_0]_{\mathrm{th}}$与接收系统的接收机灵敏度$P_{\mathrm{s}}$的关系为

$$\left[\frac{P_{\mathrm{r}}}{N_0}\right]_{\mathrm{th}} = [P_{\mathrm{s}}] - [N_0]$$

考虑 1.5 ~ 3.5dB 的系统硬件损耗和检波、滤波、解调等技术损耗，一般取 3.0dB，有

$$\left[\frac{P_{\mathrm{r}}}{N_0}\right]_{\mathrm{th}} = [P_{\mathrm{s}}] - [N_0] + 3.0 \tag{2.94}$$

(2) 残留载波信号噪声功率谱密度比门限值$[S_{\mathrm{C}}/N_0]_{\mathrm{th}}$。载波跟踪是系统实现自跟踪和信号解调的基础，而在一般情况下，微波统一测控系统捕获并锁定载波信号要求的最低信噪比为 6dB，即最低残留载波信噪比为

$$\left[\frac{S_{\mathrm{C}}}{N}\right]_{\mathrm{th}} = 6\mathrm{dB}$$

假设系统锁相环环路带宽为$2B_{\mathrm{L}}$，因而有

$$\left[\frac{S_{\mathrm{C}}}{N_0}\right]_{\mathrm{th}} = \left[\frac{S_{\mathrm{C}}}{N}\right]_{\mathrm{th}} + [2B_{\mathrm{L}}] = 6 + [2B_{\mathrm{L}}]$$

考虑 1.5 ~ 3.5dB 的系统硬件损耗和技术损耗，一般取 2.0dB，有

$$\left[\frac{S_C}{N_0}\right]_{th} = 6 + [2B_L] + 2.0 \tag{2.95}$$

（3）码元能量噪声功率谱密度比门限值$[E_b/N_0]_{th}$。每个码元的能量与噪声功率谱密度的比值称为码元能量噪声功率谱密度比，记为$[E_b/N_0]$，其门限值$[E_b/N_0]_{th}$与要求的误比特率（二进制时即为误码率）P_e及调制、解调方式密切相关。

下面仅就微波统一测控系统副载波调制常用的脉冲编码调制（PCM）/相移键控（PSK）、PCM/差分相移键控（DPSK）体制，简略地介绍P_e与$[E_b/N_0]_{th}$的关系：

① 对于 PCM/PSK 体制，并采用相参检波解调方式，有

$$P_e = \frac{1}{2}\mathrm{erfc}\left(\sqrt{\frac{E_b}{N_0}}\right) \tag{2.96}$$

式中：$\mathrm{erfc}\left(\sqrt{\frac{E_b}{N_0}}\right) = 1 - \mathrm{erf}\left(\sqrt{\frac{E_b}{N_0}}\right)$，而$\mathrm{erf}(t) = \frac{1}{\pi^{\frac{1}{2}}}\int_0^t \mathrm{e}^{(-x^2)}\mathrm{d}x$，为正态误差函数，其函数值查表可得。$\mathrm{erfc}(t) = 1 - \mathrm{erf}(t)$ 为互补正态误差函数。

② 对于 PCM/DPSK 体制，并采用差分相位检波（相参）解调方式，有

$$P_e = \frac{1}{2}\mathrm{e}^{\left(-\frac{E_b}{N_0}\right)} \tag{2.97}$$

为了便于估算，将这两种情况下的 P_e 与$[E_b/N_0]_{th}$的常用对应数值列表，如表 2.2 所列。

从表 2.2 可以看出，对于相同的 P_e，PCM/DPSK 体制的$[E_b/N_0]_{th}$要比 PCM/PSK 体制的$[E_b/N_0]_{th}$高出约 1dB。

表 2.2　P_e 与$[E_b/N_0]_{th}$的常用对应数值关系[3]

调制体制	解调方式	P_e	$[E_b/N_0]_{th}$
PCM/PSK	相参检波	10^{-3}	6.9
		10^{-4}	8.4
		10^{-5}	9.4
		10^{-6}	10.5
		10^{-7}	11.3
PCM/DPSK	参分相位检波（相参）	10^{-3}	8.0
		10^{-4}	9.2
		10^{-5}	10.3
		10^{-6}	11.2
		10^{-7}	12.0

考虑到接收系统的硬件损耗及检波、滤波、解调等技术损耗，接收系统要求$[E_b/N_0]$高于$[E_b/N_0]_{th}$1.5～3.5dB，一般情况下取 2.5dB，有

$$\left[\frac{E_b}{N_0}\right]_{\text{要求}} = \left[\frac{E_b}{N_0}\right]_{th} + 2.5 \tag{2.98}$$

（4）遥测副载波信号噪声功率谱密度比门限值$[S_{TM}/N_0]_{th}$。遥测副载波信号噪声功率谱密度比门限值$[S_{TM}/N_0]_{th}$与调制在副载波上的遥测信息码元的$[E_b/N_0]$要求值密切相关，有

$$\left[\frac{S_{TM}}{N_0}\right]_{th} = \left[\frac{E_b}{N_0}\right]_{\text{要求}} + [b_r] \tag{2.99}$$

（5）遥控副载波信号噪声功率谱密度比门限值$[S_{TC}/N_0]_{th}$。遥控副载波信号噪声功率谱密度比门限值$[S_{TC}/N_0]_{th}$与调制在副载波上的遥控信息码元的$[E_b/N_0]$要求值密切相关，有

$$\left[\frac{S_{TC}}{N_0}\right]_{th} = \left[\frac{E_b}{N_0}\right]_{\text{要求}} + [b_r] \tag{2.100}$$

（6）测距副载波信号噪声功率谱密度比门限值$[S_{RN}/N_0]_{th}$。测距副载波（主音、次音）信号噪声功率谱密度比门限值$[S_{RN主}/N_0]_{th}$、$[S_{RN次}/N_0]_{th}$与测距音的频率及测距精度σ_R密切相关。

① $[S_{RN主}/N_0]_{th}$。假设f_N为最高侧音频率即主音，系统要求的测距精度为σ_R，考虑1.5～3.5dB的系统硬件损耗和技术损耗，一般取2.0dB，有

$$\left[\frac{S_{RN主}}{N_0}\right]_{th} = 10\lg\frac{c^2}{18^2 f_N^2 \sigma_R^2} + [2B_{R主}] + 2.0 \tag{2.101}$$

式中：c为光速；$2B_{R主}$为主音测距带宽（Hz）。

② $[S_{RN次}/N_0]_{th}$。低侧音（次音）锁相环环内信噪比$S_{RN次}/N$与由噪声引起的次音相位误差$\sigma_{\phi次}$存在以下近似式：

$$\frac{S_{RN次}}{N} = \frac{1}{2\sigma_{\phi次}^2}$$

而$\sigma_{\phi次}$与次音误判概率P_e及测距音频比M_f有关，即

$$P_e = 1 - \text{erf}\left(\frac{\pi}{2^{\frac{1}{2}}\sigma_{\phi次}M_f}\right)$$

式中：$\text{erf}(t) = \frac{1}{\pi^{\frac{1}{2}}}\int_0^t e^{-x^2}dx$，为正态误差函数，其函数值查表可得；$M_f = \frac{f_{i+1次}}{f_{i次}}$；$P_e$一般情况下取值为$10^{-5}$。

通过P_e和M_f可求出$\sigma_{\phi次}$，进而再求出$[S_{RN次}/N]_{th}$，有

$$\left[\frac{S_{RN次}}{N_0}\right]_{th} = \left[\frac{S_{RN次}}{N}\right]_{th} \times 2B_{R次}$$

式中：$2B_{R次}$为次音测距带宽。

考虑1.5～3.5dB的系统硬件损耗和技术损耗，一般取2.0dB，有

$$\left[\frac{S_{\text{RN次}}}{N_0}\right]_{\text{th}} = \left[\frac{S_{\text{RN次}}}{N}\right]_{\text{th}} \times 2B_{\text{R次}} + 2.0 \qquad (2.102)$$

5）测控信道技术指标间的几个常用关系式

（1）EIRP 与 P_s 的关系。

$$[\text{EIRP}]_{\text{要求}} \geqslant [P_s] + [L_{\text{路径}}] + [L_{ap}] + [L_p] - [G_r] + [L_{rf}] + [M] \qquad (2.103)$$

式(2.103)可用来确定发射系统的 EIRP 最低要求值。

（2）EIRP 与 P_r/N_0 的关系。

$$[\text{EIRP}] = [P_r/N_0] + [L_{\text{路径}}] + [L_{ap}] + [L_p] - [G_r] + [L_{rf}] + [M] + [N_0] \qquad (2.104)$$

式(2.104)表明在实际工程中，确定了系统所要求的输入信号噪声功率谱密度比 P_r/N_0 后，发射机所必须发射的 EIRP 值也随之确定。

（3）EIRP 与 G_r/T_n 的关系。

$$[\text{EIRP}] = [P_r/N_0] + [L_{\text{路径}}] + [L_{ap}] + [L_p] + [L_{rf}] + [M] - [G_r/T_n] - 228.6 \qquad (2.105)$$

式(2.105)可根据接收系统的 G/T 值及其所要求的 P_r/N_0 来确定发射系统的 EIRP 要求值。

（4）S/N_0 与 E_b/N_0 的关系。

$$[S/N_0] = [E_b/N_0] + [b_r] \qquad (2.106)$$

2.8.3 测控信道性能估算的工程方法

测控信道性能估算是根据已知的发射系统、接收系统的技术状态及信道的其他已知状态来估算该信道的损耗、噪声和主要技术指标，以验证信道性能能否满足系统的工作要求，而不是根据任务需求去设计测控信道。

测控信道性能估算的实际工程方法一般按以下步骤进行：

（1）确定发射系统和接收系统已知的主要技术状态，包括发射系统的发射功率或 EIRP 值、天线增益、馈线损耗、天线波束宽度、天线指向误差、天线极化方式等；接收系统的 G/T 值、接收机灵敏度 P_s、天线增益、馈线损耗、天线波束宽度、天线指向误差、天线极化方式、接收机噪声系数、接收机锁相环路带宽等。

（2）确定测控信道其他已知的技术状态，包括载波频率、副载波频率、调制方式、调制度、码速率、误码率、星地最大距离等。

（3）实际估算整个信道的功率损耗，包括天线馈线损耗 L_f（L_{tf}、L_{rf}）、路径传输损耗 L 路径（自由空间损耗 L_s、大气损耗 L_a）、天线极化损耗 L_p、天线指向误差损耗 L_{ap}（发射天线指向误差损耗 L_{tap}、接收天线指向误差损耗 L_{rap}）及系统储备余量 M 等。

（4）实际估算整个信道中的噪声干扰，包括接收系统外部噪声温度即天线噪声温度 T_a、接收系统内部噪声温度 T_i 及接收系统的总噪声温度 T_n 等。

（5）计算噪声功率、噪声功率谱密度 N_0 及接收总功率 P_r。

（6）计算各有用信号的功率分量，并折算到接收机的输入端；计算各有用信号调

制损耗及载波功率的利用率、浪费率；计算对系统有一定影响的组合波干扰。

(7) 计算实际有用信号的信号噪声功率谱密度比 S/N_0、P_r/N_0 值。

(8) 推算接收系统各有用信号的信号噪声功率谱密度比门限值 $(S/N_0)_{th}$、$(P_r/N_0)_{th}$，并与其实际值比较计算其余量。

(9) 计算接收系统实际所需要的 EIRP 值，并与给定的 EIRP 值做比较，计算其余量。

(10) 如果上述余量有负值或太小，即不能满足接收系统安全可靠地工作的要求，则需增大发射系统的 EIRP（增大发射系统的发射功率 P_t、增大发射天线的增益 G_t）、选择合适的调制度，然后重复以上(1)～(9)的估算，直至满足系统的工作要求。

(11) 如果载波功率利用率太低或组合波干扰太大，则需选择合适的调制度，然后重复以上(1)～(9)的估算，直至满足系统的工作要求。

(12) 将计算结果列表，并给出信道性能余量。

2.9　地面测控网任务总体方案设计

2.9.1　地面测控网任务功能

地面测控网是北斗卫星工程的一个重要组成部分，担负着运载火箭和卫星的测控管理工作，主要完成运载火箭和卫星发射上升段、卫星早期轨道段的测控支持，以及卫星导航系统长期运行段的卫星平台测控管理。

地面测控网主要功能包括：

(1) 完成发射与早期轨道段运载火箭和卫星的测控任务。

① 完成运载火箭外测、遥测接收及处理，测量运载火箭弹道，实时监视遥测参数，情况危急时实施安全控制功能。

② 完成发射段 GEO、IGSO 卫星管路排气控制任务。

③ 确定卫星初始轨道，接收星遥信息，监视星箭分离等过程。

④ 实施卫星工况处理、测定轨、改变控制模式，建立或保持所需的姿态；计算控制参数，控制卫星变轨，使卫星进入预定轨道；进行轨道修正、位置捕获，使卫星定点于指定位置。

(2) 完成长期运行段的卫星及星座在轨管理任务。

① 进行全球星座测控调度，实现对整星星座的控制和管理。

② 对卫星不间断跟踪测量，获取卫星测量数据并传送至测控管理中心，完成定轨。

③ 对卫星进行遥测接收、解调和遥控上注，实施卫星状态监视与控制。

④ 对星座构型保持控制，适时调整卫星位置与轨道相位。

⑤ 在卫星或星座运行期间出现紧急情况时，利用星间链路完成卫星遥测信息下

传、遥控指令上注。

⑥ 对星间链路进行管理与调度。

2.9.2 地面测控网任务总体方案设计依据

(1) 运载火箭的发射弹道和卫星的运行轨道,包括运载火箭的发射场位置及射向、弹道及其特征点参数、入轨点参数及运行轨道等。

(2) 卫星星载测控分系统的配置及指标,包括测控频段及频点、调制体制、天线技术指标及方向图、天线极化形式、遥测遥控参数等。

(3) 卫星对测控网的要求,包括测定轨及其精度要求、遥测接收解调处理要求、遥控及数据注入要求、轨控要求、长期运行管理要求等。

(4) 运载火箭对测控网的要求,包括外弹道测量要求、遥测数据接收解调处理要求、安控区间要求、主要跟踪测量弧段要求、特征点参数处理要求、星箭分离及卫星入轨点参数处理要求等。

(5) 已有测控网布局及设备配置,包括各测站的站址坐标、测控中心和测控站(船)的设备配置、各设备的性能技术指标、接口方式、通信连接关系、所使用的通信规程等。

(6) 导航应用系统对测控网的要求,包括轨道和控制精度要求、轨道测量任务要求、遥测接收处理及转发要求、遥控指令和注入数据发送要求、长期运行管理要求等。

2.9.3 地面测控网任务总体方案设计原则

(1) 应尽可能满足运载火箭和卫星研制部门、应用部门对测控网提出的合理测控要求,对其中难度较大的要求应充分分析论证并协商解决,以尽量减轻运载火箭和卫星负担。

(2) 在满足测控要求的前提下,尽可能利用现有测控网中的测控站(船)与设备。当确有必要新建测控站(船)、研制新设备或对原设备进行改造时,应尽量节约经费。

(3) 对关键测控事件和关键跟踪弧段要保证有高可靠性和安全性,测控手段要有一定的冗余度。

(4) 立足国内,争取国际联网,在平等互利的基础上,开展国际测控合作。

2.9.4 测控要求与测控任务

2.9.4.1 卫星系统对测控系统的要求

(1) 发射段要求测控系统具备对卫星发送上行遥控指令的能力。

(2) 对卫星进行跟踪测轨,完成卫星入轨精度标定、变轨控制、变轨参数标定、相位保持等,测定轨精度满足要求。

(3) 可靠、准确地接收、记录和传输卫星遥测数据。按照处理方法与要求对卫星遥测数据进行实时(准实时或事后)处理,监视卫星工作状态。

(4) 根据卫星飞行程序、工作状态和控制要求,按遥控指令使用准则或数据注入准则,发送遥控指令,注入上行数据,控制卫星有关设备的工作状态,并按判别准则判断遥控(指令和数据)执行情况。

(5) 卫星工作异常或出现故障时,按照卫星故障预案,实施异常状况处理或卫星抢救。

(6) 对于 GEO 卫星,完成变轨控制,接收卫星遥测信息,监视卫星工作状态;发送遥控指令,启动或改变卫星控制系统的控制模式,建立工作姿态;计算并注入控制参数,包括地影参数、卫星进入地球捕获模式所需的参数、变轨控制参数等。卫星经过数次变轨控制,进入准同步轨道后,测控系统接收星遥信息,监视卫星工作状态;发遥控指令断开其燃料通路,遥控太阳帆板法向跟踪太阳;发送遥控指令启动动量轮,建立卫星正常工作模式;视轨道偏差情况,决定是否进行轨道半长轴和偏心率的修正;建立正常的漂移速度;消除漂移速度,使卫星定点于赤道上空工作轨位。

(7) 对于 MEO 卫星,可通过上面级向卫星发送遥控指令,同时可从箭遥数据中有效分离出卫星遥测数据;监视卫星与上面级分离、卫星程控加电、速率阻尼等过程;监视卫星姿态。卫星与上面级分离后,要求对卫星继续跟踪测控。相位捕获阶段接收、记录卫星遥测参数;发遥控指令注入轨道参数;计算并注入控制参数,向卫星发送所需的工况处理控制指令,并监视卫星工作状态。

(8) 对于 GEO、IGSO、MEO 卫星,卫星进入工作轨道或定点轨位后,测控系统接收星遥信息,监视卫星工作状态;向卫星发送所需的工况处理控制指令;配合运控系统进行载荷在轨测试;接收通过星间链路中转至地面的数据,并按要求处理、转发;配合星间链路运管系统完成星间链路的管理。

(9) 完成卫星平台在轨测试。

(10) 可通过星间链路或境外测控站支持卫星在境外的测控管理。

2.9.4.2　运载火箭基础级要求

(1) 测量运载火箭起飞漂移量。

(2) 获取运载火箭点火起飞至一、二级分离的实况景象。

(3) 跟踪测量运载火箭飞行弹道,利用基础级与上面级分离前后测量信息计算上面级与卫星组合体的初轨。

(4) 接收、记录、传输及处理运载火箭基础级遥测参数。

(5) 实时监视、判定运载火箭飞行情况,执行安全控制任务。

(6) 尽可能对整个飞行弧段进行测量,重点确保一、二级飞行,三级发动机点火与关机,级间分离,整流罩分离,与上面级卫星组合体分离等关键过程的测量数据。拍摄运载火箭飞行实况。外弹道测量精度(事后)满足中等精度要求。

(7) 按要求实时传送遥测参数,测量区间尽可能覆盖从火箭起飞前至星箭分离,直至信号消失。

(8) 具有判断运载火箭飞行状况、实时选择落点能力,以避免故障火箭落入选定保护区域;系统要有高可靠性,不误炸正常飞行火箭,不漏炸必须炸毁的故障火箭;故障火箭炸毁前,在不影响任务的情况下尽可能多地获取测量数据。

2.9.4.3 运载火箭上面级要求

(1) 测量上面级飞行外弹道,为上面级飞行试验指挥机构提供实时的飞行轨道数据,用于实时显示,监视、判定上面级飞行情况,并确定卫星初轨根数和精密瞬时入轨根数;事后处理的总精度满足中等精度要求。

(2) 提供上面级飞行试验事后轨道数据,用于上面级的误差分析、性能评定、改进设计和故障分析。

(3) 实时接收上面级遥测数据、多星座导航数据,并对上面级进行测定轨,根据测定轨结果计算实时上传参数,在第二次变轨之前将参数上传;在可测控弧段根据遥测参数上行其他单机操作指令;根据卫星要求通过上面级测控通道向卫星发送遥控数据。

(4) 从基础级火箭起飞至上面级与卫星分离尽可能长时间地保持上面级和卫星遥测;确保基础级/上面级分离、上面级两次点火、上面级关机、上面级/卫星分离等关键弧段的遥测;星箭分离后信号消失前尽可能接收上面级的遥测数据。

(5) 根据上面级飞行程序、工作状态和遥控要求,按遥控指令使用和数据注入准则,发送遥控指令,注入上行数据,并按判别准则判断遥控(指令和数据)执行情况;根据上面级的飞控预案,实施紧急状态下的遥控操作。

(6) 尽系统能力进行离轨段测量;监视卫星与上面级分离;监视上面级离轨和钝化段飞行状态。

2.9.4.4 运控系统对测控系统的要求

(1) 完成卫星的跟踪测量,接收、处理并向运控系统实时(或事后)提供卫星有关遥测数据、轨道根数。

(2) 根据运控业务计划信息,对卫星发送遥控指令和注入数据,实现对卫星的在轨控制和管理。

(3) 卫星入轨后以传真报方式向运控系统提供初轨根数。

(4) 具备通过 S 链路为对方提供上行注入交互支持业务(CSS)的能力。

2.9.5 地面测控网组成

本章只对长征三号甲运载火箭从西昌卫星发射中心发射北斗导航卫星测控方案进行详细介绍。

测控网由北京航天飞行控制中心(简称北京中心)、西昌指控中心(简称西昌中心)、西安卫星测控中心(简称西安中心)、发射场区、西昌站、宜宾站、贵阳站、远望测量船、渭南站、厦门站、喀什站、佳木斯站、三亚站,以及海外站组成。

长期运行管理阶段，测控网由西安中心、三亚站、喀什站、佳木斯站及海外站组成。

测控网组成示意图如图2.19所示。

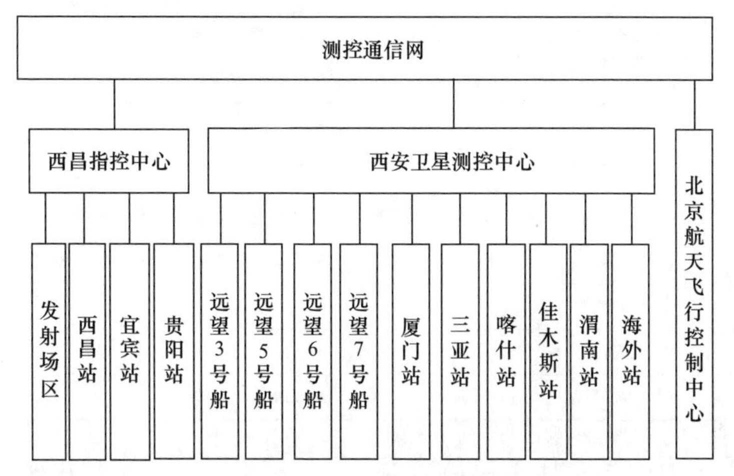

图2.19 测控网组成示意图

2.9.6 卫星发射方式

卫星发射方式如表2.3所列。

表2.3 卫星发射方式

序号	发射方式	所用运载火箭	发射场
1	一箭一星直接入轨发射 IGSO、MEO	长征三号丙(CZ-3C)	西昌
2	一箭双星直接入轨发射 MEO	CZ-3C + 远征一号(YZ-1)	西昌
3	一箭一星间接入轨发射 IGSO	长征三号乙(CZ-3B)	西昌
4	一箭一星间接入轨发射 GEO	CZ-3B	西昌

2.9.7 测控设备配置

各个测控站(船)设备配置如表2.4和表2.5所列。

表2.4 运载火箭相关测控设备配置表

发射场	测控设备	设备
西昌	光学	发射场区的安控电视、高速电视测量仪、实况记录系统、电影经纬仪
	雷达	发射场区、西昌站、宜宾站、贵阳站、厦门站、三亚站、远望测量船的脉冲雷达
	遥控	发射场区的安控设备
	遥测	发射场区、西昌站、宜宾站、贵阳站、厦门站、三亚站、远望测量船的遥测设备
	天基	中继卫星系统

表 2.5　卫星相关测控设备配置表

测控站(船)	测控设备
远望 3 号船	S 频段测控设备
远望 5 号船	S 频段测控设备
远望 6 号船	S 频段测控设备
远望 7 号船	S 频段测控设备
喀什站	S 频段测控设备、S 频段遥测设备
佳木斯站	S 频段测控设备、S 频段遥测设备
三亚站	S 频段测控设备、S 频段遥测设备
渭南站	S 频段测控设备
厦门站	S 频段测控设备
海外站	S 频段测控设备

2.9.8　测控系统任务总体方案

2.9.8.1　运载火箭测控方案

1) CZ-3A 系列火箭基础级测控方案

CZ-3A 系列火箭基础级测控任务由西昌卫星发射场区、西昌中心、西昌站、宜宾站、贵阳站、厦门站、三亚站、海外站、远望测量船、中继卫星系统和北京中心完成。

(1) 实况记录方案。发射场区完成运载火箭点火、起飞、离架及一级飞行段的实况记录任务。

(2) 外弹道测量方案。发射场区完成起飞漂移量测量。发射场区、西昌站、宜宾站、贵阳站、三亚站、厦门站和远望测量船完成火箭外弹道测量。

(3) GNSS 测量方案。发射场区、宜宾站、贵阳站、三亚站、厦门站和远望测量船完成箭载 GNSS 测量信息接收任务。

(4) 遥测方案。发射场区、西昌站、宜宾站、贵阳站、三亚站、厦门站和远望测量船完成遥测数据的接收、记录和传输。

(5) 安控方案。运载火箭飞行试验采用箭上自毁和地面遥控炸毁相结合的安全控制模式。运载火箭发生故障危机需要炸毁时,实施安控任务。

(6) 上面级与卫星组合体轨道确定方案。对于上面级与卫星组合体的轨道确定,西安中心利用基础级与上面级分离前后的外测数据、遥测数据,上面级的外测数据、遥测数据及卫星的外测数据进行初始轨道确定。

(7) 天基测控方案。

天基测控任务由中继卫星系统完成,该系统接收火箭遥测数据并实时发送至西昌中心。

西昌中心对运载火箭遥测参数进行处理，分析箭载中继终端工作状态参数与监视火箭飞行状态。

(8) 监视显示方案。西昌中心、西安中心、北京中心接收处理运载火箭图像、遥测、外弹道等测控数据，并进行实时显示，对运载火箭飞行状态实时监视。

2) YZ-1 测控方案

YZ-1 测控任务由发射场区、西昌中心、西昌站、宜宾站、贵阳站、厦门站、三亚站、海外站、远望测量船、中继卫星系统和北京中心完成。

(1) 外弹道测量方案。对于一箭一星发射 IGSO、MEO 卫星任务，三亚站、厦门站、远望测量船、海外站的测控设备，能够实现上面级与基础级分离、上面级动力段及上面级与卫星分离段等关键弧段的外弹道测量。

对于一箭双星发射 MEO 卫星任务，由三亚站、远望测量船、海外站的卫星测控设备，完成上面级与基础级分离、上面级第一动力段、上面级第二动力段以及上面级与 MEO 卫星分离等关键弧段的外弹道测量。MEO 卫星(第二颗)与上面级分离后，测控系统尽系统能力为上面级提供测控支持。

(2) 遥测方案。对于一箭一星发射 IGSO、MEO 卫星任务，发射场区、西昌站、宜宾站、贵阳站、三亚站、厦门站、远望测量船、海外站的测控设备，提供上面级遥测测控支持，能够实现基础级主动段、上面级与基础级分离、上面级动力段及上面级与卫星分离段等关键弧段的遥测接收。卫星与上面级分离后，测控系统尽系统能力为上面级提供测控支持。

对于一箭双星发射 MEO 任务，发射场区、西昌站、宜宾站、贵阳站、三亚站、远望测量船、海外站的测控设备，提供上面级遥测测控支持，能够实现基础级主动段、上面级与基础级分离、上面级第一动力段、上面级第二动力段以及上面级与卫星分离等关键弧段的遥测。卫星与上面级分离后，测控系统尽系统能力为上面级提供测控支持。

(3) GNSS 测量方案。发射场区、西昌站、宜宾站、贵阳站、三亚站、远望测量船测控设备完成 GNSS 测量数据接收。

(4) 卫星初轨确定方案。对于卫星与上面级分离后的轨道确定，西安中心利用卫星分离前后海外站测量信息确定卫星初始轨道。

(5) 遥控方案。上面级飞控实施工作由西安中心完成。YZ-1 上面级遥控与转发卫星遥控信息由远望测量船、海外站的测控设备完成。

2.9.8.2　卫星测控方案

1) 一箭一星直接入轨发射 IGSO、MEO 卫星测控方案

一箭一星直接入轨发射 IGSO、MEO 卫星测控任务由西安中心、三亚站、佳木斯站、喀什站、渭南站、远望测量船、海外站和北京中心完成。

(1) 发射段测控方案。卫星发射段测控由西安中心、三亚站、远望测量船和北京中心共同完成，主要测控任务为遥测监视和外测。

(2) 早期轨道段测控方案。卫星入轨段测控由西安中心、海外站和北京中心共同完成。

卫星入轨后的相位捕获视情由海外站、佳木斯站、三亚站、渭南站等测控站完成。

(3) 长期运行段测控方案。运行段的测控由喀什站、三亚站、佳木斯站、渭南站统筹完成。该阶段测控系统完成对卫星的跟踪测量、遥测遥控任务。

(4) 卫星故障情况下的测控方案。由测控系统和卫星研制部门制定故障预案或者处置方案,由测控系统实施。一旦发现卫星工作异常,及时通报卫星研制部门和运控部门。有关单位及时对故障进行周密分析后,确定排除故障的实施方案,经地面模拟正确并经批准后,对卫星实施故障排除控制。

卫星故障情况下的测控由西安中心、参试测控站参加,原则上要求抢救措施安排在当圈或下一圈实施,确实做到万无一失、及时可靠地排除卫星故障。

2) 一箭双星发射 MEO 卫星测控方案

一箭双星发射 MEO 卫星测控任务由西安中心、三亚站、佳木斯站、喀什站、渭南站、远望测量船、海外站和北京中心完成。

(1) 发射段测控方案。卫星发射段测控由西安中心、三亚站、远望测量船和北京中心共同完成,主要测控任务为遥测监视和外测。

(2) 早期轨道段测控方案。卫星入轨段测控由西安中心、海外站和北京中心共同完成。海外站完成上面级与卫星分离前后的测控任务。

卫星入轨后的相位捕获视情由海外站、佳木斯站、三亚站、渭南站等测控站完成。

(3) 长期运行段测控方案。运行段的测控由喀什站、三亚站、佳木斯站、渭南站统筹完成。该阶段测控系统完成对卫星的跟踪测量、遥测遥控任务。

3) 卫星长期运行管理段

3 类卫星长期运行管理由西安中心通过喀什站、佳木斯站、三亚站、渭南站、海外站完成,主用喀什站、佳木斯站、三亚站和海外站。综合利用这些测控站对 3 类卫星长期运行测控的覆盖率满足任务要求。

2.9.9 地面测控网信息传输协议与规程

2.9.9.1 互连结构

测控系统各测控设备、各发射中心、西安中心、北京中心等通过互联网协议(IP)通信网互连,如图 2.20 所示。

2.9.9.2 接口特性

(1) 接口协议:地面测控网接口协议采用互联网通用接口协议,其中互联网层采用 IP。

(2) 组播协议:组播协议采用互联网组管理协议(IGMP)。

(3) 连接关系:一般情况下每个接口终端配置两个网络接口,分别连接通信系统两个接入层交换机。设备网络接口终端对外连接关系如图 2.21 所示。

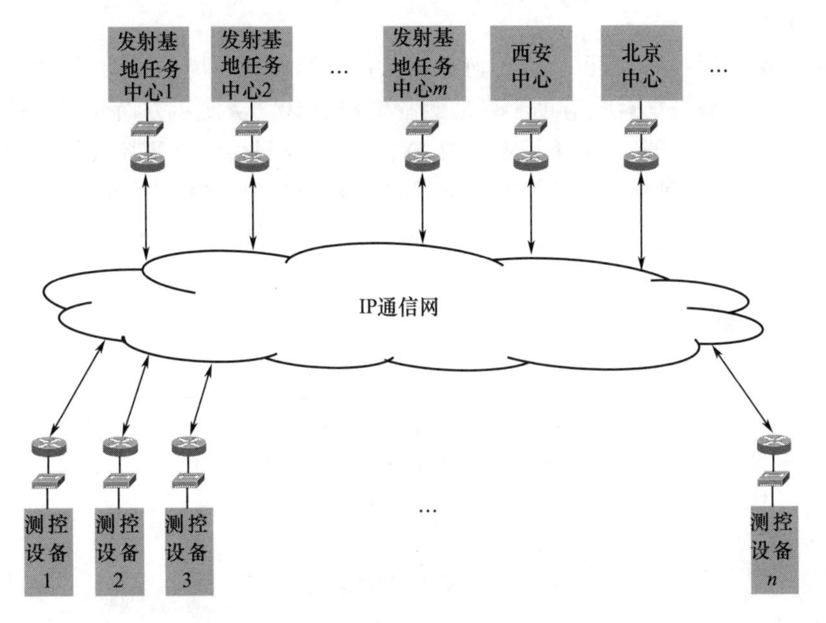

图 2.20　航天测控系统互连结构图(见彩图)

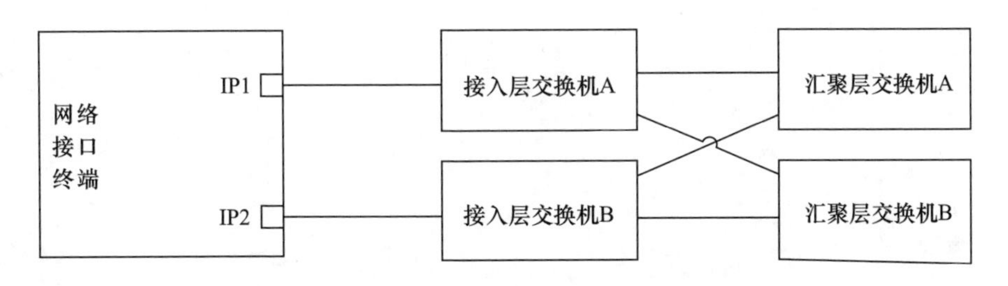

图 2.21　设备网络接口终端对外连接示意图

2.10　本章小结

北斗卫星导航系统是一个由多类卫星组合而成的复杂星座系统。卫星类型包括 MEO、IGSO 和 GEO,卫星数目多达 35 颗。针对不同轨道特性、不同测控需求、多型号运载火箭、不同发射中心等多样性复杂性测控任务需求,坚持统一设计、统筹规划、一网多用的设计思路,设计并建成了具有长远意义的地面测控网,满足北斗卫星导航系统 GEO、IGSO、MEO 等卫星任务要求。

本章着重介绍了面向大型星座而采用的航天测控网优化设计方案,经过科学合理综合论证,经济可靠系统建设,为我国后续航天测控系统发展奠定了技术基础。对其他航天发射测控任务起到了兼顾设计与建设的作用,满足了我国现有不同类型卫星发射测控需求。

本章介绍了卫星跟踪测控的几何观测条件和测控网布局基本要求,并详细介绍了星地测控链路估算方法,有助于星地测控链路设计。从使用方面介绍了执行北斗导航卫星发射测控任务中的测控系统总体方案,综合利用已有测控资源和新建测控资源,进行了高效、可靠的测控系统总体设计,为北斗卫星导航系统测控任务提供了有力保障。

参考文献

[1] 郝岩. 航天测控网[M]. 北京:国防工业出版社,2003.
[2] 于志坚,等. 航天测控系统工程[M]. 北京:国防工业出版社,2008.
[3] 陈芳允,贾乃华,等. 卫星测控手册[M]. 北京:科学出版社,1991.

第3章　中心计算机系统

近几年，中心系统信息化程度得到了快速发展。云计算、分布式存储、微服务等新技术在数据中心得到了广泛的应用。结合新技术的应用，本章对中心计算机系统中的基本组成部分进行阐述。

3.1　概　述

3.1.1　系统的地位和作用

中心计算机系统是信息获取、汇集、处理分析和指挥控制的中枢，完成北斗卫星遥测数据、外测数据等各类测量数据的汇集分发和专业处理，完成卫星各种控制参数的计算并生成遥控指令和上行注入数据，处于不可替代的地位。

3.1.2　系统发展历程及特性

截至目前，中心计算机系统体系结构发展大致经历了4代。

第一代：集中式体系结构，以单应用部署于单台工作站或服务器为主。20世纪80年代初期，我国信息化刚刚起步发展，信息处理业务少，数据量小，以SUN、IBM、HP等国外厂商提供的基础设施为基础，建立了第一代集中式的信息系统。

第二代：功能分布式网络化体系结构，基于IP网络，按照功能划分，分别规划建设相应的集群系统。20世纪90年代初期，以思科为代表的国外网络设备在国内得到广泛的应用，国内计算机系统开始了IP化改造，逐步建设成立一批功能分布的网络化信息处理中心。

第三代：任务分布与功能分布相结合的层次化体系结构。结合中心多任务的特点，与功能分布相结合，构建相应的集群系统。自2002年以来，以“995”、北斗、“921”等工程需求为基础，基于华为等国内厂商提供的高端交换机设备，基本实现千兆带宽的业务承载能力，浪潮、曙光等国内服务器设备开始被逐步应用，逐步建成了任务分布与功能分布相结合的中心计算机系统。

第四代：新一代一体化云架构。自2008年起，云计算在国内呈现出了井喷式的发展，2013年后开始得到推广，基于OpenStack + KVM（基于内核的虚拟机）的云虚拟化架构被逐步应用到各个中心计算机系统，按照资源池化、弹性扩展、动态分配的理念进行规划建设，自2016年以来在北斗、探月等项目中逐步规划落实。目前基于容器+微服务的平台层虚拟化技术进一步提升了业务开发、部署的灵活性,将在新的中心计算机系统中进行规划设计。

3.1.3 系统设计的五大思想

3.1.3.1 系统设计无单点故障

中心计算机系统对故障间隔时间和平均故障修复时间性能提出了较高的要求,为了保证系统的可靠性,进行了如图3.1所示的容错技术设计。

通过同城备份中心和异地备份中心的设计实现中心系统级无故障单点,通过混合云架构设计实现云平台和集群系统间的互为备份,通过关键网络设备、数据库服务器等的双机热备实现设备级无单点故障。

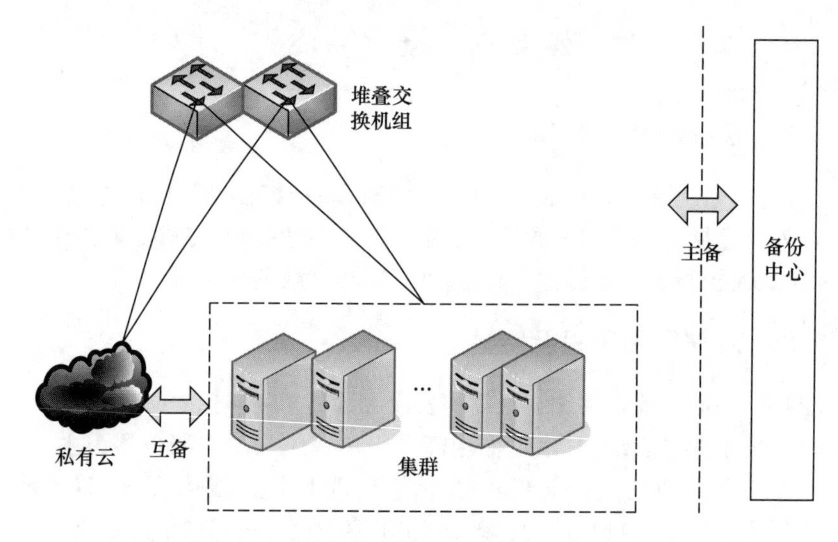

图3.1 系统无单点故障设计示意图(见彩图)

3.1.3.2 基础资源弹性伸缩动态共享

随着技术的发展,按照原中心系统"烟囱"式的设计方式,会导致基础资源规模按照摩尔定律增长,而单机的资源利用率并不高,会造成大量的资源浪费,并带来较高的计算机资源监控成本。提高基础设施利用率的主要技术之一就是采用基于虚拟化的云计算系统。通过一体化云架构设计,改变系统资源使用模式,通过资源的池化、弹性伸缩和动态调配等,提升资源的利用率。一体化云架构设计示意图如图3.2所示。

3.1.3.3 数据存储永久可靠

数据的存储是计算机系统的核心之一,保证数据永久可用是系统设计需要考虑的一个重要因素。通过在线、近线、离线三级存储设计,解决数据存储短时间内的数据实时存储问题、长时间内数据共享使用问题,以及永久的数据备份使用问题,如图3.3所示。

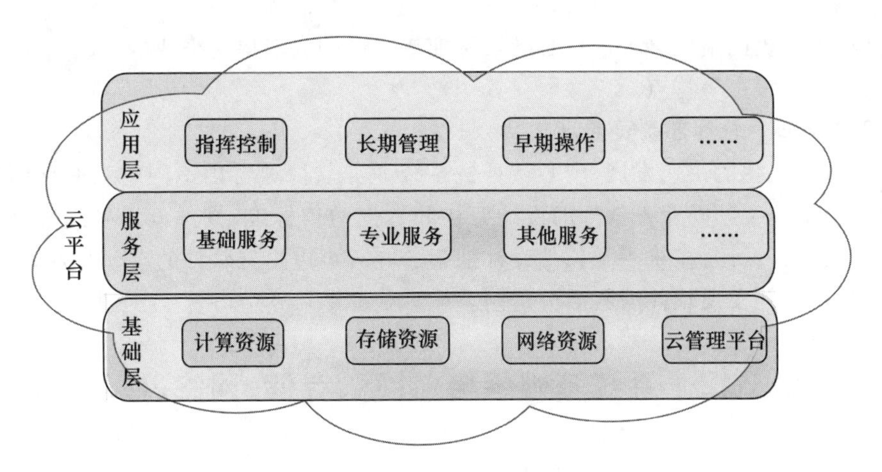

图3.2　一体化云架构设计示意图(见彩图)

从存储数据对存储平台的性能要求的角度,将存储平台划分为在线存储、近线存储、离线存储3级,其中:在线存储主要用于存储数据库数据文件等,提供较高的每秒读写次数(IOPS);近线存储采用分布式存储方案,提供可扩展的存储服务,提供较大的数据带宽;离线存储采用光盘库管理系统,提供大的可扩展的存储空间,用于数据的永久存储。

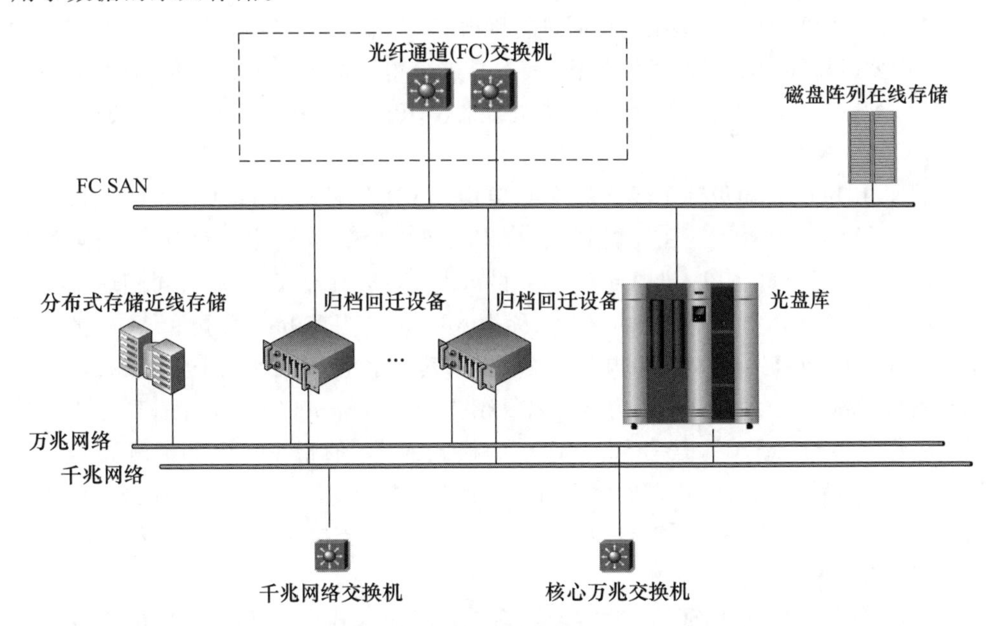

图3.3　三级存储设计示意图(见彩图)

3.1.3.4　网络设计快速高效

中心计算机系统机房的网络架构一般设计为出口路由层、核心交换层、业务汇聚层、接入网络层(不含路由层即是三层网络架构),随着云体系架构的设计,为了提高内网效率,系统网络大多采用核心交换层加接入层的大二层网络架构,核心交换机具备高吞吐、大缓存等特点。

3.1.3.5 软件部署灵活可定制

随着信息化的快速发展,中心计算机系统业务软件通常由不同的工业部门进行研制。为了统一不同业务软件的设计架构和数据通信标准,软件设计采用统一的微服务框架进行设计,在统一了软件设计框架的同时可以提升软件的设计开发效率,缩短研制周期,并实现软件的灵活可定制。

3.2 系统基础平台:计算、存储、网络、显示

3.2.1 计算

中心计算机系统通过几十年的发展,经历了从本地计算的单机计算模式,发展为多机集群计算模式,正在向以"计算、存储、网络集中资源池化""资源的快捷高效弹性伸缩"等为典型特征的云计算模式演进。

3.2.1.1 单机计算

单机计算的核心是单机服务器(个人计算机(PC)服务器),服务器的分类主要以中央处理器(CPU)的指令集架构不同进行区分,目前市场上主流服务器的指令集架构是AMD公司和Intel公司的X86架构,其次是进阶精简指令集机器(ARM)架构,另外还包括"龙芯"的无内部互锁流水级的微处理器(MIPS)架构和申威的Alpha架构。

1) X86架构

最早由Intel公司设计了经典的X86架构,AMD公司通过Intel公司的授权后才可以自己做X86的CPU。在发展到64位CPU时,AMD公司率先设计出了兼容32位CPU的64位X86 CPU,即Amd64,并对Intel公司进行授权,Intel公司随后也设计出了兼容32位CPU的64位X86 CPU,称为X86-64。目前Intel公司和AMD公司是世界上最大的两家生产X86架构CPU的企业,其他小企业均由它们进行授权。

另外,X86指令集计算机架构早期以复杂指令集计算机(CISC)为主,现引入了精简指令集计算机(RISC),是CISC + RISC的模式,CISC的指令在内部被解码为多条RISC指令,然后通过CPU内部的调度机制将指令分配至RISC内核。Intel公司引入了流SIMD扩展(SSE)指令,到2011年,SSE寄存器已实现支持最长256位的数据。

2) ARM架构

ARM架构是一种RISC指令集架构,多使用于嵌入式系统,以低耗电的特点广泛地应用于移动通信领域,目前自主可控的飞腾芯片采用ARM指令授权的方式进行研制开发。

3) MIPS架构

MIPS的CPU在工艺设计和性能等各个方面和主流的X86架构差距较大,是一

种 RISC 架构，和 X86 不兼容，目前中国龙芯的 CPU 架构主要采用 MIPS 进行扩展设计。

4）Alpha

目前主要采用 Alpha 指令集进行 CPU 设计的是中国申威，2010 年推出的 SW1600 CPU 为 16 核心，采用 RISC 指令集。SW 处理器也引入了单指令多数据流扩展支持向量计算。

目前，中心计算机系统所采用的服务器以 X86 架构的国产服务器为主，在非实时较为关键的业务中正在推行芯片级自主可控的服务器，自主可控芯片主要包括飞腾、龙芯和申威。

3.2.1.2　集群计算

随着应用程序对服务器计算性能的要求越来越高，单台 PC 服务器已经不能满足程序的计算需求。通过多台设备联合起来的集群对应用程序提供计算服务，不仅能够满足程序的计算性能要求，还可以构建高可用集群（HAC）、负载均衡集群（LBC）和高性能集群（HPC）。

HAC 通常由高可用软件实现集群主备节点的监控，一旦侦测到对方的任何故障，便会进行主备节点的切换并继续向外提供服务。

LBC 和 HPC 在本质上是相同的，都是通过集群管理软件实现，LBC 主要实现的是保证所有的节点均衡地参与到计算的分配。HPC 主要实现的是保证集群的高性能计算，对外提供大量的 CPU 和内存资源。

中心计算机系统中采用 HAC 实现关键计算业务的双机热备高可用，通过高可用（HA）软件实现数据库等服务的双机热备高可用。

中心计算机系统采用高性能计算集群提供计算密集型、数据密集型并行计算服务，面向业务应用统一调度各类计算任务，制定作业调度策略在不同处理节点上实现负载均衡，通过多节点作业调度实现大规模计算任务的快速并行处理，节点间任务通过高速专用网络实现数据交换。目前，在中心系统中构建的高性能集群，一般由业务调度、任务管理、高速缓存、数据通信 4 个单元组成。其中：业务调度单元负责在处理节点上的任务分发、任务执行和监控管理等功能，协调处理节点完成计算任务的执行；任务管理单元负责根据业务特点配置作业调度策略、作业运行资源等，创建任务并在任务调度执行过程中进行任务暂停、取消、重启等系统管理功能；高速缓存单元通过存储区域网络（SAN）为处理节点提供在线存储系统的高速文件读写，提供统一数据库服务的高速访问；数据通信单元通过连接各处理节点的高速专用网络实现数据高速传输和交换。

高性能计算集群的特点是能够满足计算密集型的业务需求，利用多个高性能 CPU 计算服务器作为计算节点，面向计算过程复杂、数据交互频繁、计算量庞大的处理任务，将其分解为一系列复杂计算子任务，自动调度分配到计算节点进行处理。

3.2.2 存储

3.2.2.1 存储服务器

可以将通用的服务器作为存储服务器使用，也可以将服务器的存储磁盘的盘位进行扩展。例如，目前市场上 2 路计算服务器最多可以容纳 12 块磁盘，高度为 2U①。2 路存储服务器最多可以容纳 36 块磁盘，高度为 4U。

3.2.2.2 直连式存储(DAS)

DAS 是指存储设备只用于与独立的一台主机服务器连接，其他主机不能使用的存储设备。外置磁盘柜属于典型的 DAS 设备。

3.2.2.3 存储阵列

实现了独立硬盘冗余阵列(RAID)功能的外置磁盘柜称为磁盘阵列，简称盘阵。磁盘阵列通过自带的控制器实现 RAID 功能，将磁盘虚拟化为逻辑盘，然后经过小型计算机系统接口(iSCSI)或者光纤通道(FC)接口外连至主机，或者外连网络设备组成存储区域网络，可以为中心计算机系统产生的结构化数据和非结构化数据等提供集中存储解决方案。

目前，中心计算机系统多通过存储阵列来提供热实时数据的存储，作为网络附加存储(NAS)和 SAN 存储的基础存储池。磁盘阵列通过冗余链路保证数据链路的可靠性，通过双冗余控制器保证阵列主机的可靠性，通过 RAID 功能实现数据存储时的可靠性。

3.2.2.4 NAS

NAS 对外提供访问其文件系统的接口，可以是一台普通的主机，也可以是磁盘阵列等，NAS 接口访问协议是实现 NAS 的关键，主要包括网络文件系统(NFS)协议和通用 Internet 文件共享(CIFS)协议，其中 NFS 是 Linux 操作系统下实现的 NAS 访问协议，CIFS 是 Windows 操作系统下实现的 NAS 访问协议。可以将 NAS 理解为处于以太网上的一台利用 NFS、CIFS 等网络文件系统的文件共享服务器。如图 3.4 所示，NAS 网络上部署 NAS 文件系统。

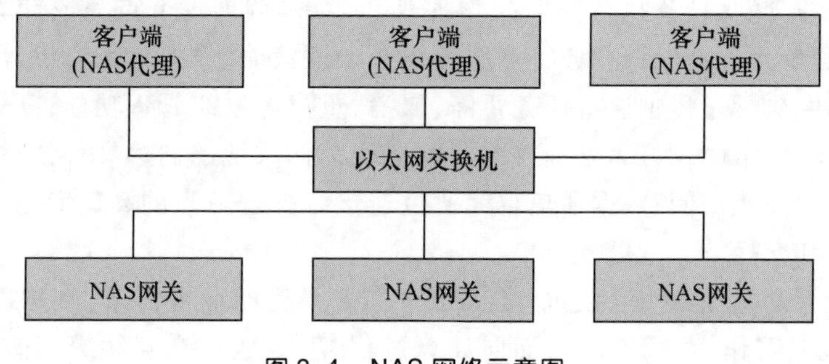

图 3.4 NAS 网络示意图

① 服务器高度以 U 为单位，1U = 4.445cm。

3.2.2.5　SAN

SAN包括FC SAN和IP SAN。在SAN中,磁盘阵列成为交换网络上的一个节点,可以同时被其他多个节点访问。图3.5所示为FC SAN示意图,客户端代理进行逻辑卷的本地挂载。

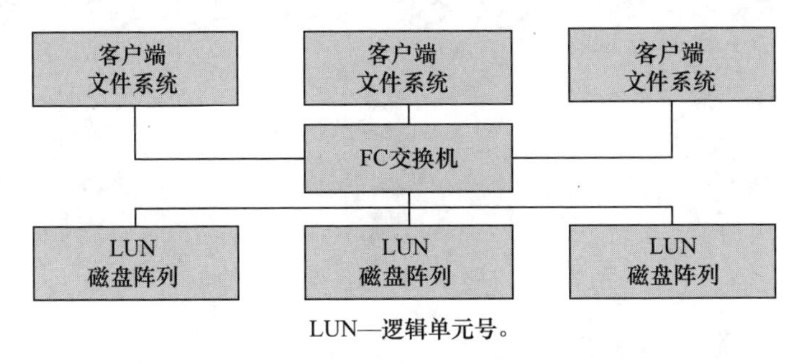

LUN—逻辑单元号。

图3.5　FC SAN示意图

3.2.2.6　分布式存储

分布式存储又称为分布式集群存储系统,包括存储服务器、分布式集群并行文件系统和构建分布式集群的网络设备。

分布式存储实现大致过程为:在底层文件管理系统(如第三代扩展文件系统(EXT3)、新技术文件系统(NTFS)、32位文件分配表(FAT32)等)之上,增加一层集群分布式文件映射管理系统(如lusture、通用并行文件系统(GPFS)等),外围再包裹上一层NFS/CIFS网络文件访问系统,从而构成一个分布式集群并行文件系统。

另外,随着存储技术的发展,可以实现SAN和分布式存储系统的共享存储,如图3.6所示。

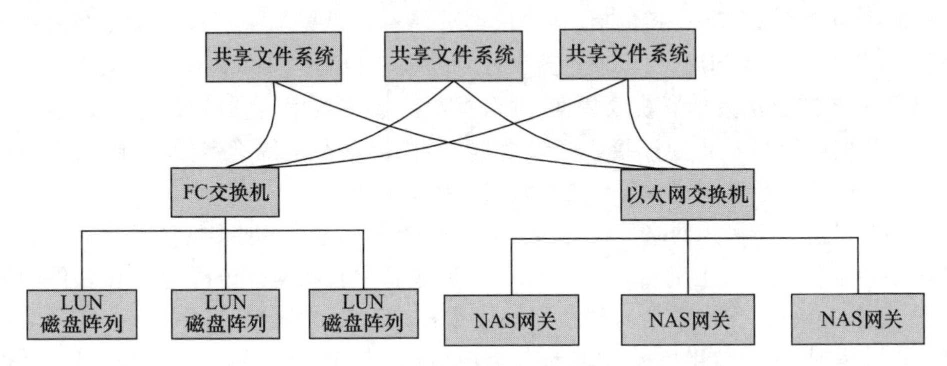

图3.6　SAN和分布式存储的共享存储示意图

3.2.3　网络

3.2.3.1　网络划分

目前主要存在两种网络划分方法:一种是按照传输技术进行划分;另一种是按照

网络规模进行划分。

按照传输技术进行划分主要包括广播、组播、单播网络,如图3.7所示。

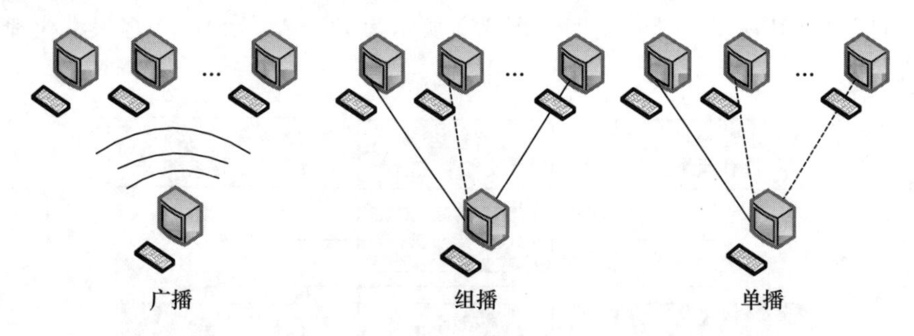

图3.7 广播、组播、单播网络示意图

1) 单播、广播、组播基本概念

(1) 单播。单播网络是发送者和接收者之间实现的点对点网络。单播源地址向指定的单播接收地址进行数据包的传输。采用单播方式时,系统为每个需求该数据的用户单独建立一条数据传输通路,并为该用户发送一份独立的副本数据。假设用户 HOST(H)需要从数据源 Source(S)获取数据,则数据源S必须和用户H建立单独的传输通道。由于网络中传输的数据量和要求接收该数据的用户量成正比,当用户量很庞大时,数据源S需要将多份内容相同的数据发送给庞大的需求用户。这样一来,网络带宽将成为数据传输中的瓶颈。由此可见,单播并不利于数据的规模化发送。

(2) 广播。广播式网络是在子网内广播数据包。传输的数据包可以被当前子网上的所有主机接收/发送。子网的广播地址是一个特殊的被保留地址,通过将IPv4地址的子网部分设置为合适的值,将主机部分所有位设置为1形成。从安全的角度来看,广播是一个大问题,可以通过路由器和交换机控制广播传输保证子网安全。假设用户A、B需要从数据源获取数据,则数据源广播该数据,这时网络中本来不需要接收该数据的用户C也同样接收到该数据,不仅信息安全得不到保障,而且会造成同一网段中信息泛滥。这种传输方式浪费了大量的带宽。

(3) 组播。组播式网络是在发送者与接收者之间建立一对多的关系。通过一个IP组播地址标识一组主机接口,一个组可以跨越整个互联网(Internet)。在软件的控制下,每个Internet主机中的协议栈能加入或离开一个组播组。当一台主机向一个组发送数据时,主机使用单播IP地址作为源地址,使用组播地址作为目的地址,已加入组的所有主机将接收发送到该组的任何数据报文。当网络中的某些用户需要特定数据时,组播源仅发送一次数据,借助组播路由协议为组播数据包建立组播分发树,被传递的数据到达距离用户端尽可能近的节点后才开始复制和分发。相比单播传输方式,组播传输方式由于被传递的信息在距离信息源尽可能远的网络节点进行复制和分发,所以用户的增加不会导致信息源负载的加重及网络资源消耗的显著增加。

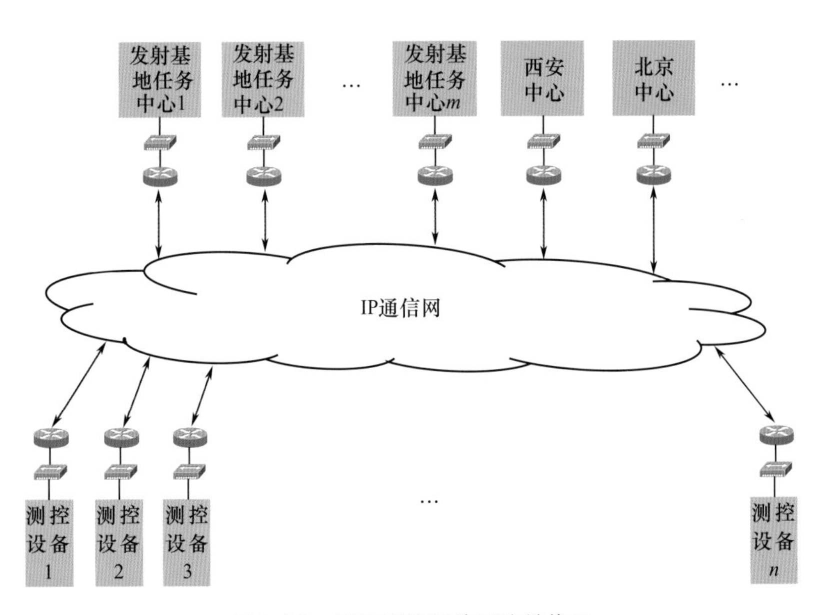

图 2.20　航天测控系统互连结构图

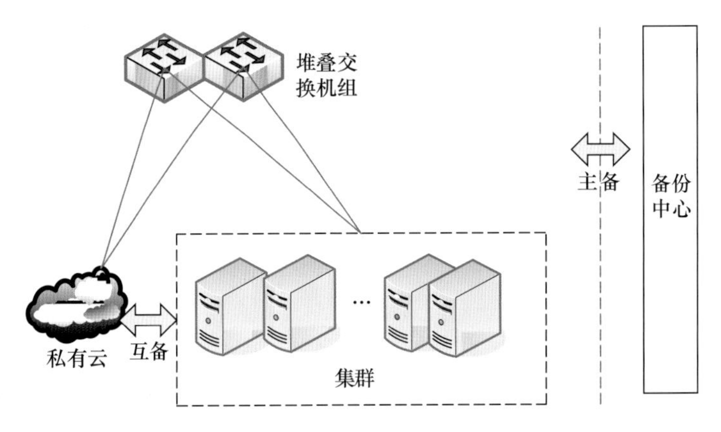

图 3.1　系统无单点故障设计示意图

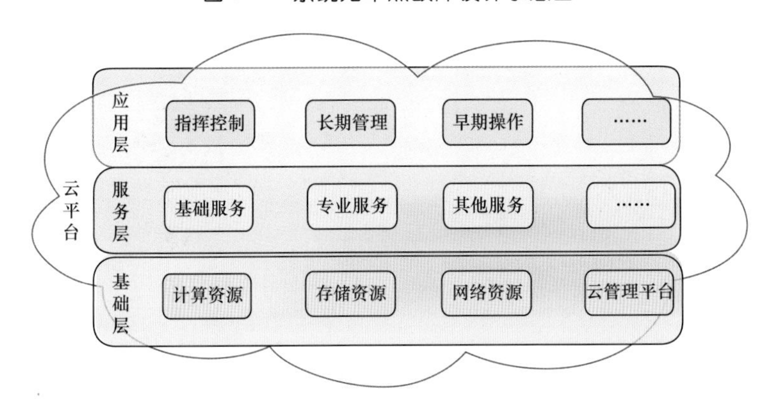

图 3.2　一体化云架构设计示意图

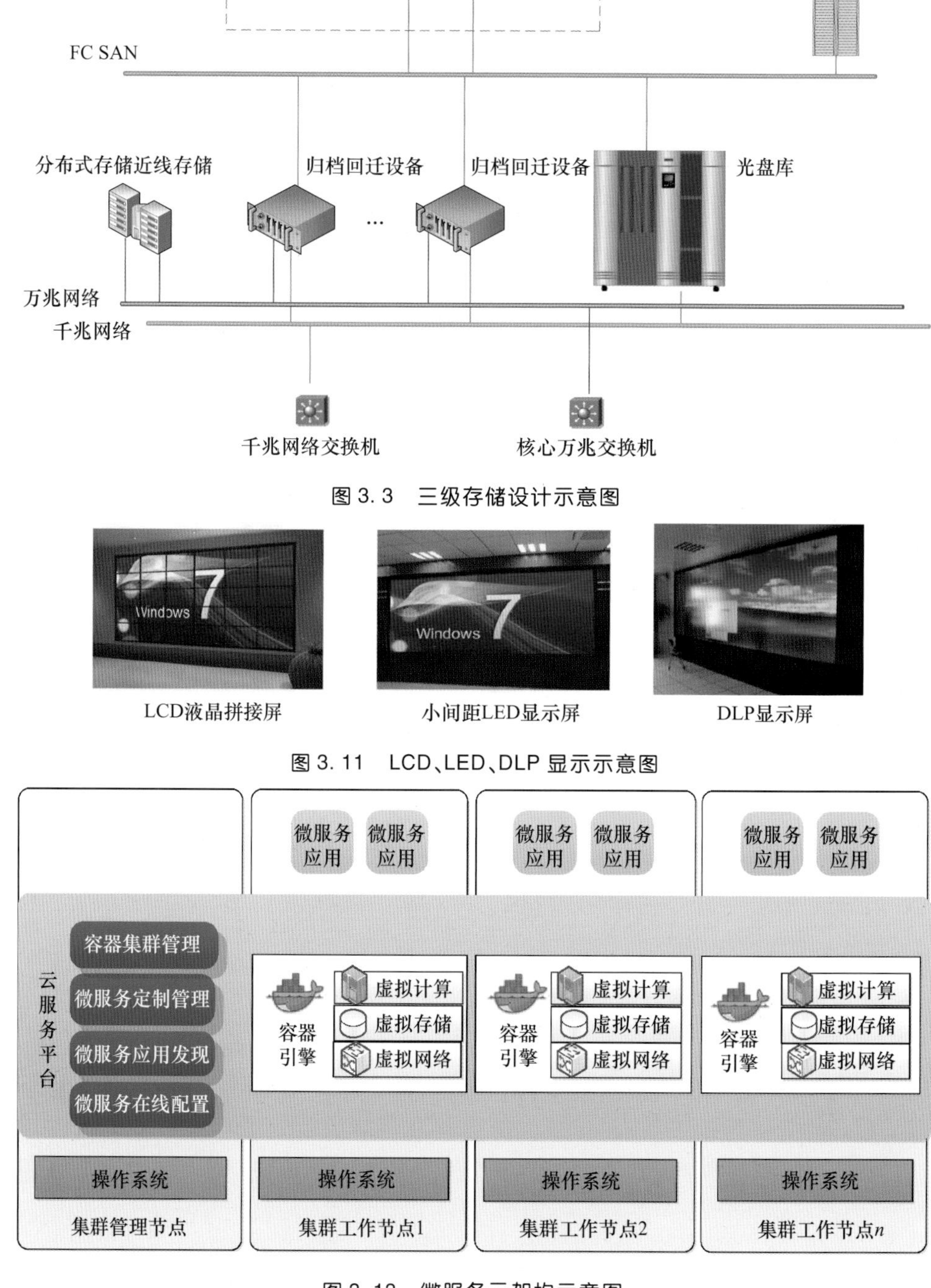

图 3.3　三级存储设计示意图

图 3.11　LCD、LED、DLP 显示示意图

图 3.13　微服务云架构示意图

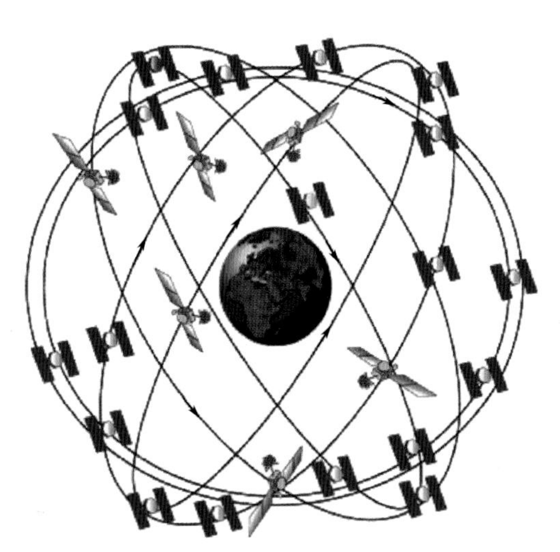

图 4.1　GPS 星座空间构型

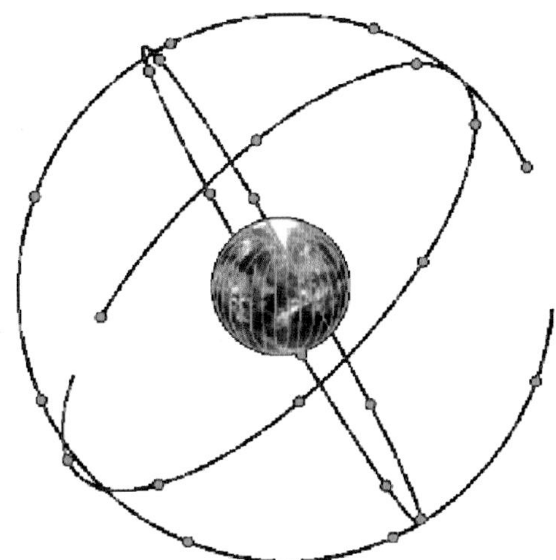

图 4.2　GLONASS 星座构型

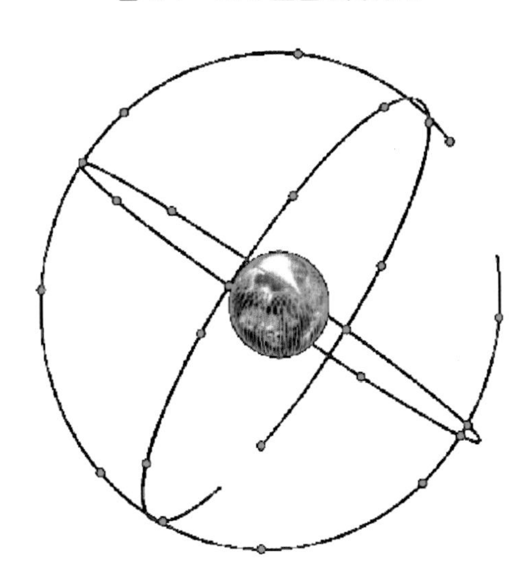

图 4.3　Galileo 星座构型

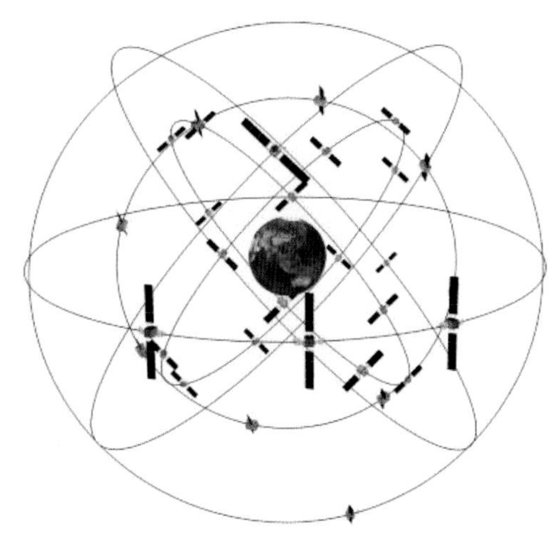

图 4.4　北斗三号卫星导航系统星座空间分布

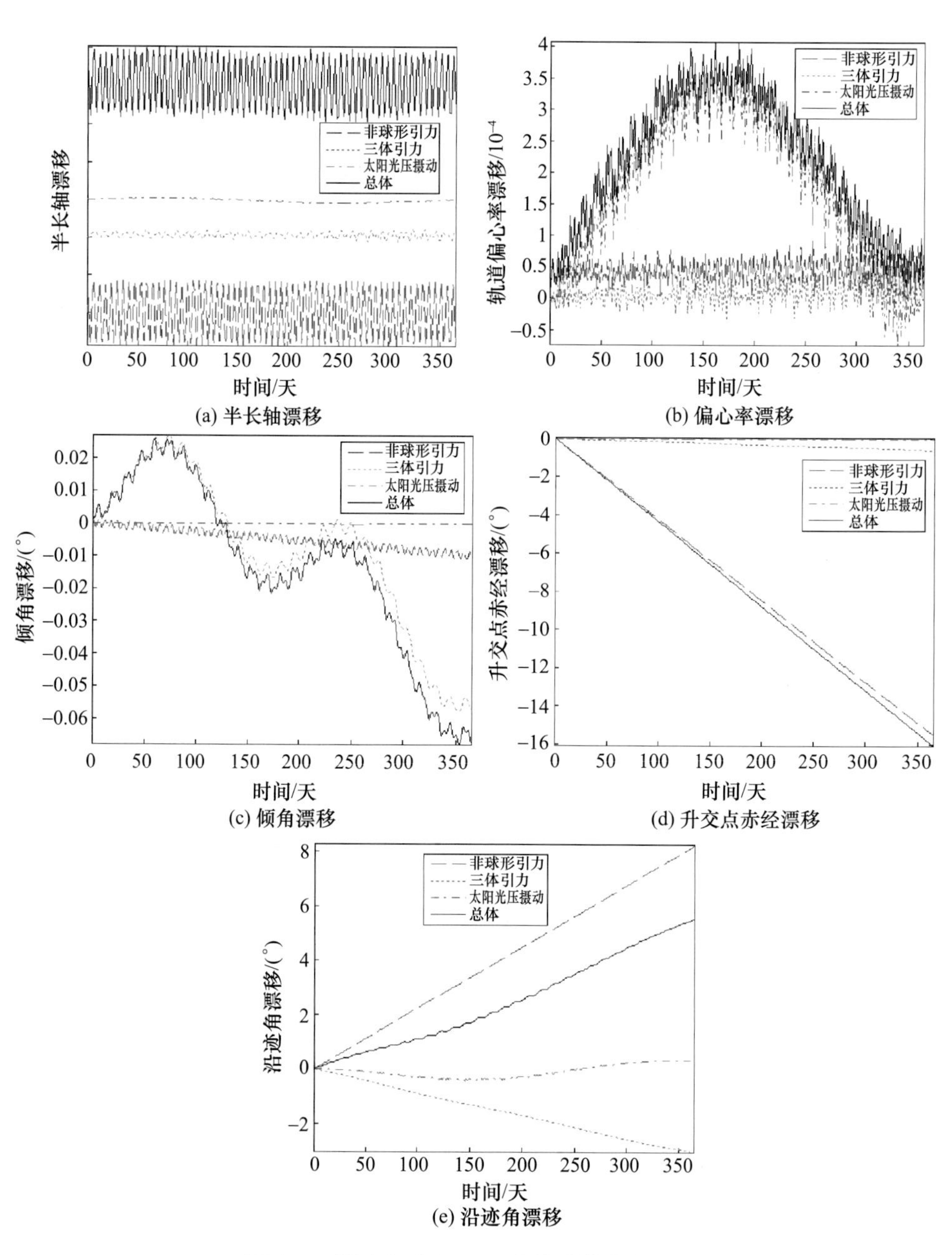

图 4.5 摄动力对 MEO 卫星轨道参数的影响

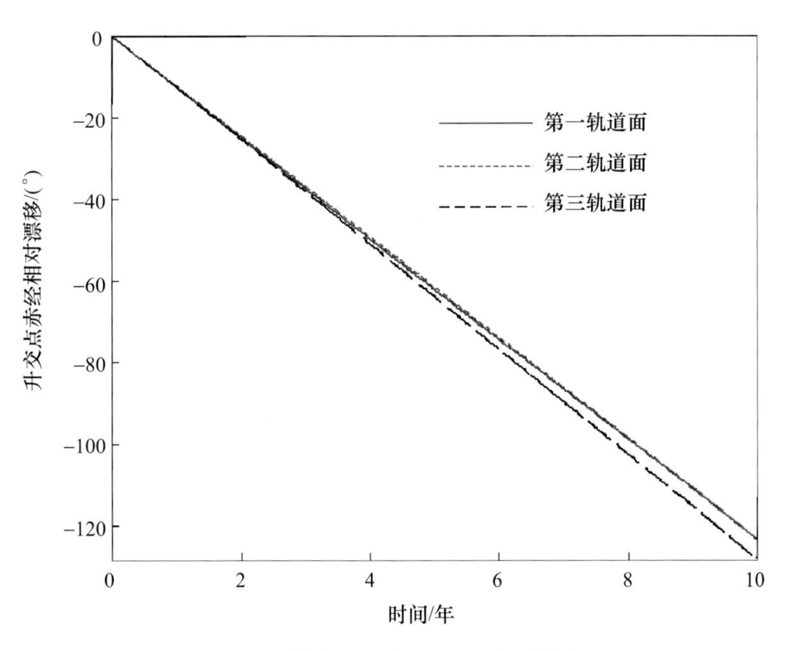

图 4.7 所有卫星升交点赤经漂移情况

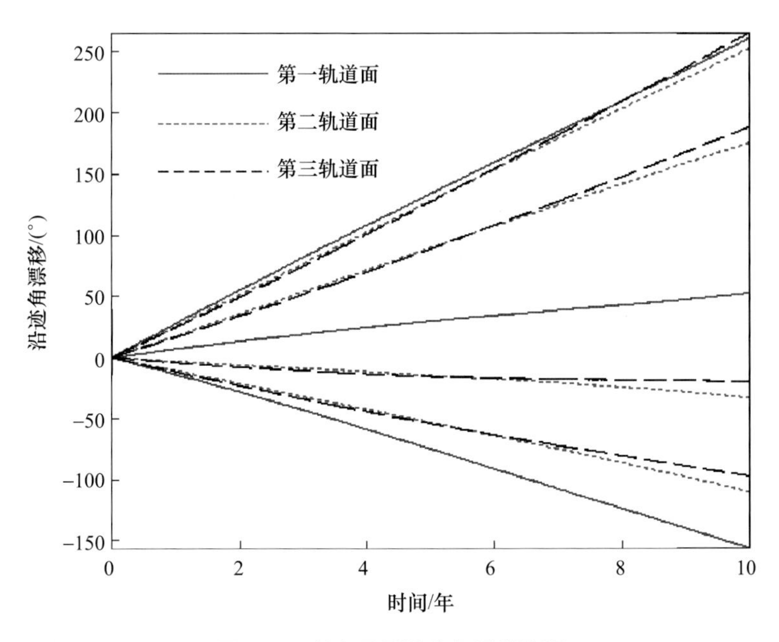

图 4.8 所有卫星沿迹角漂移情况

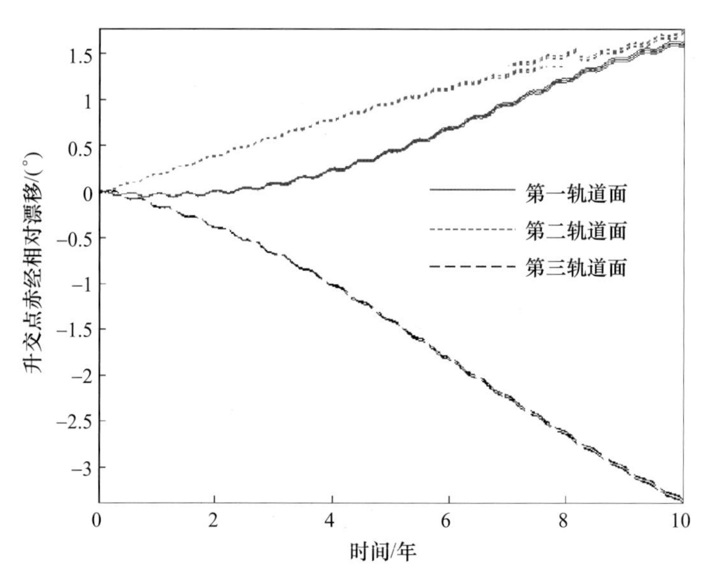

图 4.9　所有卫星升交点赤经的相对漂移情况

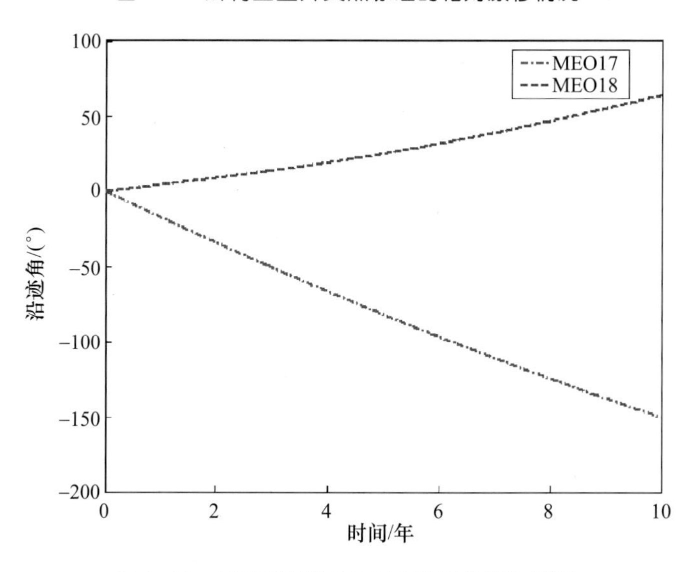

图 4.10　MEO17 和 MEO18 沿迹角变化情况

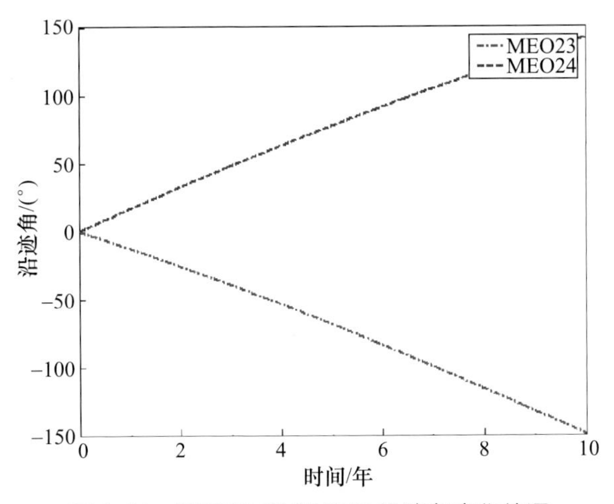

图 4.11　MEO23 和 MEO24 沿迹角变化情况

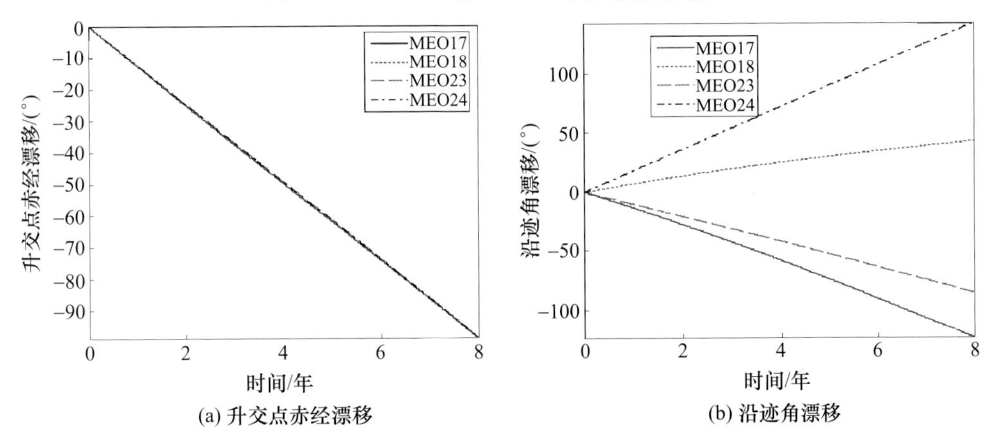

(a) 升交点赤经漂移　(b) 沿迹角漂移

图 4.14　MEO 卫星升交点赤经和沿迹角漂移

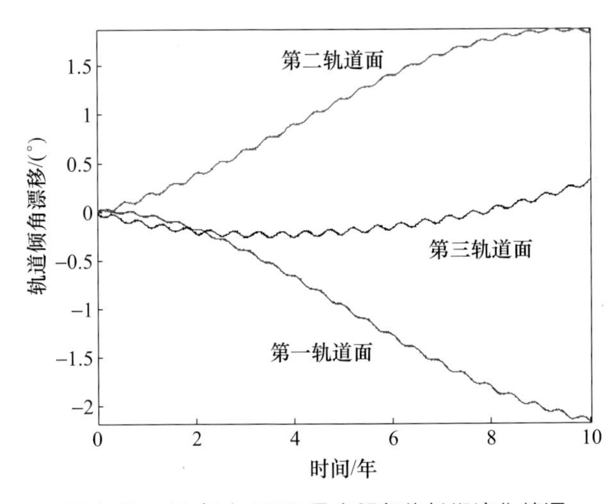

图 4.23　10 年内 MEO 星座倾角的长期演化情况

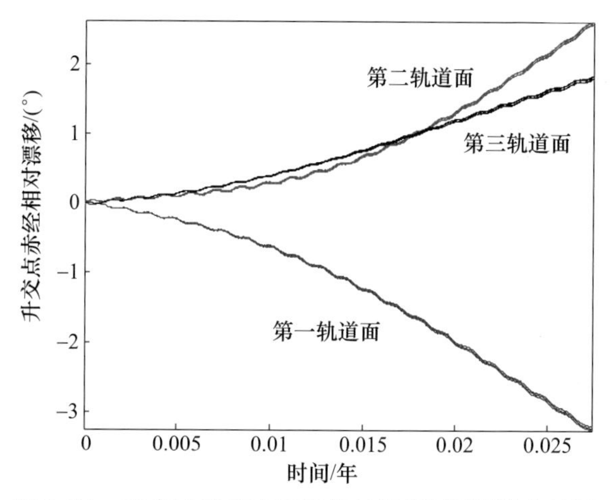

图 4.24　10 年内升交点赤经的长期相对漂移演化情况

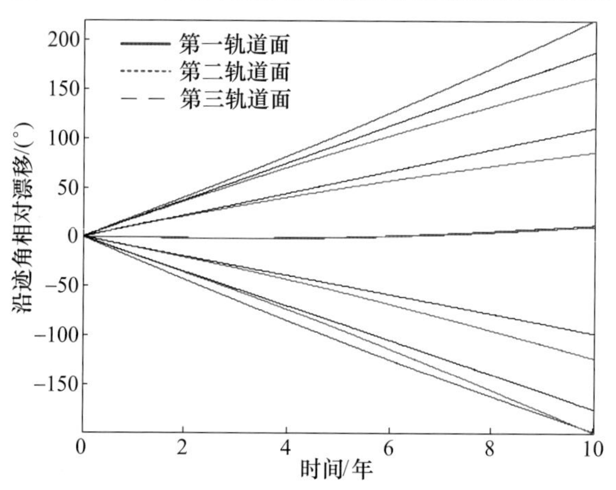

图 4.25　10 年内沿迹角的长期相对漂移演化情况(含初始入轨偏差)

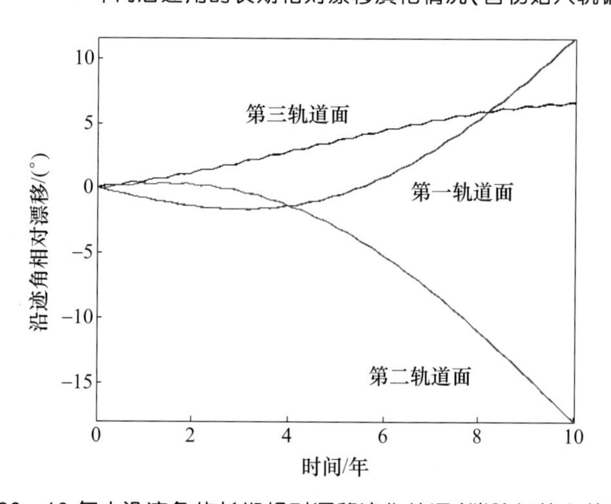

图 4.26　10 年内沿迹角的长期相对漂移演化情况(消除初始入轨偏差)

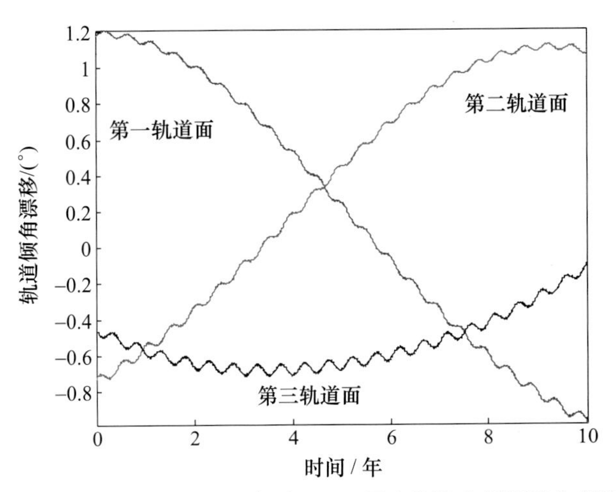

图 4.27　参数偏置后 10 年内 MEO 星座倾角的长期演化情况

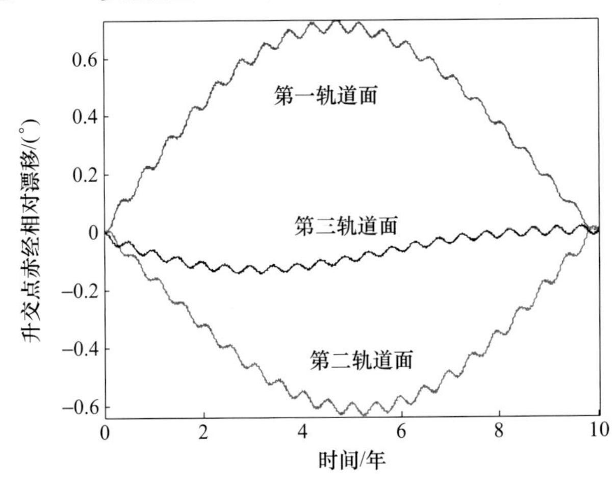

图 4.28　参数偏置后 10 年内升交点赤经的长期相对漂移演化情况

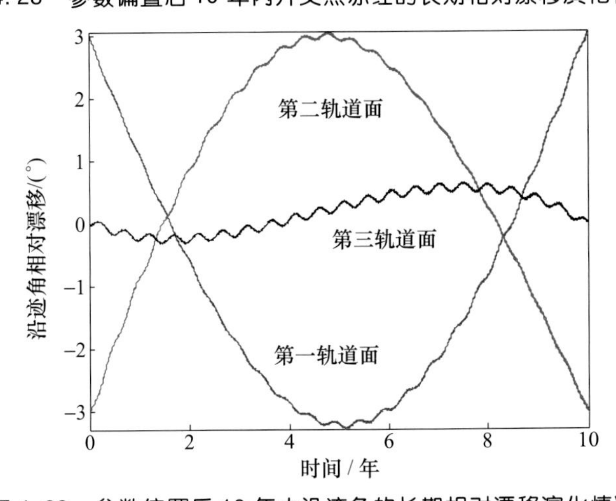

图 4.29　参数偏置后 10 年内沿迹角的长期相对漂移演化情况

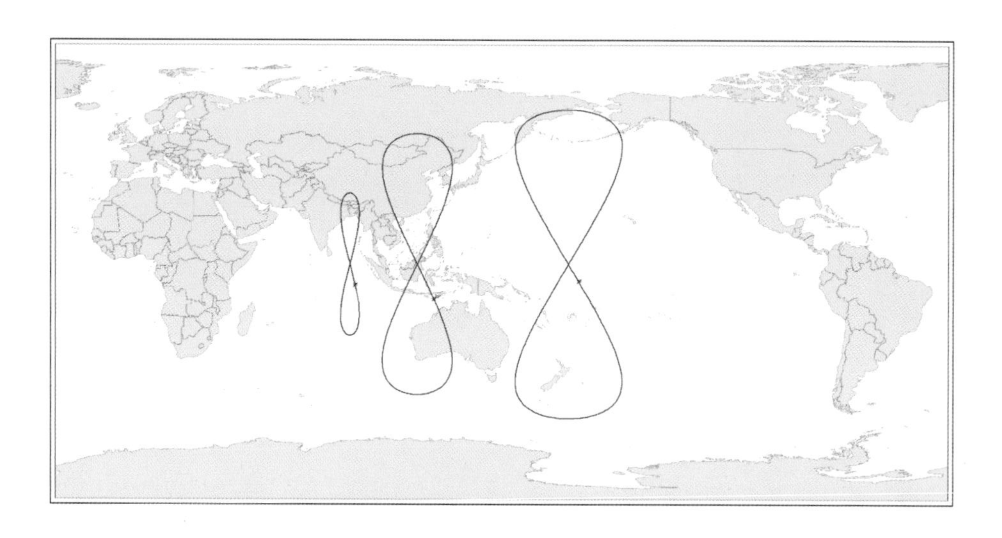

图 5.3　不同轨道参数 IGSO 卫星星下点轨迹示意图

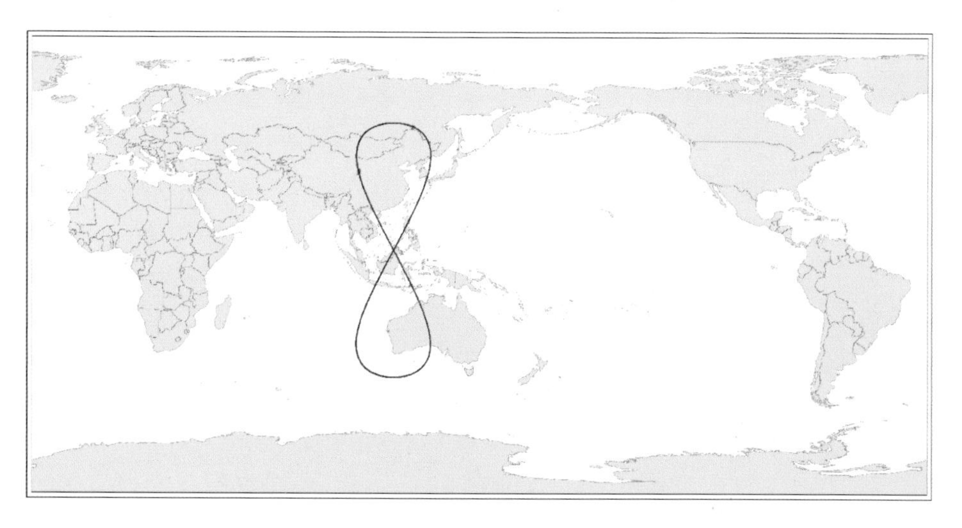

图 5.9　北斗三号 IGSO 卫星星下点轨迹

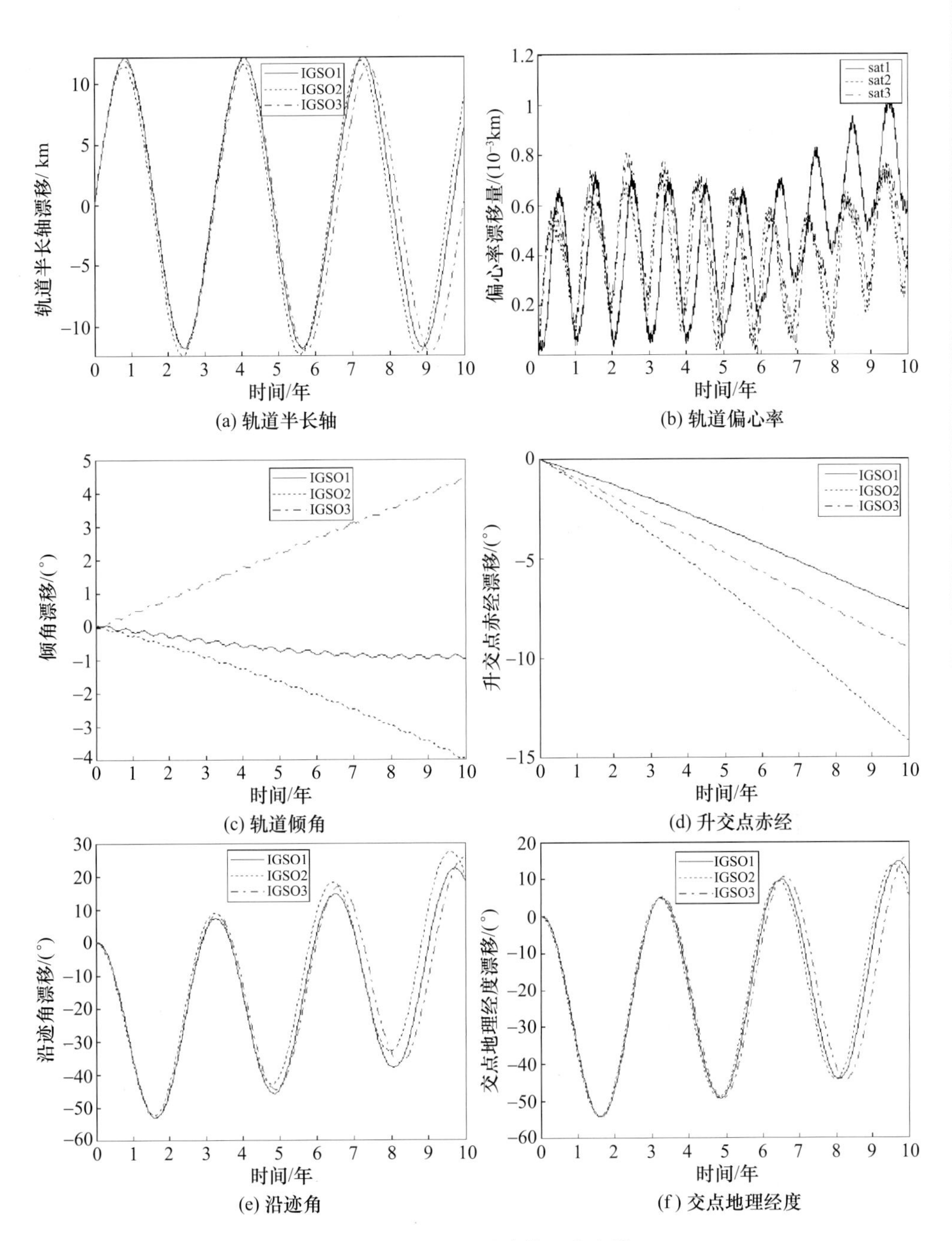

(a) 轨道半长轴　(b) 轨道偏心率

(c) 轨道倾角　(d) 升交点赤经

(e) 沿迹角　(f) 交点地理经度

图 5.10　IGSO 星座构型稳定性

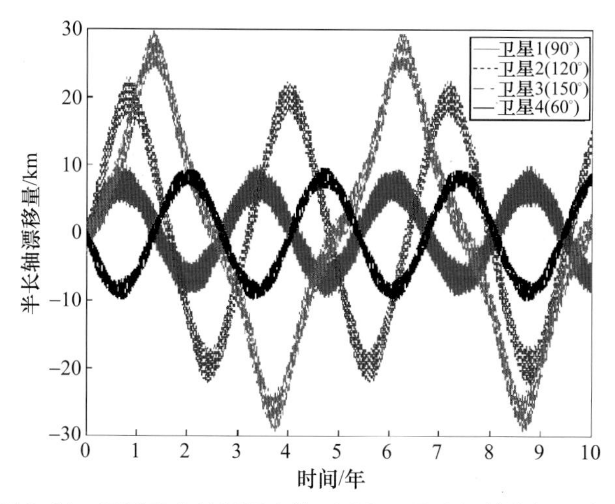

图 5.11　不同交点地理经度的 IGSO 卫星半长轴的长期演化

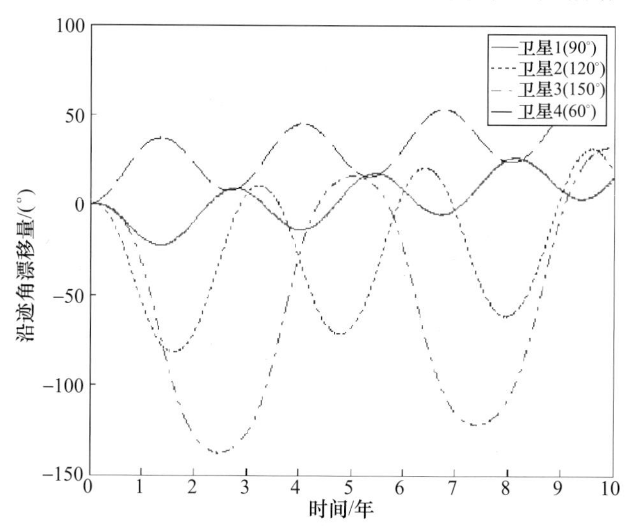

图 5.12　不同交点地理经度的 IGSO 卫星沿迹角的长期演化

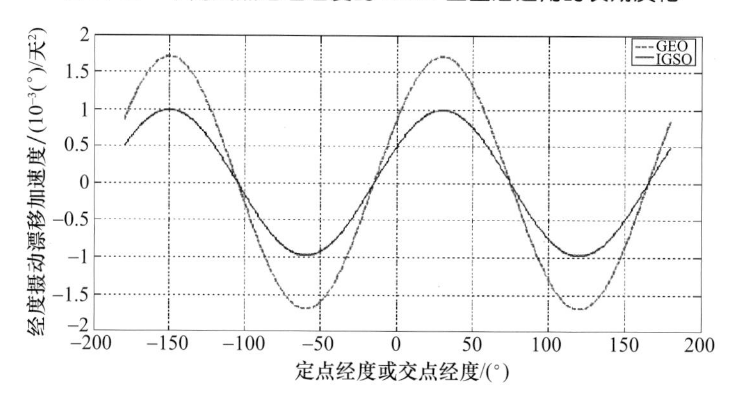

图 5.24　IGSO 与 GEO 交点地理经度摄动漂移加速度比较

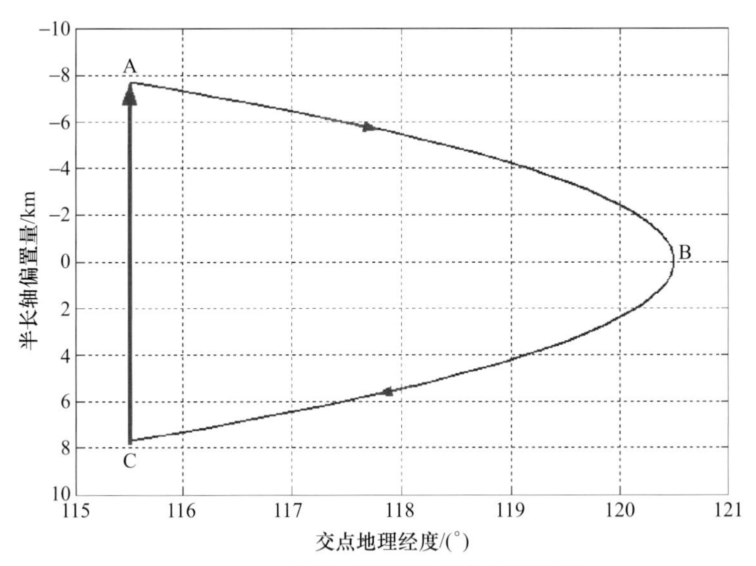

图 5.27　IGSO 半长轴偏置与周期控制

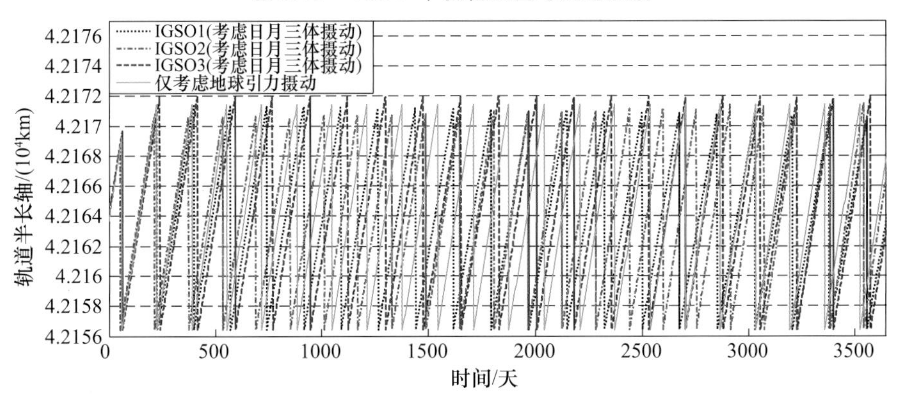

图 5.31　10 年内的轨道半长轴偏置情况

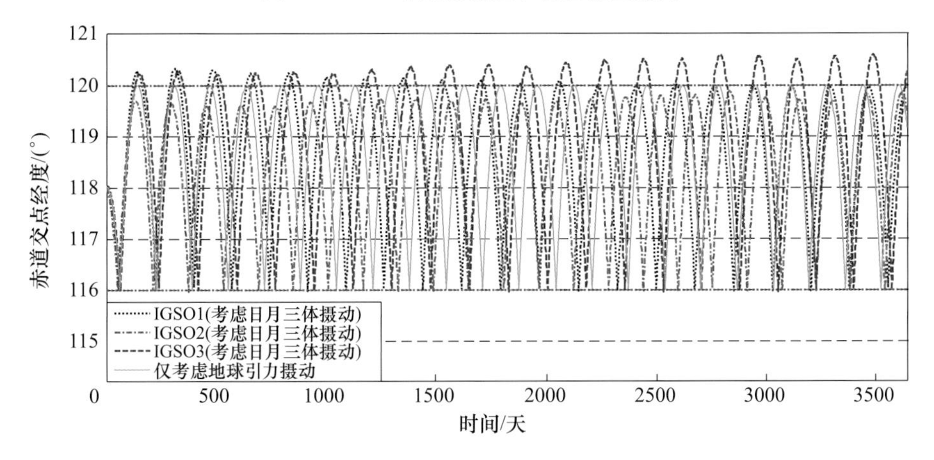

图 5.32　赤道交点经度 10 年的维持效果

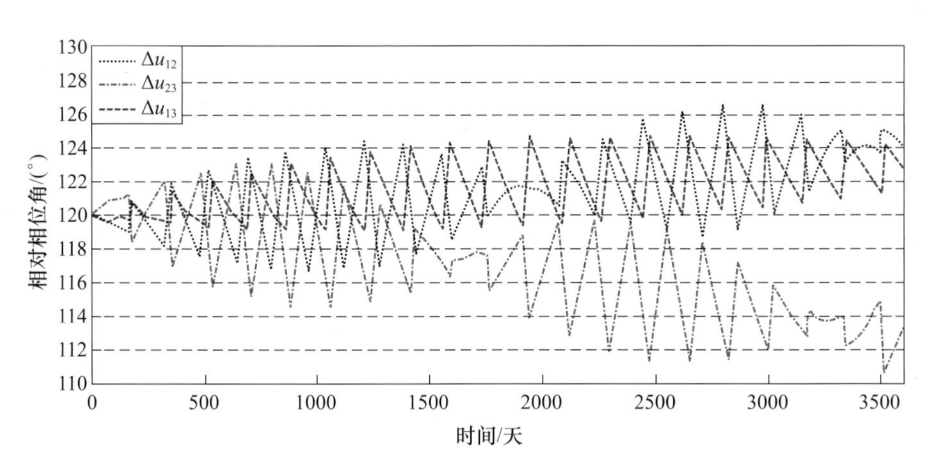

图 5.33　相对相位角 10 年的维持效果

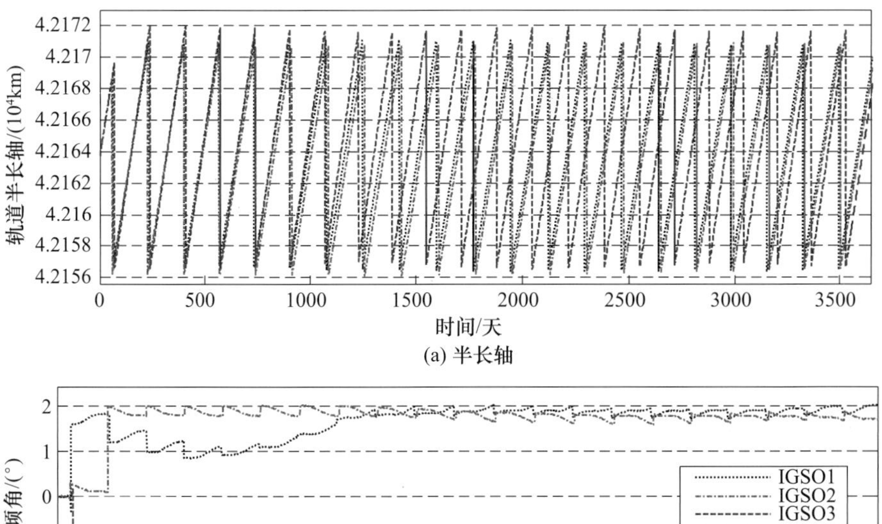

(a) 半长轴

(b) 倾角

图 5.34　10 年内的轨道参数偏置情况

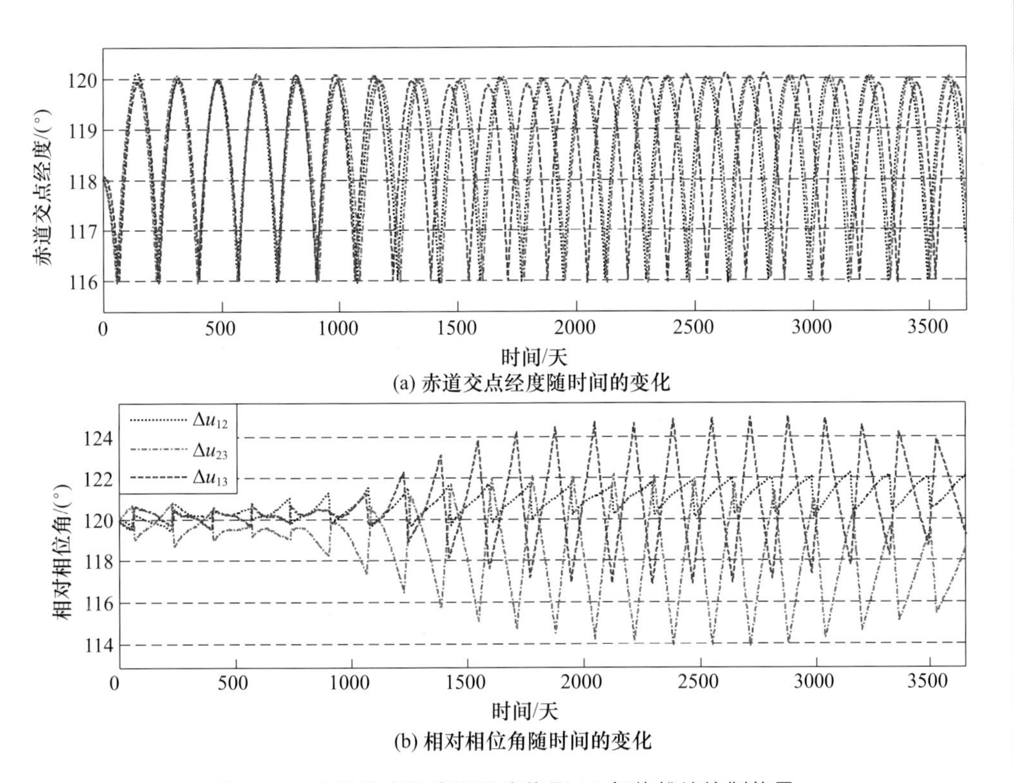

(a) 赤道交点经度随时间的变化

(b) 相对相位角随时间的变化

图 5.35　赤道交点经度和星座构型 10 年的维持控制效果

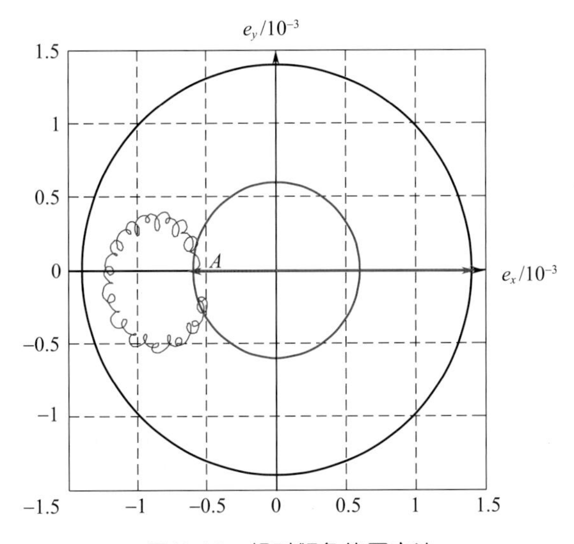

图 5.44　相对倾角偏置方法

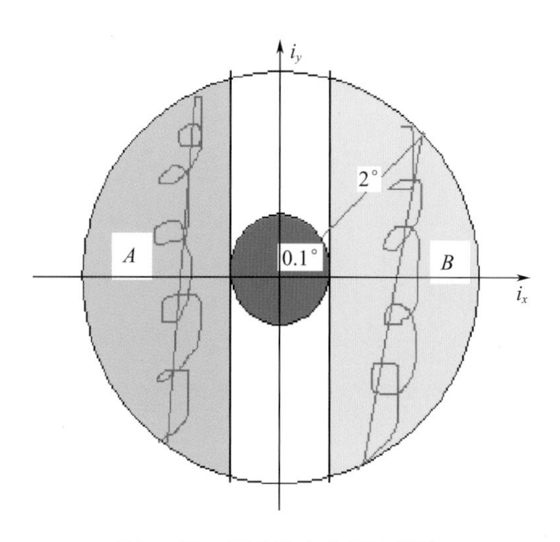

图 5.45　绝对偏心率绕飞隔离

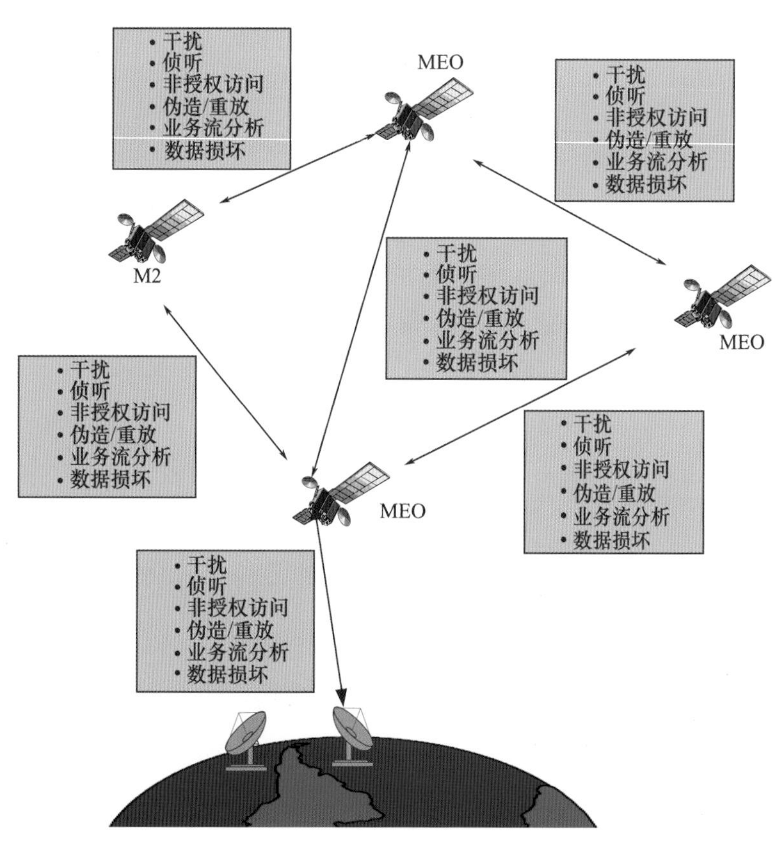

图 6.1　导航星座星地和星间通信可能面临的威胁

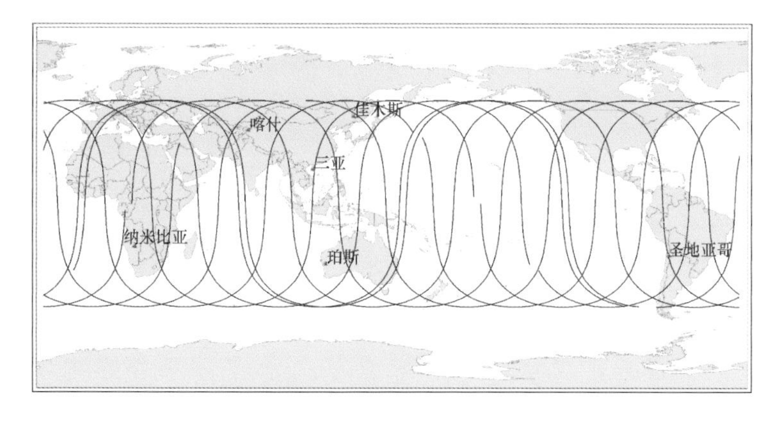

图 7.1　测控系统测控布局及 MEO 卫星星下点轨迹示意图

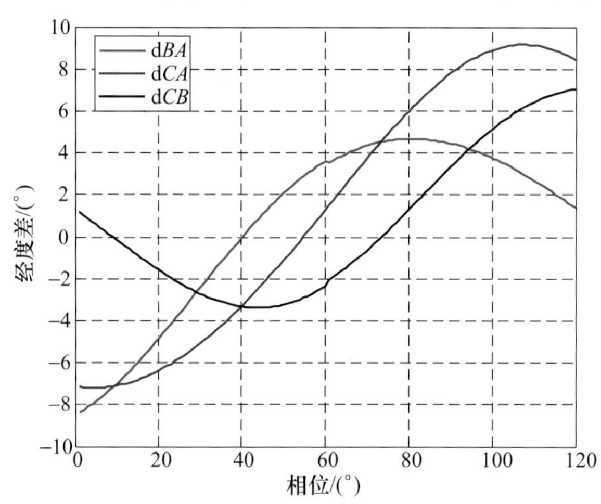

图 7.10　IGSO 星座交叉点地理经度随相位变化示意图

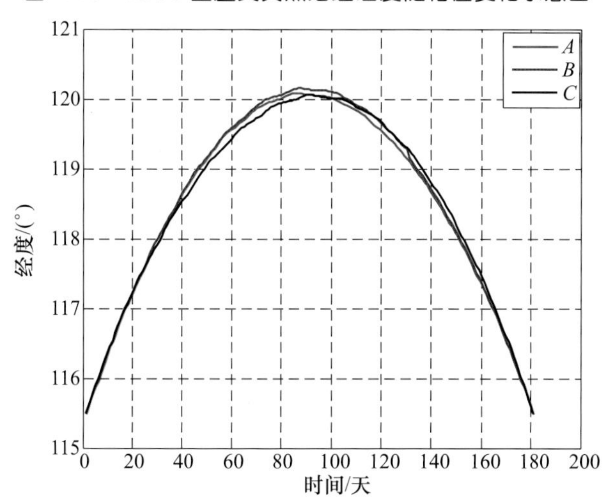

图 7.15　3 颗卫星的交叉点地理经度变化示意图(3 颗卫星升交点地理经度相同)

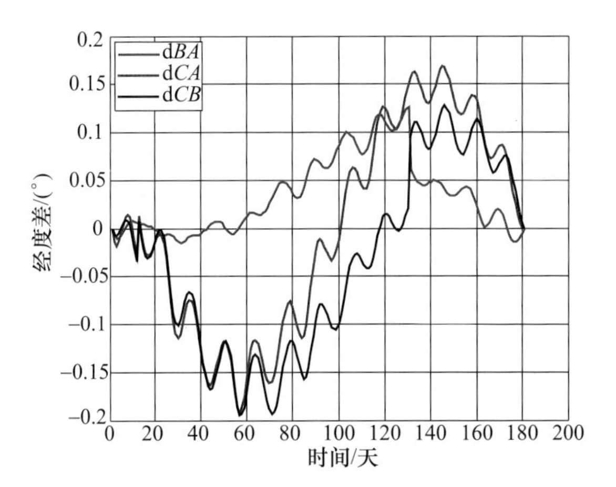

图 7.16　3 颗卫星的相对交叉点地理经度变化示意图

（3 颗卫星升交点地理经度相同）

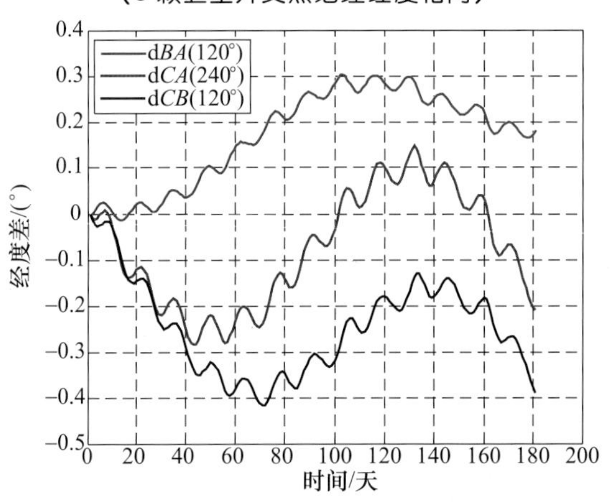

图 7.17　3 颗卫星的相对相位减去初始相位差随时间变化示意图

（3 颗卫星升交点地理经度相同）

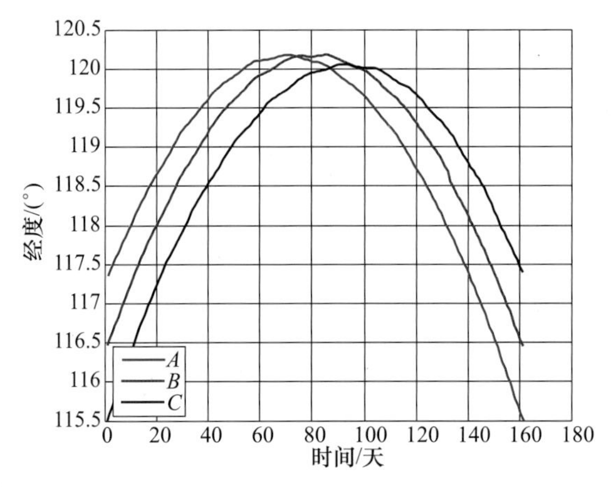

图 7.18　3 颗卫星的交叉点地理经度变化示意图（3 颗卫星升交点赤经不同）

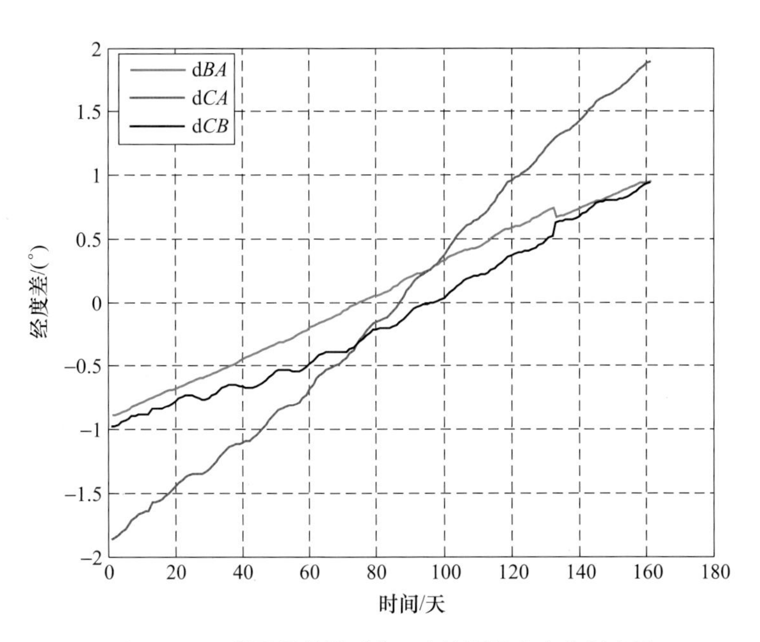

图 7.19　3 颗卫星的相对交叉点地理经度变化示意图
（3 颗卫星升交点赤经不同）

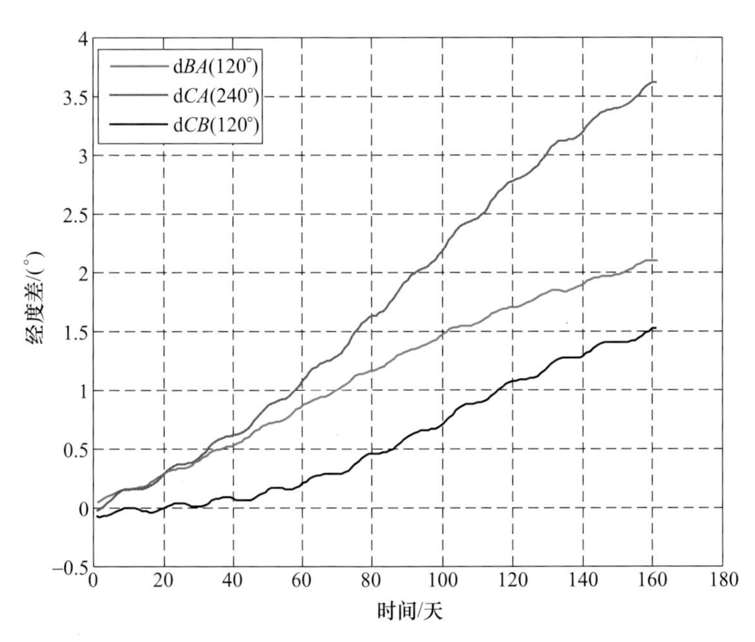

图 7.20　3 颗卫星的相对相位减去初始相位差随时间变化示意图
（3 颗卫星升交点赤经不同）

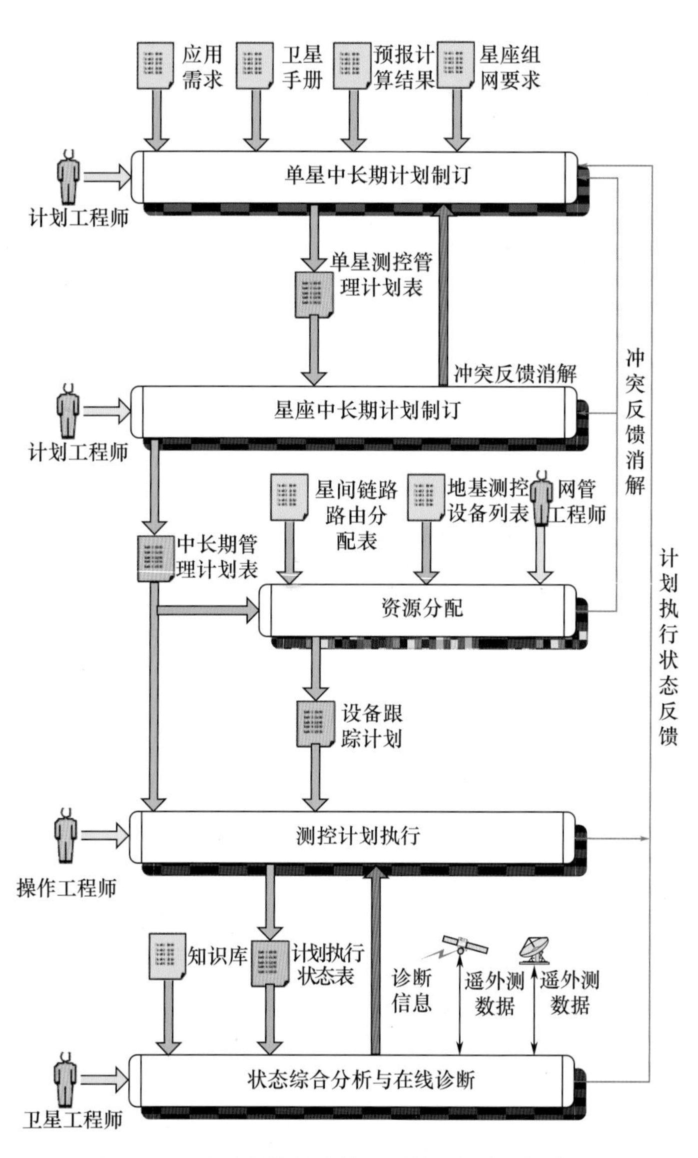

图 7.23　全球导航星座管理系统运行流程示意图

 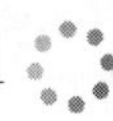

相比广播传输方式,组播传输方式只会将信息发送给需要该信息的接收者,不会造成网络资源的浪费,同时提供信息传输的安全性。

组播通信中有几个重要的概念组:组播组、组播源、组播组成员、组播路由器/交换机。

另外,组播主要包括任意源组播(ASM)、过滤源组播(SFM)和特定源组播(SSM)。

ASM模型中组播可以使用的组播IP地址为:

224.0.1.0~231.255.255.255;

233.0.0.0~238.255.255.255。

在组播网络配置时,要求组播地址必须在整个组播网络中唯一。唯一指的是同一时刻一个ASM地址只能被一种组播应用使用。如果有两种不同的应用程序使用了同一个ASM地址发送数据,它们的接收者会同时收到来自两个源的数据。这样一方面会导致网络流量拥塞,另一方面会给接收者主机造成困扰。

SFM在ASM的基础上增加了组播源过滤策略。从发送者角度来看,SFM和ASM的成员关系完全相同。但是SFM模型中组播上层应用软件可以根据收到的组播包的源IP地址进行过滤,允许或禁止来自某些组播源的包通过。这样,接收者就可以只接收允许通过的组播源发送来的组播数据。SFM与ASM使用相同的组播IP地址。

SSM模型是一种为用户提供能够在客户端指定组播源的传输服务。SSM与ASM模型的根本区别在于:SSM模型中的接收者已经通过其他手段预先知道了所需接收组播数据的组播源的具体位置,限定了可接收的组播源。SSM模型中可以使用的组播IP地址范围:232.0.0.0~232.255.255.255。

2) IP组播协议

这里着重介绍IP组播协议。要实现一套完整的组播服务,需要在网络各个位置部署多种组播协议相互配合,共同运作。

图3.8所示为单组播域网络示意图,从图中可以看出各个网络设备上主要运行的组播协议包括协议无关组播(PIM)、IPv4网络的互联网组管理协议(IGMP)和互联网组管理协议嗅探(IGMP Snooping)、IPv6中的组播侦听发现(MLD)和组播侦听发现嗅探(MLD Snooping)。

图3.9所示为一个跨稀疏模式独立组播协议(PIM-SM)域的组播网络示意图,与单PIM域组播网络相比,需要在PIM域边界组播路由器或者三层交换机上部署组播源发现协议(MSDP)。另外比较广泛使用的还有多协议边界网关协议(MBGP)。

(1) IGMP和MLD。在IP组播传输模型中,发送者不关心接收者的位置,只需要将数据发送到约定的目的地址即可。

接收者的信息收集和管理工作通过IGMP和MLD协议完成。IGMP用于IPv4网络,MLD用于IPv6网络,用于为主机侧提供组播成员动态加入和离开服务,为IP路

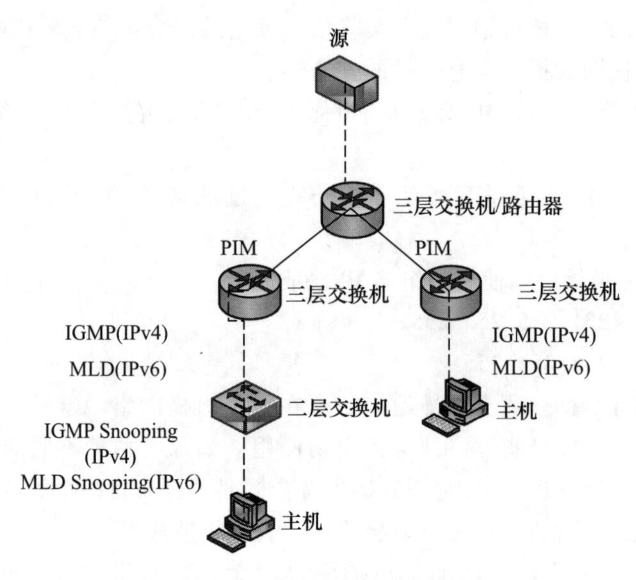

图 3.8 单组播域网络示意图

由侧提供组员关系的维护和管理服务，同时与上层路由组播协议进行信息交互。

IGMPv3 可以直接支持 SSM 模型，IGMPv1 和 IGMPv2 需要结合 SSM Mapping 技术才能支持 SSM 模型。

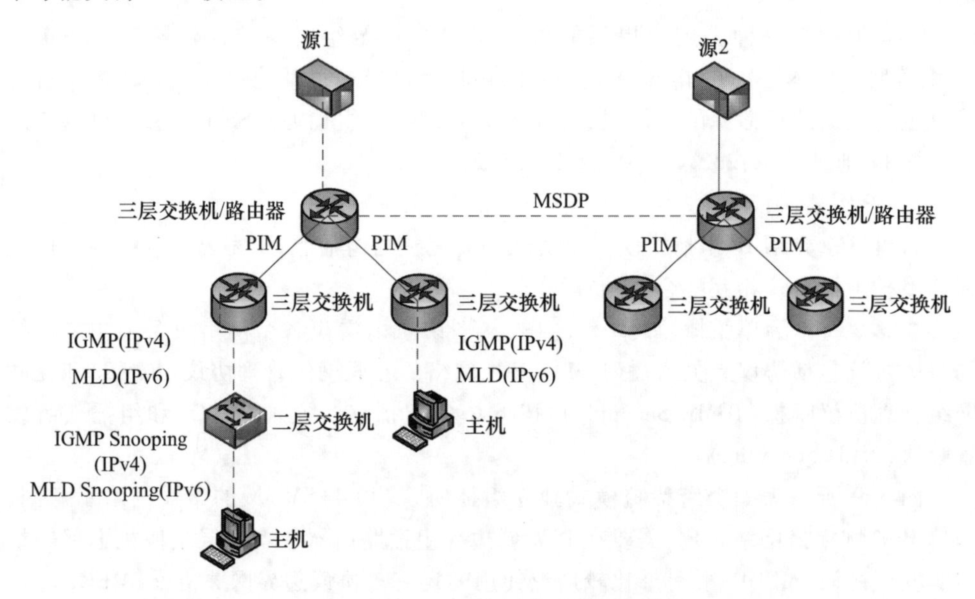

图 3.9 跨 PIM-SM 域组播网络示意图

IPv6 中使用 MLD 替代 IGMP。MLDv2 可以直接支持 SSM，功能与 IGMPv3 相似。MLDv1 需要结合 SSM Mapping 技术才能支持 SSM 模型，功能与 IGMPv2 相似。

(2) IGMP Snooping 和 MLD Snooping。IGMP Snooping 和 MLD Snooping 协议是运

行在二层交换机上的二层组播协议，配置在虚拟局域网（VLAN）内，用来侦听路由器和主机之间发送的IGMP和MLD报文建立对应的二层转发表，从而管理和控制组播数据在二层网络中的转发。

（3）PIM、MSDP和MBGP。PIM是一种域内组播路由协议，当跨PIM域传播组播源信息时，需要MSDP支持，当跨自治域建议组播路由时同时需要MSDP和MBGP。

PIM有两种独立的模式：密集模式（DM）和稀疏模式（SM）。DM适用于小规模，接收者较为密级的情况，支持ASM模型。SM适用于大规模，接收者分布较为稀疏的情况，同时支持ASM和SSM模式。

3.2.3.2　网络设备

网络主要由网络设备、连接网络设备与计算机的线缆、计算机/服务器、其他设备等组成，其中网络设备是构建网络的最关键的元素。中心计算机设备中的网络设备主要包括网卡、路由器和交换机。

网卡全称为网络接口卡（NIC），是计算机等设备接入网络的必备条件。中心信息系统中的服务器一般在采购时会要求采用千兆或者万兆的网卡。

二层交换机（L2交换机），在数据链路层面连接两个网络的设备。二层交换机能够识别数据链路层的数据帧，完成数据帧的存储、转发。

三层交换机基于网络层完成对分组报文的存储、转发，基于IP地址完成相应的转发、地址识别等。

目前，高端的网络设备均采用机箱＋板卡＋模块的分布式Crossbar架构，又称CLOS架构。如华为的S77系列中的S7710和S12700系列均采用CLOS架构。下面介绍交换机的体系结构，有助于对计算机系统中的常用的交换机有个初步的认知。

1）交换机分类

日常使用的交换机除了在网络数据包转发方式上分为二层交换机和三层交换机外，也会从形态上将其分为盒式交换机和框式交换机，两者的主要组成部件基本相同，但在形态和性能上存在很大的差别。如盒式交换机S5700交换容量可以达到Tbit/s级别，包转发率可以达到200M包/s，能集成固定数量的低端网络接口。而S77系列的交换机交换容量可以达到10Tbit/s以上，包转发率可以达到2800M包/s以上，可以通过插卡的方式接入6块接口卡。

2）框式交换机架构

从发展演进的角度，经历了共享总线、环形交换、共享内存、Crossbar ＋共享内存、CLOS架构。

（1）共享总线。共享总线是最原始的数据交换方式。该方式没有专门的交换网芯片，通过共享背板总线进行各线卡之间的数据传递，各线卡分时占用背板总线。共享总线结构简单，但交换容量受到背板总线带宽限制，并且无法避免总线内部冲突，码流的控制也是一大瓶颈，目前已基本淘汰。

（2）环形交换。环形交换将总线移到了芯片上，带宽有所提高，但仍是阻塞系统,也基本被淘汰。

(3) 共享内存。共享内存结构的交换机使用大量的高速随机存取存储器(RAM)进行输入数据,同时依赖交换引擎提供全端口的高性能连接。这类交换机在结构上容易实现,但随着接口的扩展,内存容量需求快速增长,交换引擎也成为性能瓶颈。

(4) Crossbar + 共享内存。随着交换机交换容量不断提升,一种称为 Crossbar 的交换模式逐渐成为交换机的首选。Crossbar 称为交叉开关矩阵或纵横式交换矩阵,它很好地弥补了共享内存模式的不足。Crossbar 结构简单,很容易实现点到点的连接,容易保证大容量交换,另外,Crossbar 内部相对前几种结构来说是无阻塞的,只要同时闭合多个交叉节点,多个端口间就可以传输数据。

(5) CLOS 架构。Crossbar + 共享内存结构是主控板和业务板集成在一起的,既承担控制层面工作也承担数据转发业务层面的工作。CLOS 架构下,控制板、交换板和业务板以模块插拔的方式进行灵活组装,性能得到大大提高。

3) 主控板、交换板、业务板

(1) 主控板:提供设备的管理和控制功能及数据平面的协议处理功能,负责处理各种通信协议。根据用户的操作指令管理系统、监视性能,并向用户反馈设备运行情况,对交换机的部件进行监控和维护。

(2) 交换板:主要负责跨业务板之间的数据转发交换,负责各个接口板之间的报文交换、分发、调度、控制等功能。通常采用高性能的专用集成芯片,提供线速转发。

(3) 业务板(接口板):提供业务传输的外部物理接口,完成报文的接收和发送,对于 CLOS 架构,承担部分协议处理和交换/路由功能。

4) 路由器

路由器按照某种路由通信协议查找路由表,在不同的网络间实现网络报文传输。

3.2.3.3 传输控制协议(TCP)/IP 模型

中心计算机系统网络内部进行通信需要相应的网络协议,TCP/IP 是面向互联网制定的协议族并被广泛使用。

为了解决不同网络厂商生产的异构设备间相互通信的问题,国际标准化组织(ISO)制定了国际标准开放式系统互联(OSI)参考模型,OSI 参考模型自下向上包括物理层、数据链路层、网络层、传输层、会话层、表示层、应用层。TCP/IP 参考模型与 OSI 参考模型如图 3.10 所示。

最底层的物理层是负责数据传输的硬件,这种硬件相当于以太网或电话线路等物理层的设备,如网线等,承载 0、1 比特流,负责 0、1 比特流与物理电压信号间的编码转换。

数据链路层包括网卡接口模块和相应的驱动程序。目的是为 IP 模块发送和接收 IP 数据报提供数据链路。承载的是数据帧,基于媒体访问控制(MAC)地址实现数据帧的转发,并负责对可能产生的数据帧传输错误进行差错监测等。数据链路层

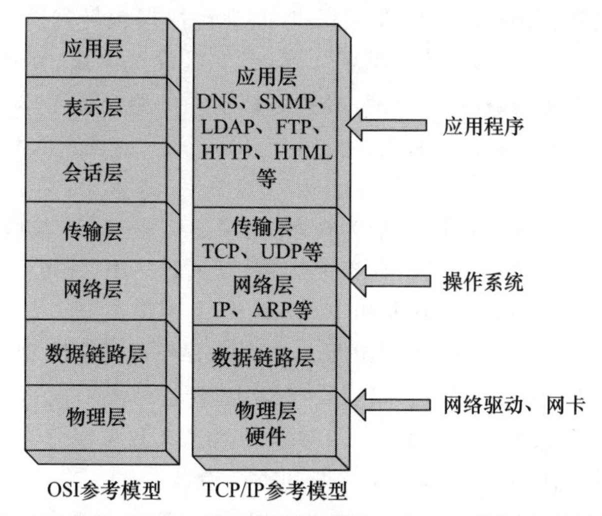

DNS—域名系统；LDAP—轻型目录访问协议；HTML—超文本标记语言；
SNMP—简单网络管理协议；FTP—文件传输协议；HTTP—超文本传输协议；
ARP—地址解析协议。

图 3.10　TCP/IP 参考模型与 OSI 参考模型

的技术主要包括 MAC 寻址、介质共享、分组交换、VLAN 等。

(1) MAC 寻址。每一块网卡的 MAC 地址都是唯一的，在全世界不会重复，长度为 48bit，3～24 位是厂商识别码，由电气与电子工程师协会(IEEE)管理并保证各厂家之间不重复，25～48 位由厂商管理并保证产品之间不重复。IEEE 802.3 在制定 MAC 地址规范时没有限定数据链路的类型，即不论哪种数据链路的网络(以太网、无线局域网(LAN)、蓝牙等)，都不会有相同的 MAC 地址出现。

(2) 介质共享。从通信介质的使用方法上还可以分为共享介质型和非共享介质型。共享介质型网络指多个设备共享一个通信介质的网络，早期的以太网就是这种连接方式，只能采用半双工的方式进行通信，并且还需要对介质进行访问控制，访问控制方式包括争用方式和令牌传递方式。非共享介质网络是指不共享介质，对介质采取专用的一种传输控制方式，目前的中心信息系统网络均属于非共享介质网络，网络中的每个设备都是直接连接交换机，由交换机负责转发数据帧，此方式下，发送端和接收端不共享通信介质，采用全双工的通信方式。

(3) 分组交换。分组交换是指将大数据分割为一个个称为包的较小单位进行传输的方法。在每一个分组的报文头部上附加源主机地址和目的主机地址。

(4) VLAN。早期的 VLAN 技术是为了区分广播数据传播的范围、切断 VLAN 之间的通信、减少网络负载提供网络的安全性。IEEE 802.1Q 标准对 VLAN 进行了扩展，允许包含跨异构交换机的网段，对每个网段都用一个虚拟局域网标识(VID)的标签进行唯一标识，在交换机中传输数据帧时，在以太网首部加入这个 VID，根据这个值决定将数据帧发送到哪个网段。

网络层最主要的协议是 IP,基于 IP 地址进行数据包转发。另外,地址解析协议(ARP)、互联网控制报文协议(ICMP)、动态主机设置协议(DHCP)、网络地址转换(NAT)等也工作在网络层。中心计算机系统使用的路由器工作在网络层,实现数据包的路由选择。初期的接入层交换机工作在链路层,但现在的交换机基本上工作在网络层。

(1) ARP。ARP 以目标 IP 地址为线索,用来定位下一个应接收数据包的网络设备的 MAC 地址,如果目标主机不在当前链路,则通过 ARP 查找下一跳路由的 MAC 地址。ARP 只适用于 IPv4,IPv6 使用 ICMPv6 代替 ARP 发送邻居探索消息。另外,反向地址转换协议(RARP)是将 ARP 反过来,从 MAC 地址定位 IP 地址的一种协议。

(2) ICMP。ICMP 的重要功能包括,确认 IP 包是否成功送达目标地址,通知在发送过程中 IP 包被废弃的具体原因。ICMP 的消息大致可以分为两类:一类是通知出错原因的错误消息;另一类是用于诊断的查询消息。

(3) DHCP。为了实现 IP 地址的自动设置、统一管理 IP 地址分配,产生了DHCP,有了 DHCP,计算机只要连接到网络,就可以进行 TCP/IP 通信。中心计算机系统一般不会采用 DHCP 动态地址分配的方式,而是事先划分好每一个网段,指定好每一台主机的 IP 并配置。

(4) NAT。NAT 用于在本地网络中使用私有地址,在连接互联网时转而使用全局 IP 地址的技术。NAT 实际上是为解决 IPv4 地址即将不够用而开发的。中心计算机系统的防火墙等设备通常需要配置 NAT 一对多的应用模式。

传输层最主要的协议是 TCP 和 UDP,中心计算机系统中的大部分应用软件均使用到的套接字通信即调用了操作系统的 TCP 或 UDP。

应用层使用的协议包括日常发送邮件的邮件协议,文件发送的文件传输协议(FTP)、上网时的超文本传输协议(HTTP)和超文本传输安全协议(HTTPS)、网络管理用到的简单网络管理协议(SNMP)等。

3.2.4 显示

中心计算机系统中采用的主流的显示设备包括数字光处理(DLP)大屏幕投影系统、液晶显示屏(LCD)大屏幕拼接系统、小间距发光二极管(LED)显示系统。

3.2.4.1 DLP 大屏幕投影系统

1) DLP 核心技术

DLP 的意思为数字光处理,也就是说这种技术要先把影像信号经过数字处理,然后再把光投影出来。具体来说,DLP 投影技术是应用了数字微镜装置(DMD)来做主要关键元件以实现数字光学处理过程。其原理是通过一个积分器(Integrator),将光均匀化,再由一个有色彩三原色的色环(Color Wheel),将光分成 R、G、B 三色,再将色彩由透镜成像在 DMD 上。

DLP 大屏幕拼接系统以 DLP 投影机为主,并配以图像处理器组成的高亮度、高

分辨率色彩逼真的电视墙,能够显示各种计算机、网络信号及视频信号,画面能任意漫游、开窗、放大缩小和叠加。

DLP 拼接作为发展多年的主流技术,一直存在的技术缺点就是亮度和色彩的饱和度提不上去。

2）核心设备产品

（1）投影机。DLP 投影是美国得州仪器公司以数字微镜装置 DMD 芯片作为成像器件,通过调节反射光实现投射图像的一种投影技术。它与液晶投影机有很大的不同,它的成像是通过成千上万个微小的镜片反射光线来实现的。

DMD 芯片的镜面来回摆动控制进入镜头的影像,而且根据每种颜色的数量控制镜面的开关。在 DMD 芯片的前一部分设置一个多色的色轮(根据产品的定位不同色轮会有不同种类),这个色轮和灯泡之间有一定的距离。在工作时,DMD 芯片上的每一个"像素"会不断运动,同时照明光透过色轮投到 DMD 芯片上,这样在任何时刻都会产生不同灰阶,最终通过调节的光线投射到屏幕上而产生图像。

（2）背投幕。背投幕是使用高透光性特殊聚氯乙烯(PVC)制成,配合专业研发的表面纹的投幕。多种规格的硬质背投幕(分双曲线幕和弥散幕)和软质背投幕(弥散幕);软质背投幕的画面效果要优于硬质幕,环境要求也较高。

背投幕分为树脂软幕和复合硬幕。背投软幕材料采用高透光性特殊树脂材质,配合专业研发的表面纹路,使得受光面的反射率极低而投射光线可被集中折射到近80°的视角与显示面,便不会出现亮点暗点的差别,意即显影平均值极高。适用于一般低光通量投影机,同时适用于高解析度、高亮度、高对比度的投影机投影效果,色彩及影像逼真且视角广,表面易清洁、可擦洗。

3.2.4.2　LCD 大屏幕拼接系统

1）核心技术

LCD 的构造是在两片平行的玻璃基板当中放置液晶盒,下基板玻璃上设置薄膜场效应晶体管(TFT),上基板玻璃上设置彩色滤光片,通过 TFT 上的信号与电压改变来控制液晶分子的转动方向,从而达到控制每个像素点偏振光出射与否而达到显示的目的。

按照背光源的不同,LCD 可以分为冷阴极荧光灯管(CCFL)和 LED 两种。

CCFL 作为背光光源的液晶显示器目前已淘汰。

2）核心设备产品介绍

LCD 液晶大屏拼接。是采用 LCD 显示单元拼接的方式,通过拼接控制软件系统实现大屏幕显示效果的一种拼接屏体。

如今大屏拼接系统的发展需求已经日益明朗,即要求在拼接墙上可以不受限制地显示多路高清晰动态画面。其中,显示单元的发展方向是高清晰、细拼缝、轻薄低功耗。在 4 种显示单元中,只有 LCD 能承担这一重任。目前已经推出了综合拼缝 3.5mm 的拼接屏。这一重大突破不仅给 LED 和 DLP 拼接带来巨大的冲击,而且对 LCD 拼接的进一步普及应用也意义非凡。

LCD 拼接具有厚度薄、重量轻、低能耗、长寿命、无辐射等优点，而且其画面细腻、分辨率高，各项关键性能指标的优秀表现，已使它成为发展主流，前景看好。作为拼接显示终端，LCD 尽管有上述优点，但是作为拼接显示单元，其缺点也是致命的，即拼缝过大，令许多用户不得不忍痛舍弃。

着眼于 LCD 拼接的低能耗、长寿命、高清晰特质，安防监控领域对其青睐有加。

3.2.4.3 小间距 LED 显示系统

1）LED 核心技术介绍

室内高密度小间距 LED 显示屏最大的竞争力在于显示屏完全无缝及显示色彩的自然真实。同时，在后期维护方面，LED 显示屏已经拥有了成熟的逐点校正技术，使用一两年以上的显示屏可使用仪器进行整屏的一次性校正，操作过程简单，效果也很好。

小间距 LED 的特点就是屏点间距小，单位面积的分辨率高。它可以显示更高清晰度的图形图像和视频，也可以显示更多路的视频和图像画面，尤其是在图像拼接方面的运用，可以做到无缝和任意大面积拼接。

2）核心设备产品

(1) LED 显示屏。小间距 LED 显示屏是指 LED 点间距在 P2.5 以下的室内 LED 显示屏，主要包括 P2.5、P2.0、P1.6、P1.2 等 LED 显示屏产品。随着 LED 显示屏制造技术的提高，传统 LED 显示屏的分辨率得到了大幅提升。

小间距 LED 显示屏是一整套系统的统称，其中包括 LED 显示系统、显示控制系统及辅助系统等。小间距 LED 显示屏采用像素级的点控技术，实现对显示屏像素单位的亮度、色彩的还原性和统一性的状态管控。在显示屏的生产过程中全部采用了自动回流焊接工艺，无需手工后焊。

(2) LED 控制器。LED 控制器又称 LED 显示屏控制器，是 LED 显示屏通过 PC 对显示屏数据转换的外属设备，负责接收来自计算机数字视频接口（DVI）的画面显示信息，是 LED 图文显示屏的核心部件。

同步 LED 控制器，主要用来实时显示视频、图文、通知等，主要用于室内或户外全彩大屏幕显示屏。同步 LED 显示屏控制器控制 LED 显示屏的工作方式基本等同于计算机的监视器，它以至少 60 帧/s 更新速率对应地实时映射计算机监视器上的图像，通常具有多灰度的颜色显示能力，可达到多媒体的宣传广告效果。其主要特点是：实时性、表现力丰富、操作较为复杂、价格高。一套同步 LED 显示屏控制卡系统一般由 LED 显示屏控制器、扫描板和 DVI 显卡组成。

3.2.4.4 对比分析

LCD、LED、DLP 显示示意图如图 3.11 所示。

1）LCD 拼接屏优缺点

优点：分辨率高（显示效果比 DLP 和 LED 好），显示屏厚度薄（比 DLP 产品和 LED 要薄）、寿命长、能耗低、维护成本低（相比 DLP、LED 拼接，LCD 的后期维护成本低廉，使用寿命长）。

缺点：不易把尺寸做大，不能做到无缝拼接，占地面积大（机柜厚度一般为60～100cm），亮度低，视角小。

2）LED大屏拼接

优点：LED大屏幕无缝显示，亮度高，视角大。

缺点：LED死灯的情况无法避免，且高质量的1.2mm以下的产品价格过于昂贵。

3）DLP拼接屏

优点：数字化显示亮度衰减慢，像素点缝隙小，图像细腻，适合长时间显示计算机和静态图像，可靠性高，耗电低、建造成本高。

缺点：有细微拼缝，亮度比LCD、LED暗，可视角小（显示规模较大时，侧边人员无法看清），后期维护成本高。

LCD液晶拼接屏

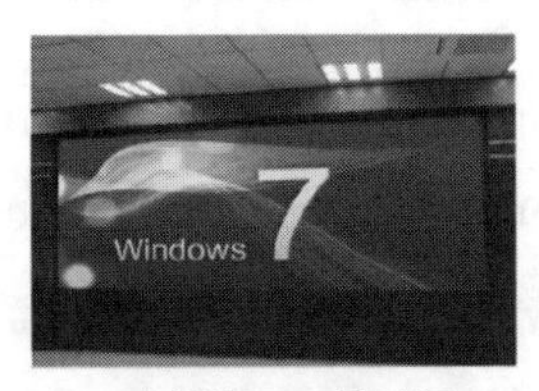

小间距LED显示屏

DLP显示屏

图3.11 LCD、LED、DLP显示示意图（见彩图）

3.3 系统软件：操作系统、数据库管理系统、消息队列中间件

3.3.1 操作系统

操作系统是用户与计算机之间的接口，是实现底层硬件资源（主要包括CPU、内存、输入输出（IO）设备）调度管理的软件，为用户运行应用程序提供基础运行环境。PC桌面操作系统市场基本被Windows垄断。近两年国产麒麟桌面操作系统得到了大力的推广。服务器操作系统多采用Linux操作系统。此处主要介绍Linux操作系统。

Linux是一个基于可移植操作系统接口（POSIX）和UNIX的多用户、多任务、支持多线程和多CPU的操作系统。1991年10月5日Linux正式诞生至今，先后产生了Ubuntu、Fedora、Redhat、Centos等发行版并被广泛使用，另外国内基于Linux内核先后产生了中标麒麟Linux、银河麒麟Linux等操作系统。中标麒麟V3和V5是国内首家通过解放军信息安全测评中心军B+安全认证、公安部结构化保护级认证的操作系统，银河麒麟V4通过了公安部结构化保护级认证。

随着国家对自主可控操作系统的支持，目前麒麟操作系统的可用性方面得到了很大的提升，但离完全的通用还存在一定的差距。中心计算机系统目前均采用了国产化的麒麟操作系统,针对实际存在缺陷的程序通过各种途径进行解决,并通过多种方式保证程序在所部署主机上的稳定可靠。

3.3.2 数据库管理系统

数据库是按照数据结构来组织、存储和管理数据的仓库。数据库管理系统是一种操纵和管理数据库的软件,用于建立、使用和维护数据库。

此处只讨论关系数据库管理系统(RDBMS)。RDBMS 是以集合理论为基础的系统,实现为具有行和列的二维表,如表 3.1 所列。这里的表代表的是数据间的关系,其中行为元组,列为属性。此处不再展开描述。

表 3.1 RDBMS 二维表

Title	Starts	Ends	ID
Fools	2018-01-03	2018-01-04	1
Club	2018-01-01	2018-01-02	2

主流的开源数据库如 MySQL、PostgreSQL 等,商业数据库如 Oracle,国产数据库包括神舟通用、达梦和人大金仓。

随着数据库中数据量的不断增加,中心的数据库使用经历了单库单表、单库多表的发展阶段,目前在朝着多库多表的方向发展。

单库多表是第一代和第二代中心计算机系统最常见的数据库设计,所有的数据被存储在一个数据库中,各自维护着自己的数据表。

随着业务的复杂,开始拆分,数据种类和数据量的增加,各个业务开始维持自己的数据库表。于是在第三代计算机系统中出现了多库多表的结构。

随着中心计算机系统朝着超融合的云架构的发展,系统资源的共享共用程度在不断地提升,分布式数据库的应用已提上日程。

3.3.3 消息队列中间件

消息队列中间件是解决消息传递的一种方法,是实现不同进程间异步通信的一种处理模型,如图 3.12 所示,主要包括点对点和一对多两种消息处理模式。

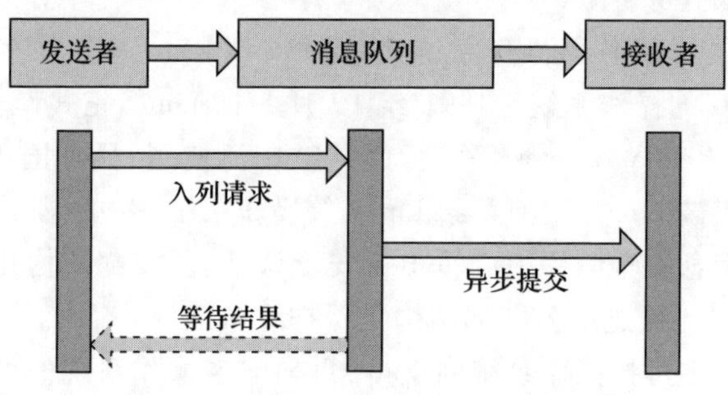

图 3.12 消息队列示意图

在点对点模型中,消息生产者向队列发送一条消息,消息包含具体队列的接收地址,且一个消息只能被一个接收者接收。

在一对多模型中,消息生产者进行消息主题发布,对此主题感兴趣的所有用户都可以对此主题进行订阅,所有订阅的客户将收到此主题的消息。

消息队列相对于传统的过程调用通信来说具有明显的优势:

(1) 程序、模块间的耦合性大大降低。

(2) 消息、事件、请求的顺序性与数据的可恢复性得到保障。

(3) 强大的多进程间的异步通信能力。

(4) 提供消息的缓冲能力。

目前的中心计算机系统在采用异步消息中间件的同时,会结合使用表现层状态转化应用程序接口(REST API)实现远程过程调用,通过两者的结合实现大型的分布式中心计算机系统的设计。

3.4 其他关键技术

3.4.1 分布式系统

为了提升我国各“杀手锏”武器的整体性能,正在酝酿信息武器装备分布式架构,随之带来的是大型信息系统的分布式构建。而分布式架构的第一原则是尽量的不要分布,因为分布式系统的部署会带来“性能”和“容错性”的矛盾冲突问题,可参考一致性可用性分区容忍性(CAP)理论。

分布式系统的“不可靠性”使得在设计分布式的大型信息系统时,必须将系统的可用性指标进行严格量化。目前,使用较为广泛的分布式集群管理系统是ZooKeeper,我们可以借鉴 ZooKeeper 的设计思想对大型信息系统的分布式进行可靠性、一致性、无单点设计。

3.4.2 微服务云架构

微服务云架构采用轻量级容器虚拟化技术和微服务架构,能够实现系统资源的精细管理、业务应用的统一调度和系统架构的动态更新,同时对下提供系统底层网络、存储、计算等分布式资源的统一管理,对上向各类业务应用提供微服务运行平台,如图3.13 所示。主要包括容器集群管理、微服务定制管理、微服务应用发现和微服务在线配置 4 个组成部分。

容器集群管理单元提供容器集群各节点的管理和控制,监控所有容器的运行状态,实现容器在物理节点上的调度管理,自动管理容器的部署和启停。通过可视化界面实现容器执行创建、配置运行、高可用管理等操作,构建并管理所有微服务应用镜像库,定期执行容器健康检查。

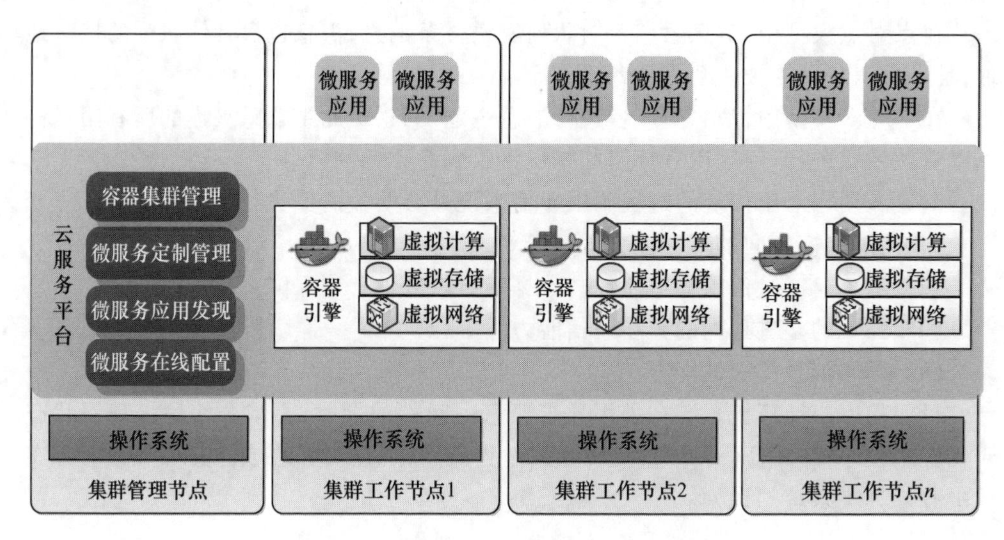

图 3.13 微服务云架构示意图(见彩图)

微服务定制管理单元提供对微服务运行所需各类资源对象的定义、生成和管理,根据业务应用需求调整容器等资源配置及参数,支持容器的自动部署运行、容器内数据共享、容器应用重建、容器资源安全隔离等,资源创建后实现服务注册和发布。

微服务应用发现单元提供从集群内部和集群外部对容器应用内服务的访问功能,解析服务访问地址,通过应用注册信息查找可用的微服务应用,将服务请求路由到对应容器,实现微服务的调用。

微服务在线配置单元通过监控微服务运行状态,检测配置更新,在线实现微服务的滚动升级,同时还提供微服务回滚功能,从而实现大规模业务应用集群的自动升级部署,支持系统软件升级、故障修复、节点扩容、应用迁移等。

第4章　中轨道导航卫星星座构型保持与控制方法

卫星导航系统能够为地球表面和近地空间的广大用户提供全天时、全天候、高精度的定位、导航和授时服务，是拓展人类活动、促进社会发展的重要空间基础设施。卫星导航正在使世界政治、经济、军事、科技、文化发生革命性的变化。

北斗导航星座卫星数目多、约束复杂。星座构型保持与控制是多颗卫星的整体控制，在控制时必须尽量保证卫星之间完成任务的整体性和协同性。卫星轨道控制在控制参数、控制量、控制精度的要求上都发生了变化，必须从星座空间结构、任务需求、协同控制、性能影响等方面开展研究[1]。卫星在轨运行过程中，由于受到各种摄动力的长期作用，会逐渐偏离设计轨道，卫星之间的相对位置不断发生漂移，从而导致星座整体结构变化，致使星座性能大幅下降，因此需要根据星座整体任务需求进行构型保持控制[2-3]。

在轨运行控制是导航卫星星座保持相对位置的核心，通过对星座中的卫星进行轨道保持和机动来实现。星座维持一般有两种方法：一是绝对保持；二是相对保持。绝对保持就是按照卫星三维“控制盒”的要求，将星座中每一颗卫星位置保持在各自标称位置附近。相对保持就是保持星座中每一颗卫星的相对位置基本不变，从而使得整个星座的几何构型在一定精度范围内保持不变。相对保持所需的轨道机动次数少，但是其控制基准的确定往往比较复杂。相对保持不适用于星下点轨迹有要求的星座，绝对保持不但可以用于星下点有要求的星座，也可用于星下点无要求的星座[4]。

本章首先探讨全球卫星导航系统（GNSS）星座构型及其控制方法，然后讨论北斗中圆地球轨道（MEO）星座构型保持控制方法，最后分析北斗 MEO 星座构型重构控制方法。

4.1　导航卫星星座构型控制概述

4.1.1　主要 GNSS 星座构型

4.1.1.1　全球定位系统（GPS）星座

GPS 是由美国军方为取得在全球的军事优势而发展的，是一个主要为军事目的服务，兼顾民用的卫星导航系统。GPS 最初设计为 Walker 24/3/1 星座，后因经费问题采用了 Walker 18/6/2 构型，并沿用至今。GPS 采用了轨道倾角为 55°，高度约为 20196km 的 1 天/2 圈回归轨道[5]。12h 的回归周期，有利于地面观测和运行控制，但是此轨道受到地球重力场的共振影响，难以保持长期稳定。GPS 星座空间构型如图 4.1所示。

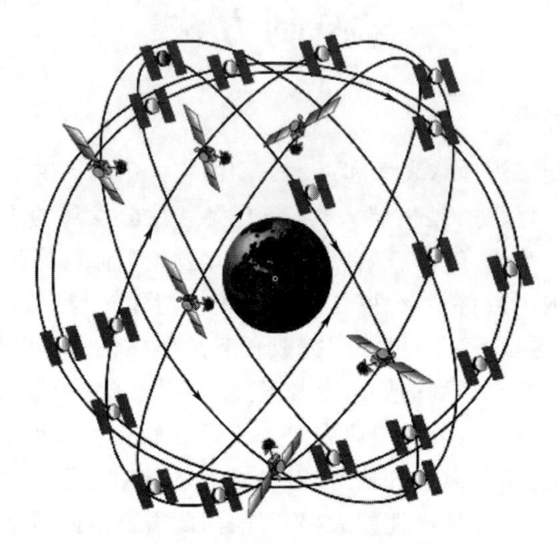

图 4.1 GPS 星座空间构型（见彩图）

表 4.1 所列为 2017 年 7 月 2 日 GPS 在轨卫星的配置情况，在轨共有 32 颗卫星。其中，31 颗正常运行，1 颗卫星处于维修状态。

表 4.1 2017 年 7 月 2 日的 GPS 在轨卫星配置

轨道面	轨位	PRN 码	北美防空司令部（NORAD）编号	卫星类型	发射日期	入网日期	中断日期	寿命/月	备注
A									
	2	31	29486	ⅡR-M	2006-09-25	2006-10-13		128.7	
	4	7	32711	ⅡR-M	2008-03-15	2008-03-24		111.4	
	5	24	38833	Ⅱ-F	2012-10-04	2012-11-14		55.6	
	6	30	39533	Ⅱ-F	2014-02-21	2014-05-30		37.1	
B	1	16	27663	Ⅱ-R	2003-01-29	2003-02-18		172.5	
	2	25	36585	Ⅱ-F	2010-05-28	2010-08-27		82.2	
	3	28	26407	Ⅱ-R	2000-07-16	2000-08-17		202.6	
	4	12	29601	ⅡR-M	2006-11-17	2006-12-13		126.7	
	5	26	40534	Ⅱ-F	2015-03-25	2015-04-20		26.4	
	6		34661	ⅡR-M	2009-03-24				

（续）

轨道面	轨位	PRN 码	北美防空司令部(NORAD)编号	卫星类型	发射日期	入网日期	中断日期	寿命/月	备注
C	1	29	32384	ⅡR-M	2007-12-20	2008-01-02		114.0	
	2	27	39166	Ⅱ-F	2013-05-15	2013-06-21		48.4	
	3	19	28190	Ⅱ-R	2004-03-20	2004-04-05		159.0	
	4	17	28874	ⅡR-M	2005-09-26	2005-11-13		139.7	
	5	8	40730	Ⅱ-F	2015-07-15	2015-08-12		22.7	
D	1	2	28474	Ⅱ-R	2004-11-06	2004-11-22		151.4	
	2	1	37753	Ⅱ-F	2011-07-16	2011-10-14		68.6	
	3	21	27704	Ⅱ-R	2003-03-31	2003-04-12		170.8	
	5	11	25933	Ⅱ-R	1999-10-07	2000-01-03		210.1	
	6	6	39741	Ⅱ-F	2014-05-17	2014-06-10		36.8	
E	1	20	26360	Ⅱ-R	2000-05-11	2000-06-01		205.2	
	2	22	28129	Ⅱ-R	2003-12-21	2004-01-12		161.8	
	3	5	35752	ⅡR-M	2009-08-17	2009-08-27		94.2	
	4	18	26690	Ⅱ-R	2001-01-30	2001-02-15		196.6	
	6	10	41019	Ⅱ-F	2015-10-30	2015-12-09		18.8	
	1	3	40294	Ⅱ-F	2014-10-29	2014-12-12		30.7	
F	1	14	26605	Ⅱ-R	2000-11-10	2000-12-10		198.8	
	2	15	32260	ⅡR-M	2007-10-17	2007-10-31		116.1	
	3	13	24876	Ⅱ-R	1997-07-23	1998-01-31		233.2	
	4	23	28361	Ⅱ-R	2004-06-23	2004-07-09		155.9	
	5	32	41328	Ⅱ-F	2016-02-05	2016-03-09		15.8	
	6	9	40105	Ⅱ-F	2014-08-02	2014-09-17		33.5	

4.1.1.2 全球卫星导航系统(GLONASS)星座

俄罗斯 GLONASS 星座是一个和 GPS 对等的星座。该星座从 20 世纪 70 年代开始研制，到 1996 年 1 月完成了 24 颗工作卫星和 1 颗备份卫星的部署。GLONASS 星座采用的是 24/3/1 的 Walker-δ 星座，卫星轨道为倾角 64.8°，高度 19129km 的 8 天 17 圈回归轨道。轨道偏心率为 0.001，每个轨道面的升交点赤经(RAAN)相差 120°。由于 GLONASS 卫星的轨道倾角大于 GPS 卫星的轨道倾角，所以在高纬度(50°以上)地区的可见性较好。在星座完整的情况下，在全球任何地方、任何时刻最少可以观测到 5 颗 GLONASS 卫星。GLONASS 星座构型如图 4.2 所示。

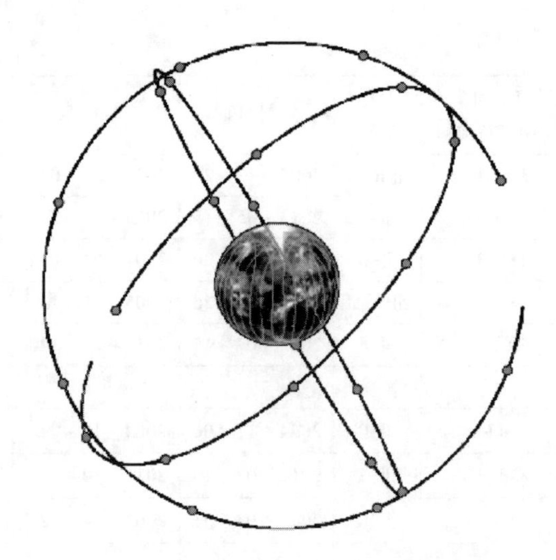

图 4.2 GLONASS 星座构型(见彩图)

表 4.2 所列为 2017 年 7 月 2 日 GLONASS 在轨卫星的配置情况,在轨共有 27 颗卫星。其中,23 颗正常运行,1 颗卫星正在维护,1 颗卫星正在接受检查,1 颗卫星处于飞行测试阶段,1 颗备份卫星。

表 4.2 2017 年 7 月 2 日的 GLONASS 在轨卫星配置

轨道位置	轨位平面	射频通道	编号	发射日期	开始服务日期	服务结束日期	寿命/月	卫星健康状态		备注
								星历状态	历书状态(协调世界时(UTC))	
1	1	01	730	2009-12-14	2001-01-30		90.6	+	+23:18 2017-07-02	运行中
2	1	-4	747	2013-04-26	2013-07-04		50.2	+	+23:18 2017-07-02	运行中
3	1	05	744	2011-11-04	2011-12-08		68.0	+	+23:18 2017-07-02	运行中
4	1	06	742	2011-10-02	2011-10-25		69.0	+	+23:18 2017-07-02	运行中
5	1	01	734	2009-12-14	2010-01-10		90.6	+	+23:18 2017-07-02	运行中
6	1	-4	733	2009-12-14	2010-01-24		90.6	+	+23:18 2017-07-02	运行中
7	1	05	745	2011-11-04	2011-12-18		68.0	+	+23:18 2017-07-02	运行中
8	1	06	743	2011-11-04	2012-09-20		68.0	+	+23:18 2017-07-02	运行中
9	2	-2	702	2014-12-01	2016-02-15		31.0	+	+23:18 2017-07-02	运行中
10	2	-7	717	2006-12-25	2007-04-03		126.3	+	+23:18 2017-07-02	运行中
11	2	00	753	2016-05-29	2016-06-27		13.1	+	+23:18 2017-07-02	运行中
12	2	-1	723	2007-12-25	2008-01-22		114.3	+	+23:18 2017-07-02	运行中
13	2	-2	721	2007-12-25	2008-02-08		114.3	+	+23:18 2017-07-02	运行中
14	2	-7	715	2006-12-25	2007-04-03	2017-06-26	126.3	-	-23:18 2017-07-02	维护中
15	2	00	716	2006-12-25	2007-10-12		126.3	+	+23:18 2017-07-02	运行中
16	2	-1	736	2010-09-02	2010-10-04		82.0	+	+23:18 2017-07-02	运行中

（续）

轨道位置	轨位平面	射频通道	编号	发射日期	开始服务日期	服务结束日期	寿命/月	卫星健康状态		备注
								星历状态	历书状态（协调世界时(UTC)）	
17	3	04	751	2016-02-07	2016-02-28		16.8	+	+23:18 2017-07-02	运行中
18	3	-3	754	2014-03-24	2014-04-14		39.3	+	+23:18 2017-07-02	运行中
19	3	03	720	2007-10-26	2007-11-25		116.3	+	+23:18 2017-07-02	运行中
20	3	02	719	2007-10-26	2007-11-27		116.3	+	+23:18 2017-07-02	运行中
21	3	04	755	2014-06-14	2014-08-03		36.6	+	+23:18 2017-07-02	运行中
22	3	-3	731	2010-03-02	2010-03-28		88.1	+	+23:19 2017-07-02	运行中
23	3	03	732	2010-03-02	2010-03-28		88.1	+	+23:18 2017-07-02	运行中
24	3	02	735	2010-03-02	2010-03-28		88.1	+	+23:18 2017-07-02	运行中
17	3		714	2005-12-25	2006-08-31	2016-02-24	138.3			备份
20	3	-5	701	2011-02-26			76.2			飞行测试
12	2		737	2010-09-02	2010-10-12	2016-11-21	82.0			SPC 正在检测

4.1.1.3 “伽利略”卫星导航系统 Galileo 星座

2001 年 4 月，欧盟启动“伽利略”卫星导航系统计划，该星座方案经过多轮优化，目前全配置的 Galileo 系统由位于 3 个圆形的 MEO 的 30 颗卫星组成。Galileo 星座构型为 Walker 27/3/1，采用倾角为 56°，高度为 23222km 的 10 天/17 圈回归轨道。Galileo 星座设计时充分考虑了各种情况对 Galileo 星座性能的影响，所设计的星座具有很高的稳健性。Galileo 星座通过优化轨道和星座避免了对卫星的频繁机动，降低了卫星频繁执行机动对系统可用性的影响[6-9]。Galileo 星座构型如图 4.3 所示。

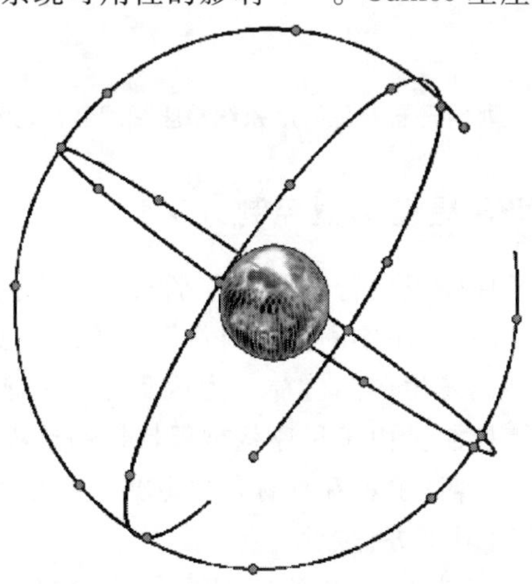

图 4.3 Galileo 星座构型（见彩图）

截至 2017 年 7 月 2 日,Galileo 星座在轨 18 颗卫星,其中 13 颗正常运行,2 颗正在初始化,2 颗处于测试阶段,1 颗卫星不可用。

4.1.1.4 北斗卫星导航系统(BDS)星座

北斗三号卫星导航系统空间星座由 30 颗卫星组成,可为全球各类用户提供公开服务,系统于 2020 年 7 月 31 日正式开通。

北斗三号系统目前在轨工作卫星有 3 颗 GEO 卫星、3 颗 IGSO 卫星和 24 颗 MEO 卫星。星座组成如图 4.4 所示。相应的位置为:GEO 卫星的轨道高度为 35786km,分别定点于东经 80°、110.5°和 140°;IGSO 卫星的轨道高度为 35786km,轨道倾角为 55°,分布在 3 个轨道面内,升交点赤经分别相差 120°,其中 3 颗卫星的星下点轨迹重合,交叉点经度为东经 118°;MEO 卫星轨道高度为 21528km,轨道倾角为 55°,回归周期为 7 天 13 圈,星座构型为 Walker24/3/1。

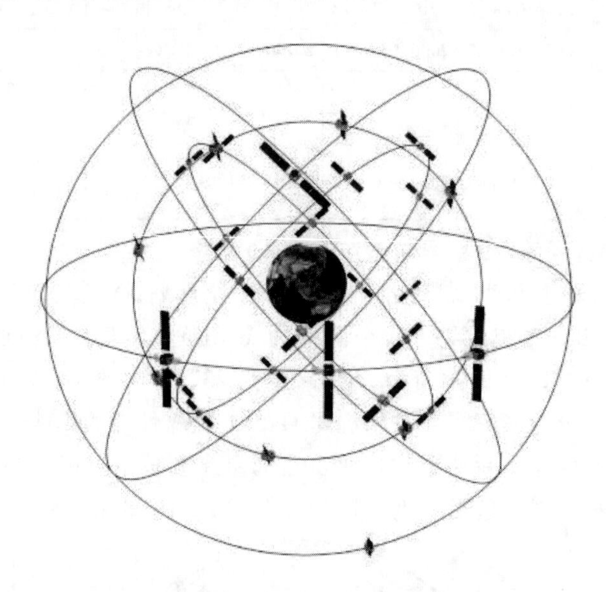

图 4.4 北斗三号卫星导航系统星座空间分布(见彩图)

4.1.2 主要 GNSS 星座构型控制方法

由于初始入轨误差及在轨道运行期间所受的摄动外力的作用,卫星会逐渐偏离其在星座中的标称位置,导致卫星之间的相对位置不断发生变化,从而引起星座构型的变化,工作性能下降,甚至发生星间碰撞。为避免星座性能恶化和星间碰撞,需要对卫星星座进行构型保持控制。由于星座构型保持控制过程会影响星座工作性能的稳定性和连续性,因此必须容许卫星在标称位置附近的一定的范围内运行,只有当卫星运行超出该范围时,才对卫星进行控制。

为了满足快速的星下点轨迹重访需求,GPS 星座选择了 1/2 恒星日回归轨道。地球非球形引力的田谐项摄动会使该类轨道的半长轴产生长周期变化,进而影响星

座构型的长期稳定。根据对星历数据的分析，平均每月约有两颗 GPS 卫星进行轨道机动控制以维持系统构型稳定，且每次需要约 4h 来完成轨道机动控制并恢复导航服务。较频繁的构型保持控制，不仅增加了每颗卫星的推进剂消耗，也对 GPS 系统性能产生了较大影响。为了提升系统性能，GPS 已经开始下一步的更新、发展计划，将维持控制及运行管理等技术列为主要内容。

在 Galileo 系统的星座构型设计研究中，学者们分析了无控状态下系统构型在轨道摄动影响下的长期漂移，以及因系统构型漂移而引起的星座服务性能退化，并据此提出了 Galileo 星座的构型稳定性要求。

Galileo 星座对稳定性的要求如下：

（1）升交点赤经的漂移：小于 2°。

（2）轨道倾角的漂移：小于 2°。

（3）同轨道面相邻两颗工作卫星，相对沿迹向轨道保持精度优于 3°。

（4）相邻轨道面工作卫星的相对相位差，控制精度优于 3°。

（5）每一颗工作卫星的轨道参数初始偏置都需要进行优化，从而使得 12 年的时间段中，每颗卫星最多只进行 1 次轨道保持机动就能够满足 Walker 星座的参数的误差范围。

（6）卫星半长轴的精度需要校正到 ±5m。

为了实现稳定构型保持，学者们进一步研究了补偿轨道摄动长期影响的构型保持方法，在每颗卫星 12 年的设计寿命内，最多只进行 1 次轨道保持机动，就能将系统构型保持在稳定性要求的变化范围内。

4.2　北斗（BD）MEO 星座构型保持控制方法

4.2.1　控制需求

为了保证星座服务性能，要求系统构型满足以下要求：

（1）轨道倾角的漂移应小于 2°；

（2）升交点赤经的相对漂移应小于 2°；

（3）相位差的相对漂移应小于 5°。

4.2.2　BD MEO 星座长期演化分析

在制定合理的构型控制维持方法之前，需要进行星座整体构型的演化分析，从而获得星座整体的变化规律。

4.2.2.1　摄动分析

对于 MEO 卫星，大气阻力摄动的影响可以忽略不计，此时对卫星轨道产生影响的主要摄动因素是地球非球形摄动、日月三体引力摄动和太阳光压摄动[10]。从摄动量级来看，地球非球形摄动影响最大，为 $10^{-4} \sim 10^{-5}$ 的量级，日月三体引力摄动的量级在 10^{-6} 左右。

非球形摄动对轨道半长轴 a、偏心率 e 和倾角 i 没有长期影响，而对其他 3 个轨道根数则有长期影响。

日月三体引力摄动只引起 Ω、ω 和 M 的长期和长周期变化，以及 i 和 e 的长周期变化，而对 a 同样没有长期和长周期影响。

对于太阳光压摄动，只存在长周期影响而无长期变化，对于轨道半长轴，如果不存在地影，则无长周期变化，反之则出现长周期变化。

图 4.5 所示为地球非球形引力摄动、日月三体引力摄动、太阳光压摄动对北斗三号系统的 MEO 卫星的长期影响，其中太阳光压系数为 1.0，卫星的受晒面质比为 $0.02\mathrm{m}^2/\mathrm{kg}$，图中横坐标单位为天。

图 4.5(a) 的 y 轴表示摄动对轨道半长轴的影响幅值，标尺长度单位为 2km。从图 4.5(a) 可以看出与三体摄动和太阳光压对轨道半长轴的影响相比较，地球非球形引力摄动对轨道半长轴的影响更大，太阳光压对轨道半长轴的影响很小，而且地球非球形摄动力对轨道半长轴初始值的影响远远超过了另外两个摄动力。由于北斗三号系统 MEO 卫星的轨道不是共振轨道，因此，由非球形引力摄动引起的半长轴变化是短周期性的。

由图 4.5(b) 可以看出，相对于其他几个摄动力，太阳光压摄动是导致轨道偏心率的长周期变化的主要因素，但由于其绝对影响在 10^{-4} 量级，因此可以不考虑近圆轨道偏心率的长期变化。

由图 4.5(c) 可以看出，对倾角的影响主要是三体引力摄动的作用，其次是地球非球形引力摄动的影响，而太阳光压的影响非常小，可以忽略不计。

由图 4.5(d) 可以看出，地球非球形引力摄动对升交点赤经有很大的影响，三体引力和太阳光压对升交点赤经的影响非常小，升交点赤经的变化近似为线性。

由图 4.5(e) 可以看出，与 IGSO 卫星不相同，MEO 卫星的沿迹角呈现长期性，这主要是由于卫星的半长轴变化特性所引起的。

对于 MEO 卫星而言，地球非球形摄动、日月三体引力摄动对轨道的影响是主要的。地球非球形摄动、日月三体引力摄动都可以在一定精度内准确预报，但太阳光压较难精确计算，然而由于其对卫星轨道的长期影响非常小，因此可忽略不计。同时，摄动力对卫星轨道的影响主要表现在升交点赤经漂移和沿迹角漂移，对于轨道半长轴、偏心率和倾角的长期影响都不是很大，轨道半长轴在 4km 范围内变化，偏心率最大变化量不超过 10^{-3}、轨道倾角基本在 3°范围内变化，这些对于星座的影响都很小。因此，对于星座构型的破坏主要表现在升交点赤经和沿迹角上，可以用升交点赤经和沿迹角的漂移来描述圆轨道卫星星座构型的稳定性。图 4.6 所示为 MEO23 卫星的各轨道参数的变化情况。

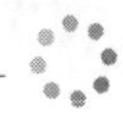

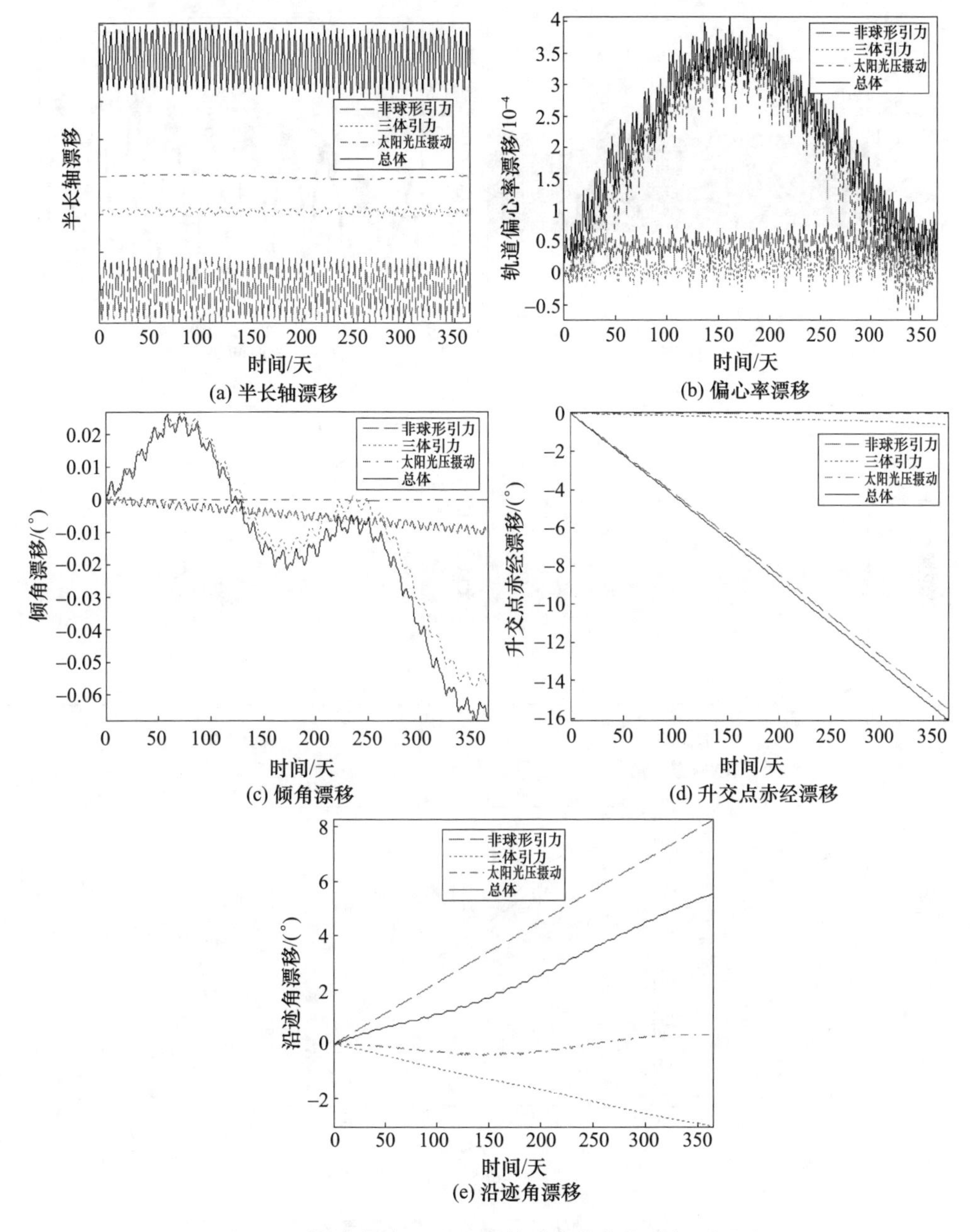

图 4.5 摄动力对 MEO 卫星轨道参数的影响(见彩图)

4.2.2.2 长期演化规律

研究摄动对星座构型的影响必须将星座作为一个整体来考虑,而不能独立考虑各颗卫星。通过分析主要摄动力对卫星轨道的长期影响可以知道,此影响主要表现在升交点赤经和沿迹角的漂移。而卫星轨道的半长轴、偏心率和倾角的初始偏差都将导致卫星轨道在升交点赤经和沿迹角的长期变化。对于星座而言,摄动对星座构

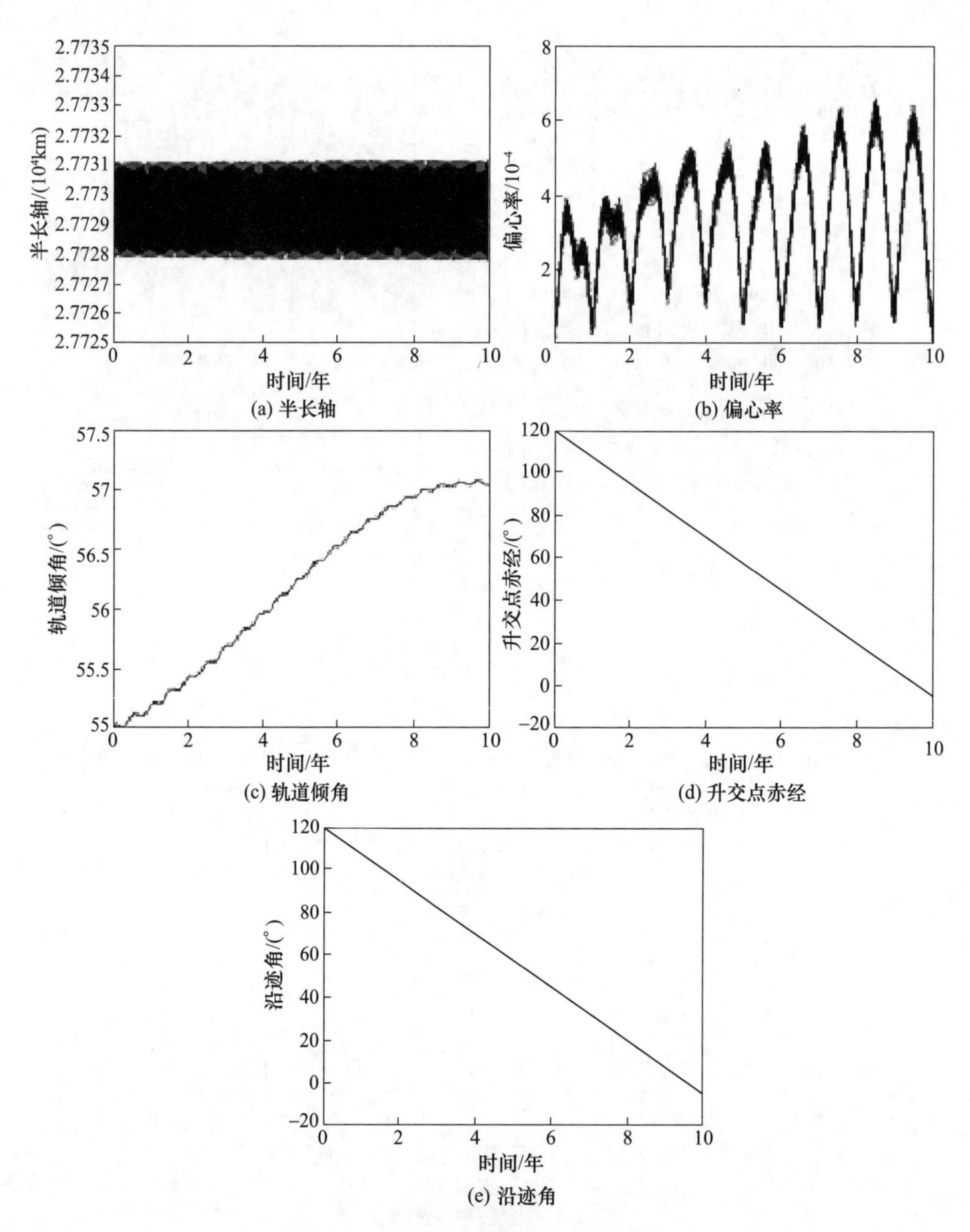

(a) 半长轴　(b) 偏心率

(c) 轨道倾角　(d) 升交点赤经

(e) 沿迹角

图 4.6　MEO 卫星轨道的长期演化

型的影响主要是卫星之间的升交点赤经和沿迹角变化。

下面分析摄动力对构型为 24/3/1 的 Walker-δ 星座的长期影响情况，从而可获得北斗三号系统 MEO 卫星的演化规律。考虑的主要摄动力包括地球非球形摄动、日月三体引力摄动、太阳光压摄动，其中地球重力场模型为 EGM96，阶次为 21 × 21，太阳光压系数为 1.0，假设卫星的受晒面质比为 0.02m^2/kg，卫星入轨初始偏差为 0。

图 4.7 所示为星座在摄动影响下的升交点赤经的漂移情况,仿真周期为 10 年。由图中可以看出,相同轨道面卫星的升交点赤经几乎完全相同,同时,虽然升交点赤经的绝对变化很大,但是不同轨道面之间的升交点赤经的相对变化较小。但是,同一轨道面上各颗卫星沿迹角的变化是不一致的,且相对变化量较大,如图 4.8 所示。图 4.9 为减去 3 个轨道面共漂移量后的升交点赤经的变化情况,从图中可以看到,相对升交点赤经的最大变化量不超过 5°,这对于星座整体的影响是很小的。由于修正很小的赤经偏差都需要消耗大量的推进剂,因此,在星座设计的时候,应该尽量给升交点赤经留出足够的余量以减少轨道面的控制频率。

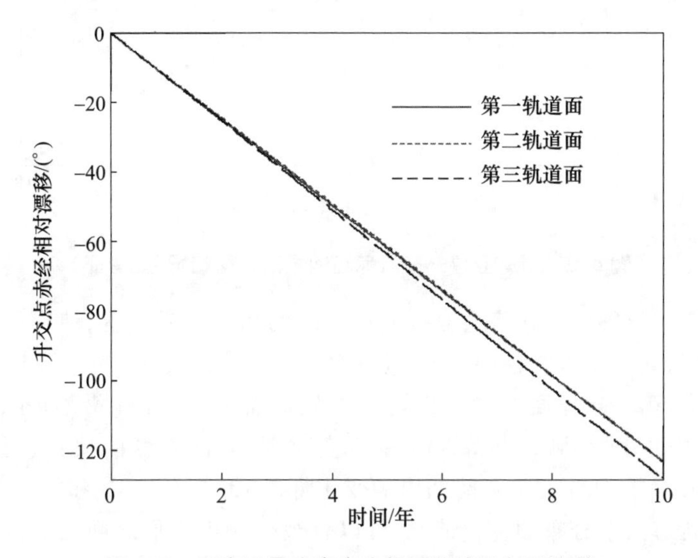

图 4.7　所有卫星升交点赤经漂移情况(见彩图)

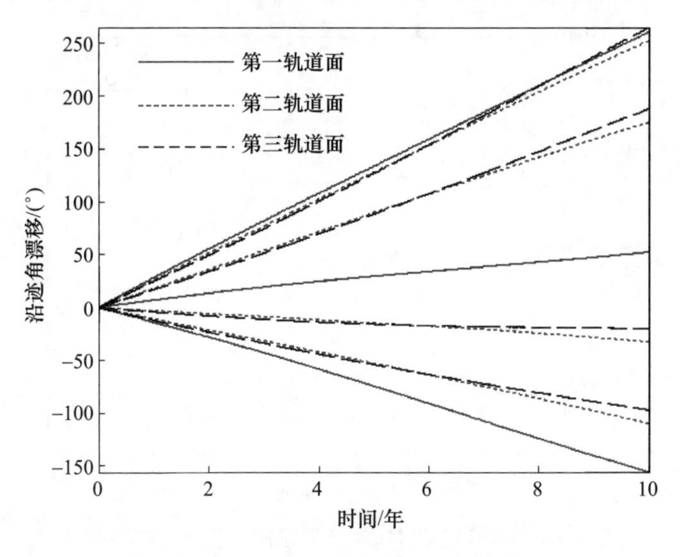

图 4.8　所有卫星沿迹角漂移情况(见彩图)

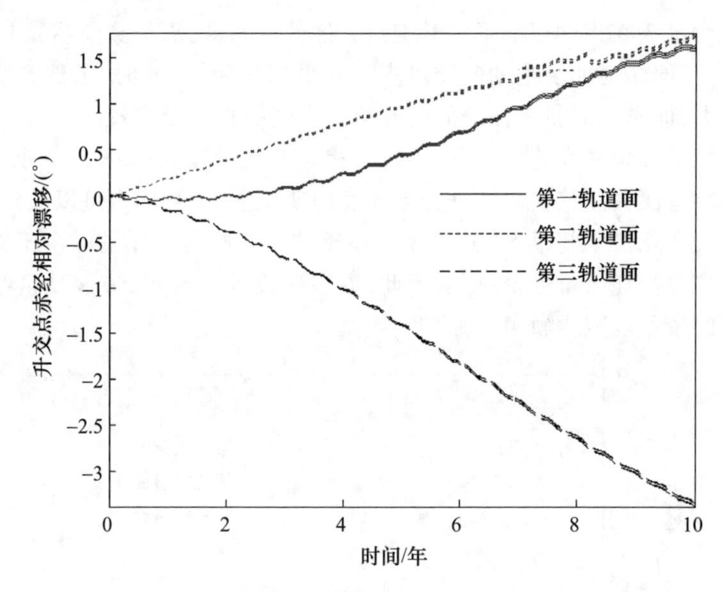

图 4.9　所有卫星升交点赤经的相对漂移情况(见彩图)

由于轨道半长轴的变化将会导致卫星之间的相位发生改变,使得星座结构偏离初始标称构型,如果不进行控制,星座性能会不断下降。图 4.10 和图 4.11 为北斗三号导航系统中,第一轨道面 17、18 卫星、第二轨道面 23、24 卫星沿迹角随时间的变化情况。从图中可以看到,卫星的沿迹角变化基本上呈线性关系,且变化较大,MEO17、MEO23、MEO24 在一年时间内的变化将近 15°。图 4.12 和图 4.13 分别为这几颗卫星在轨道面上分布的变化情况,可以直观反映出它们之间相对位置关系的变化。在系统的运行过程中,卫星之间位置关系的改变使得卫星无法完成预定的目标。

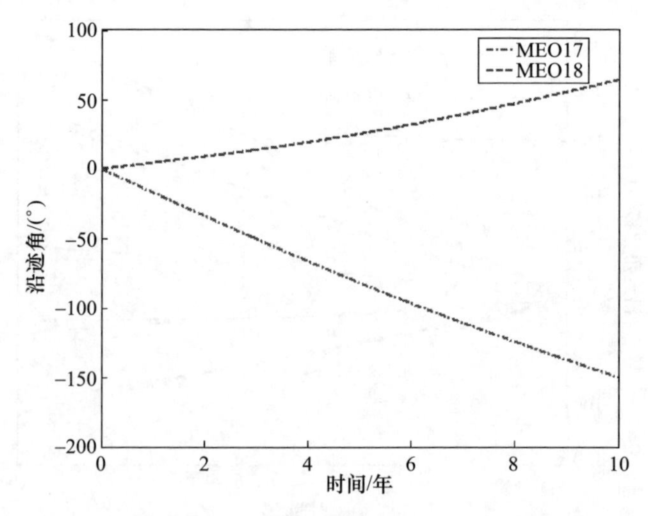

图 4.10　MEO17 和 MEO18 沿迹角变化情况(见彩图)

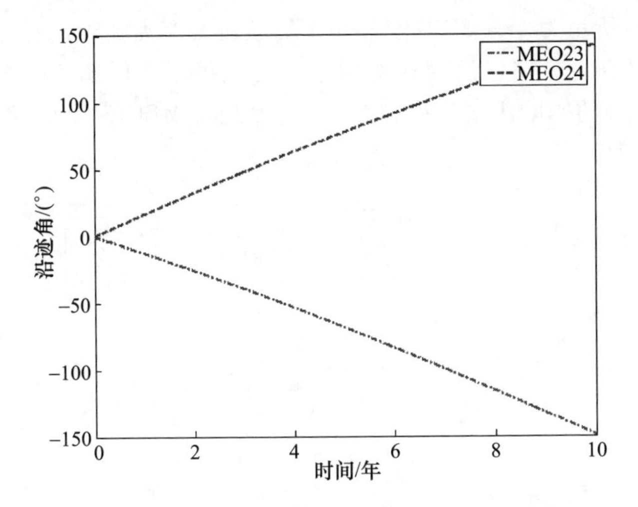

图4.11 MEO23和MEO24沿迹角变化情况(见彩图)

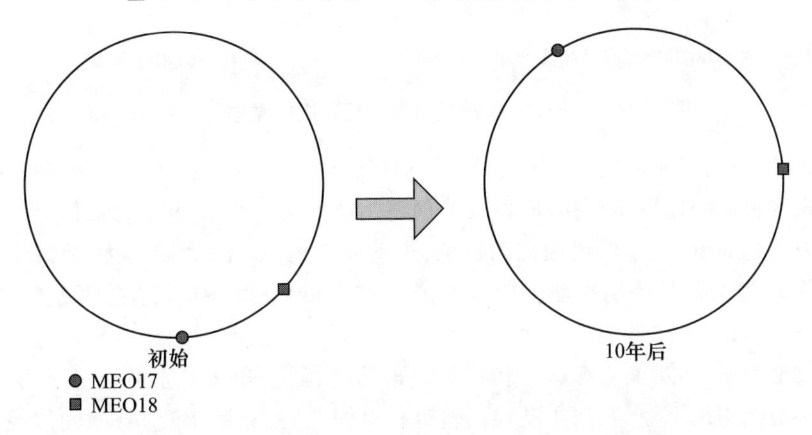

图4.12 MEO17和MEO18在轨道面的分布比较

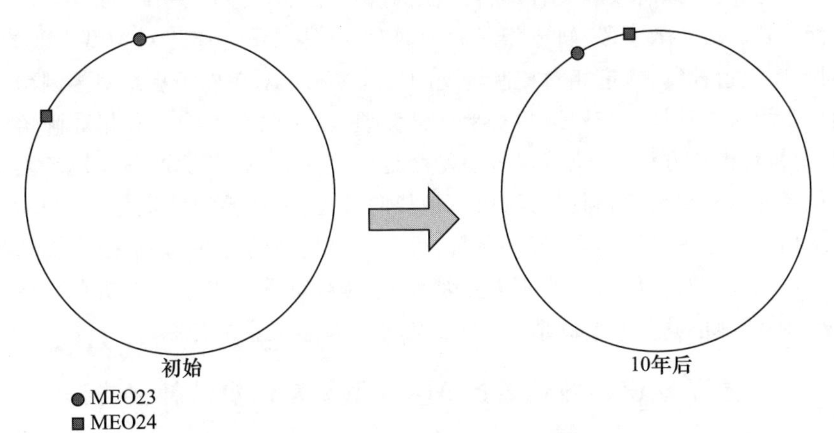

图4.13 MEO23和MEO24在轨道面的分布比较

图 4.14(a)所示为 4 颗 MEO 卫星星下点轨迹升交点赤经漂移量变化情况，可以看出，4 颗 MEO 卫星在轨道面相对间距的变化很小。由图 4.14(b)可以看出，摄动对 MEO 卫星的影响主要集中在相位角，因此对 MEO 卫星的控制主要集中在相对相位的保持控制。

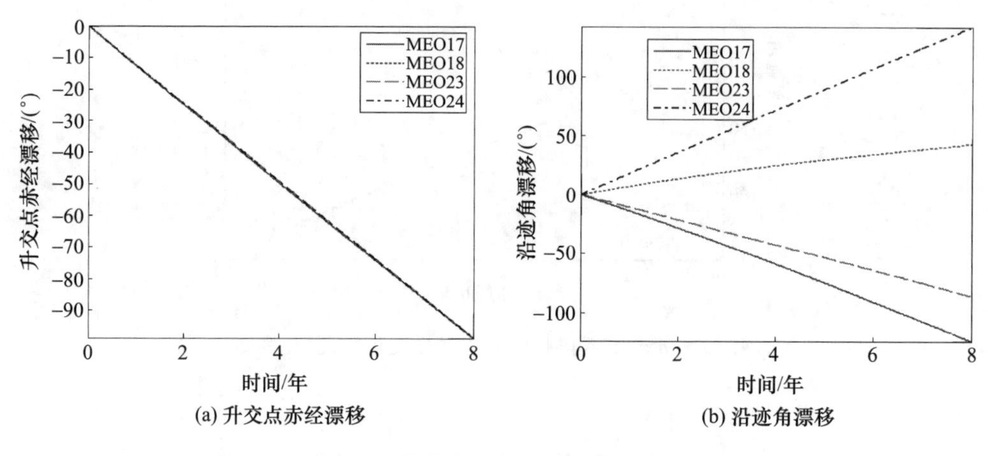

图 4.14　MEO 卫星升交点赤经和沿迹角漂移(见彩图)

MEO 卫星轨道演化规律：MEO 卫星轨道半长轴变化没有长期项和长周期项摄动，由地球扁状引起的短周期项摄动，以天为周期的最大振幅约 1.59km；地球扁状、太阳和月球引力引起 MEO 卫星轨道面向西进动，进动周期约 30 年；太阳引力、月球引力引起 MEO 卫星轨道倾角长周期摄动。MEO 偏心率在太阳光压作用下，存在长周期摄动，摄动周期为一年，一年内近地点在轨道面内运动一周。升交点赤经相对摄动运动与轨道相对半长轴偏差、相对偏心率偏差和相对倾角偏差有关；升交点赤经相对摄动方程中，轨道相对偏差均是可控的，当主动控制轨道相对偏差时，利用 J_2 项摄动，间接控制星座相对升交点赤经，可以有效地节省燃料，但控制效率有限，也即，采用共面发射仍然是保持轨道面一致的最有效手段；轨道相对偏差的存在，是导致星座相对构型失效的因素。因此，对星座轨道控制，轨道相对控制精度的要求远高于对单颗卫星绝对控制精度的要求。相位角相对摄动运动与轨道相对半长轴偏差、相对偏心率偏差和相对倾角偏差有关；相位角相对摄动方程中，轨道相对偏差均是可控的，相对半长轴偏差是产生相位角相对变化率的主要因素，当利用切向而不是径向推力，主动控制轨道相对偏差时，间接控制星座相对相位角，可以有效节省燃料；轨道相对偏差的存在，特别是半长轴和倾角偏差是导致星座相对相位角偏差的主要因素，尤其对轨道面相对相位角有严格控制要求时，半长轴和倾角偏差的控制精度要求远高于对单颗卫星的控制。

4.2.3　基于轨道参数偏置的 MEO 卫星轨道摄动补偿方法

4.2.3.1　MEO 卫星标称轨道

MEO 卫星轨道回归周期 7 天，13 圈回归，考虑地球自转(自转速度 ω_e =

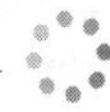

7.292115rad/s)与轨道面的进动 $\dot{\Omega}$,轨道周期满足

$$T_p = \left(\frac{7}{13}\right)\left(\frac{2\pi}{(\omega_e - \dot{\Omega})}\right) \tag{4.1}$$

$$\omega_e = 7.292115 \times 10^{-5}\text{rad/s} \tag{4.2}$$

$$\dot{\Omega} = -6.51 \times 10^{-9}\text{rad/s} \tag{4.3}$$

因此,MEO 卫星轨道周期约为$\frac{7}{13}$个恒星日,半长轴为 27907km,考虑 J_2项引起的轨道面进动,MEO 卫星轨道周期约为 46391.9s,小于二体问题回归周期约 4s,半长轴为 27905km。

地球扁状(赤道隆起),增大了地球引力,额外的径向加速度使得 MEO 卫星轨道半径增大,对标称半长轴的补偿值,由圆轨道运动得到

$$r_c = r_s\left(1 - \frac{J_2R_e^2L}{2r_s^2}\right) = r_s\left[1 - \frac{J_2R_e^2}{2r_s^2}\left(\frac{3}{2}\sin^2 i - 1\right)\right] \tag{4.4}$$

可见:当 $\sin^2 i > \frac{2}{3}$时,地球扁状摄动导致轨道半长轴降低,降低量为$\frac{J_2R_e^2}{2r_s} \times \left(\frac{3}{2}\sin^2 i - 1\right)$;当 $\sin^2 i < \frac{2}{3}$时,地球扁状摄动导致轨道半长轴增加。例如:倾角为零的 GEO 卫星轨道,J_2项导致同步半径增加 522.4m,当 $\sin^2 i = \frac{2}{3}$,即轨道倾角 $i = 54.74°$ 时,地球扁状摄动对倾斜圆轨道半长轴没有增加量。因此,不必利用增加或降低半长轴抵消 J_2 的额外引力摄动,这也是轨道稳定性设计中考虑的因素之一。特别地,对于倾角为 55°的 13 圈回归轨道,扁状摄动导致轨道半径降低了 3.40m。

因此,13 圈 7 天回归的 MEO 卫星轨道,标称平半长轴为 27905km,标称倾角为 54.74°。

4.2.3.2　MEO 相对摄动运动

1)MEO 相对赤经摄动运动

(1)半长轴偏差 Δa 时,升交点赤经漂移率摄动方程。半长轴增量 Δa,升交点赤经控制方程为

$$\Delta\dot{\Omega} = \dot{\Omega}\left(-\frac{7}{2a^*}\right)\Delta a \tag{4.5}$$

半长轴偏差升交点赤经相对摄动规律如图 4.15 所示。

(2)偏心率偏差 Δe 时,升交点赤经摄动方程。偏心率增量 Δe,升交点赤经控制方程为

$$\Delta\dot{\Omega} = \dot{\Omega}\left(\frac{4e}{1 - e^2}\right)\Delta e \tag{4.6}$$

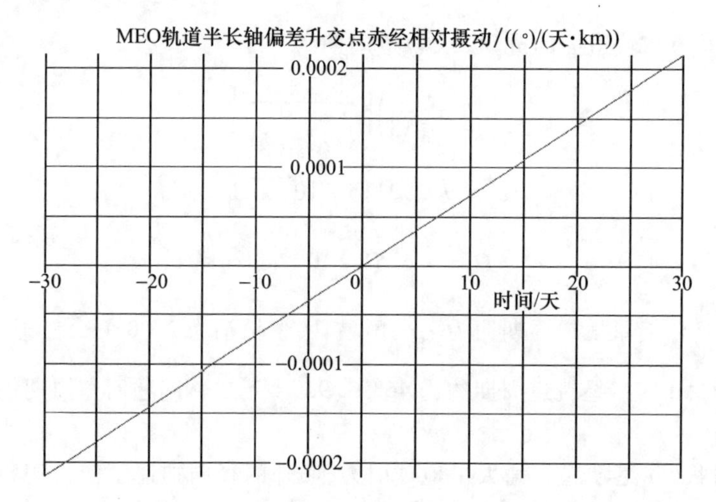

图 4.15　北斗三号星座 MEO 卫星轨道半长轴偏差升交点赤经相对摄动规律

当圆轨道时，由偏心率偏差 Δe 引起升交点赤经漂移率接近于零。

(3) 倾角偏差 Δi 时，升交点赤经漂移率控制方程。

$$\Delta\dot{\Omega} = -\dot{\Omega}\tan i \cdot \Delta i \tag{4.7}$$

异轨道面倾角偏差是导致异轨道升交点赤经相对摄动的主要因素，当且仅当倾角偏差 Δi 接近零时，由倾角偏差引起升交点赤经漂移率才接近零。

倾角偏差引起轨道面升交点赤经相对摄动变化率如图 4.16 和图 4.17 所示。

由图可知，即使轨道面间倾角偏差在允许的范围内，轨道面间升交点赤经仍然存在不可忽略的相对变化率，例如相邻轨道面倾角偏差 0.5°，则相邻轨道面升交点赤经存在 0.006(°)/天的相对变化率，1000 天后，仅由 J_2 项摄动引起的两轨道面升交点赤经差就超过 6°。

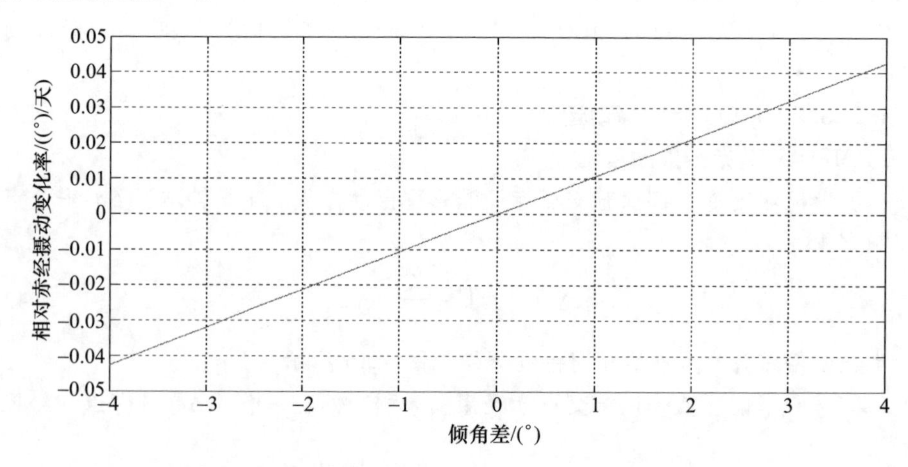

图 4.16　倾角偏差引起轨道面升交点赤经相对摄动变化率

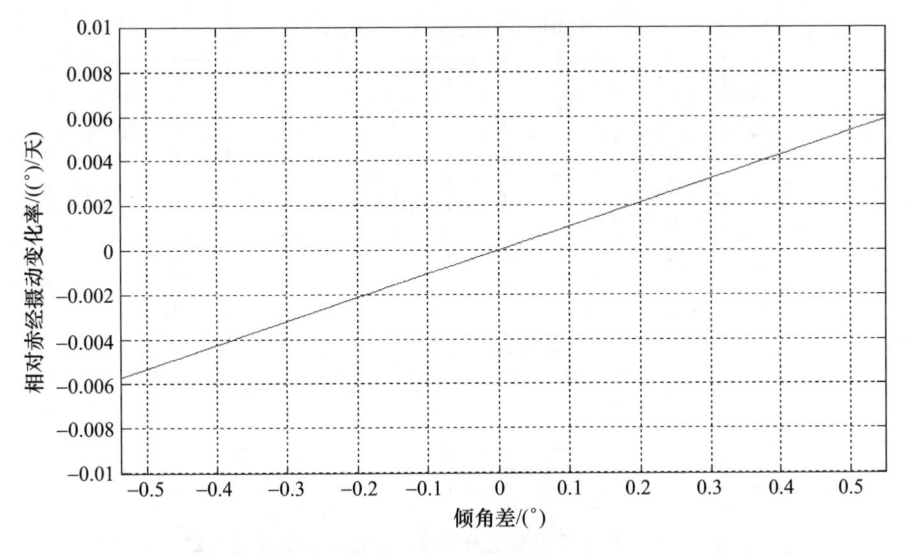

图 4.17　倾角偏差引起轨道面升交点赤经相对摄动变化率(局部放大)

2）MEO 升交点回归经度相对摄动运动

当半长轴变化Δa（$a=a_s+\Delta a$）时，升交点地理经度相对漂移速度为

$$\Delta\dot{\lambda}_{\Omega}=(\dot{\Omega}-\omega_e)\cdot\Delta T-\dot{\Omega}\cdot T\cdot\tan i\cdot\Delta i\quad(\text{rad/圈})\tag{4.8}$$

式中

$$\dot{\Omega}=-\frac{3}{2}\frac{nJ_2}{(1-e^2)^2}\left(\frac{R_e}{a}\right)^2\cos i\tag{4.9}$$

$$T=2\pi\sqrt{\frac{a^3}{\mu}}\tag{4.10}$$

$$T_s=2\pi\sqrt{\frac{a_s^3}{\mu}}\tag{4.11}$$

$$\Delta T=T-T_s\approx\frac{3\Delta a}{2a_s}T_s\tag{4.12}$$

$$\Delta\dot{\lambda}_G=-\frac{0.06079310072}{\pi}\Delta a\tag{4.13}$$

式中：λ_G 为升交点地理经度。当$\Delta a=51.5\text{km}$ 时，升交点经度相对漂移速度 $\Delta\dot{\lambda}_{\Omega}\approx-1(°)/天$。当$\Delta a>0$ 时，卫星向西漂移，当$\Delta a<0$ 时，卫星向东漂移。漂移天数为

$$t_{\text{drift}}=\frac{|\Delta\lambda_{\Omega}|}{|\Delta\dot{\lambda}_{\Omega}|}\cdot\frac{T_s}{86400}\quad(天)\tag{4.14}$$

式中：$\Delta\lambda_{\Omega}$ 为升交点地理经度 λ_{Ω} 与升交点回归经度目标 λ_{Ω_S}的误差。升交点地理经度相对摄动运动如图 4.18 所示。

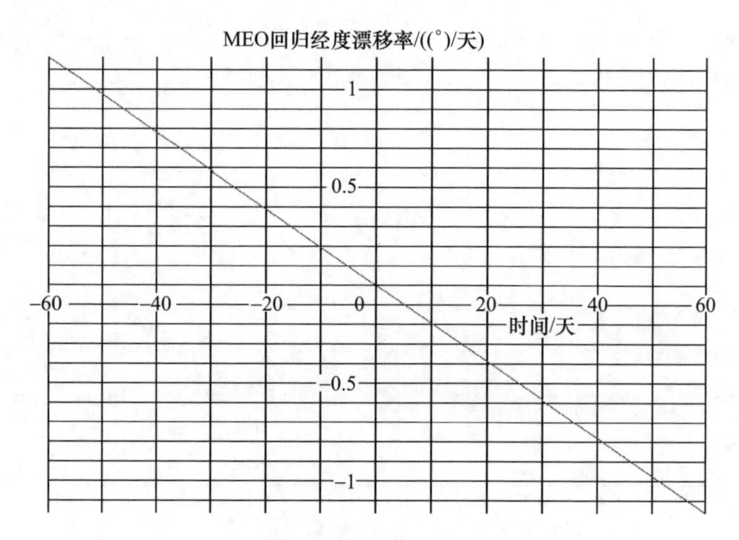

图 4.18　北斗三号系统升交点地理经度相对摄动运动

3）MEO 相对相位摄动运动

相位角定义为 $\varphi = \omega + M$，为从轨道节点起算的升交点幅角，考虑地球扁率 J_2 项摄动，星座相位角漂移率为

$$\dot{\varphi} = \dot{\omega} + \dot{M} \tag{4.15}$$

对 MEO，设标称轨道半长轴为 a^*，半长轴增量为 Δa，偏心率偏差为 Δe，倾角偏差为 Δi，引起相位角漂移率方程分别如下：

（1）半长轴增量 Δa 时，相位角漂移率方程近似为

$$\Delta \dot{\varphi} = -\frac{3}{2}\left(\frac{n^*}{a^*}\right)\Delta a \tag{4.16}$$

式中：n^* 为 MEO 标称平运动角速度。

（2）偏心率增量 Δe 时，相位角漂移率方程为

$$\frac{\partial \dot{\varphi}}{\partial e} = \frac{\partial \dot{\omega}}{\partial e} + \frac{\partial \dot{M}}{\partial e} = \dot{\omega}\left(\frac{4e}{1-e^2}\right) + \dot{m}\left(\frac{3e}{1-e^2}\right) = \frac{e}{1-e^2}(4\dot{\omega} + 3\dot{m}) \tag{4.17}$$

因此，对圆轨道，偏心率增量 Δe 时，相位角漂移率控制方程为

$$\Delta \dot{\varphi} = \frac{e}{1-e^2}(4\dot{\omega} + 3(n - n^*))\Delta e \approx -3.409e \cdot \Delta e \approx O(10^{-6}) \quad ((°)/\text{天}) \tag{4.18}$$

当圆轨道时，由偏心率偏差 Δe 引起相位角漂移率接近于零。

（3）倾角偏差 Δi 时，相位角漂移率方程为

$$\Delta \dot{\varphi} = 2\dot{\Omega}\sin(i)\Delta i \tag{4.19}$$

当且仅当，采用共面发射时，倾角偏差 Δi 接近零，由倾角偏差引起相位角漂移率接近零。但倾角偏差的存在，使得同轨道面相位角将存在相对摄动运动。倾角偏差

引起轨道面内相位角相对摄动变化率如图4.19和图4.20所示。

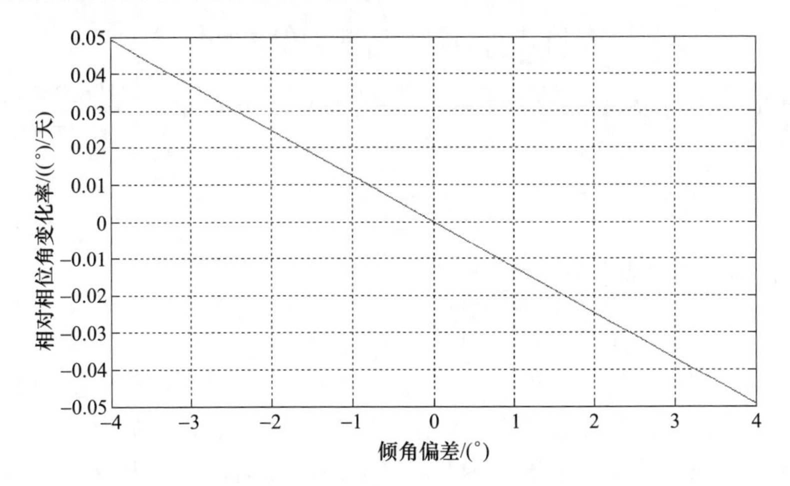

图4.19　倾角偏差引起轨道面内相位角相对摄动变化率

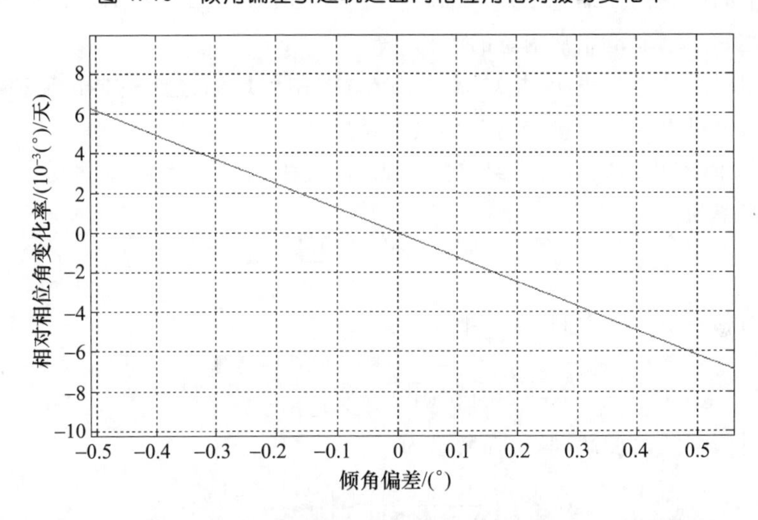

图4.20　倾角偏差引起轨道面内相位角相对摄动变化率(局部放大)

由图可知,即使轨道面间倾角偏差在允许的范围内,轨道面内相位角仍然存在不可忽略的相对变化率。例如,若轨道倾角偏差0.5°,则轨道面内相位角存在-0.006(°)/天相对变化率,1000天后,仅由J_2引起两轨道面升交点赤经差将超过6°。

4.2.3.3　MEO卫星轨道维持控制

1)MEO相对赤经保持

MEO卫星对交点回归经度不进行维持控制,仅维持轨道面相对赤经差在标称值±5°范围内,由赤经相对摄动运动方程可知,MEO相对赤经变化率主要由MEO卫星轨道半长轴捕获误差、偏心率和倾角射入误差(入轨后升交点和倾角不进行控制)引起的,设半长轴捕获误差为Δa,偏心率偏差Δe,倾角射入误差Δi,则升交点赤经相对

漂移率方程为

$$\Delta\dot{\Omega} = \dot{\Omega}\left(\left(-\frac{7}{2a^*}\right)\Delta a + \left(\frac{4e}{1-e^2}\right)\Delta e - \tan(i)\Delta i\right) \tag{4.20}$$

对 MEO 标称轨道 $a^* = 27905.0, i^* = 54.74°, e = 0.0, n^* = \frac{2106.357711}{\pi}$ ((°)/天),及

$$\dot{\Omega} = -\frac{0.103102}{\pi}(°)/天 \tag{4.21}$$

升交点赤经相对漂移率方程简化为

$$\Delta\dot{\Omega} = \left(\frac{0.0000129}{\pi}, -\frac{0.145832}{\pi}\right)\begin{pmatrix}\Delta a\\ \Delta i\end{pmatrix} \tag{4.22}$$

如果零窗口发射,轨道面间赤经差满足标称轨道设计值,如果卫星寿命 8 年,对相对升交点赤经不进行控制,半长轴和偏心率偏差,并不是引起轨道面相对赤经摄动的主项,要求倾角入轨精度小于 0.04°,况且倾角的摄动在 8 年内,不同升交点赤经轨道存在不同的倾角摄动运动规律,因此,8 年对 MEO 卫星轨道不进行控制,维持相对赤经差在 ±5°范围是非常困难的。

上述相对运动方程表明,相对赤经差维持控制可以通过调整半长轴和倾角进行控制,当然,也可以通过直接进行升交点赤经控制达到。

假设 T_0 时刻相邻轨道面赤经差为 $\Delta\Omega_0$,希望在 T_f 时刻赤经差达到 $\Delta\Omega_f$,则要求赤经差漂移率为

$$\Delta\dot{\Omega} = \frac{\Delta\Omega_f - \Delta\Omega_0}{t_f - t_0} \tag{4.23}$$

仅利用调整半长轴控制,半长轴控制量为

$$\Delta a = \left(\frac{\pi}{0.0000129}\right)\cdot\left(\frac{\Delta\Omega_f - \Delta\Omega_0}{t_f - t_0}\right) \tag{4.24}$$

仅利用调整倾角控制,倾角控制量为

$$\Delta i = -\left(\frac{\pi}{0.145832}\right)\cdot\left(\frac{\Delta\Omega_f - \Delta\Omega_0}{t_f - t_0}\right) \tag{4.25}$$

假设相对升交点赤经的控制量为$(\Delta\Omega_f - \Delta\Omega_0) = 2.5°$,要求在一年内达到控制目标,则要求升交点赤经相对变化率 $\Delta\dot{\Omega} = 0.0068$((°)/天)。

表 4.3 总结利用半长轴、倾角和直接升交点赤经控制的控制量。

表 4.3　MEO 卫星轨道相对赤经控制策略总结

控制策略 / 轨道根数	控制方法	控制方向	控制量	速度增量/(m/s)
半长轴	间接控制相对漂移量	切向控制	1668km	113.9
倾角	间接控制相对漂移量	法向控制	−0.148°	9.8
升交点赤经	直接控制赤经差	法向控制	2.5°	134.6

上述分析表明,利用相邻轨道面倾角差控制轨道面升交点赤经差,是 MEO 相对升交点赤经维持控制的主要策略,同时,利用适当的倾角偏置策略,可以适当延长相对升交点赤经维持控制的周期。

2）MEO 相对相位保持

MEO 任意相邻卫星相对相位角维持在标称值 ±5°范围内,由相位相对摄动运动方程可知,MEO 相对相位变化率主要由 MEO 卫星轨道半长轴捕获误差、偏心率和倾角射入误差(入轨后升交点和倾角不进行控制)引起的,设半长轴捕获误差为 Δa,偏心率偏差为 Δe,倾角射入误差为 Δi,则相位角相对漂移率方程为

$$\Delta\dot{\varphi} = -\frac{3}{2}\left(\frac{n^*}{a^*}\right)\Delta a + \left(\dot{\omega}\left(\frac{4e}{1-e^2}\right) + \dot{m}\left(\frac{3e}{1-e^2}\right)\right)\Delta e + 2\dot{\Omega}\sin(i)\Delta i \tag{4.26}$$

对 MEO 标称轨道 $a^* = 27905.0, i^* = 54.74°, e = 0.0, n^* = \frac{2106.357711}{\pi}$((°)/天),及

$$\dot{\Omega} = -\frac{0.103102}{\pi}(°)/天 \tag{4.27}$$

$$\dot{m} = n - \dot{M} = 0 \tag{4.28}$$

$$\dot{\omega} = \frac{0.059555}{\pi}(°)/天 \tag{4.29}$$

则对 MEO 卫星轨道,相位角相对漂移率方程为

$$\Delta\dot{\varphi} = \left(-\frac{0.113224747}{\pi}, 0.0, -\frac{0.2916194124}{\pi}\right)\begin{pmatrix}\Delta a\\ \Delta e\\ \Delta i\end{pmatrix} \tag{4.30}$$

如果卫星寿命 8 年,对相位角不进行控制,维持标称值 ±5°范围,则对半长轴的捕获精度和对倾角的入轨要求分别是

$$|\Delta a| \leqslant \frac{5}{8\times365}\cdot\frac{\pi}{0.113224747} \approx 0.0475\text{km} \tag{4.31}$$

$$|\Delta i| \leqslant \frac{5}{8\times365}\cdot\frac{\pi}{0.2916194} \approx 0.0184° \tag{4.32}$$

显然,即使倾角的入轨精度能够达到上述要求,但 8 年内位于不同升交点的轨道,其倾角不同摄动规律导致的倾角偏差也将远远大于上述假设,因此,需要对 MEO 进行必要的控制,以维持相对相位角在保持范围内。

上述相对运动方程表明,相对相位角维持控制可以通过调整半长轴和倾角进行控制,通过倾角调整相位角消耗过多的燃料,因此,可以采用调整半长轴,兼顾倾角偏差的策略进行必要的相位维持。

设当前时刻 T_0,MEO 任意双星相位差为 $\Delta\varphi_0$,要求 T_f 时刻双星相位差达到控制目标 $\Delta\varphi_f$,则星座相位角漂移率控制量为

$$\Delta\dot{\varphi}=\frac{\Delta\varphi_{\mathrm{f}}-\Delta\varphi_{0}}{T_{\mathrm{f}}-T_{0}} \tag{4.33}$$

例如，相位角调整量为2.5°，要求在30天内达到控制目标，因此要求相位角漂移率控制量为

$$\Delta\dot{\varphi}=\frac{\Delta\varphi_{\mathrm{f}}-\Delta\varphi_{0}}{T_{\mathrm{f}}-T_{0}}=\frac{2.5}{30.0}=0.0833((°)/\text{天}) \tag{4.34}$$

为此半长轴的控制量为

$$\Delta a=\Delta\dot{\varphi}\cdot\frac{\pi}{0.113224747}=2.31(\mathrm{km}) \tag{4.35}$$

图4.21所示为相位角漂移率控制量((°)/天)与半长轴控制量(km)之间的关系图。

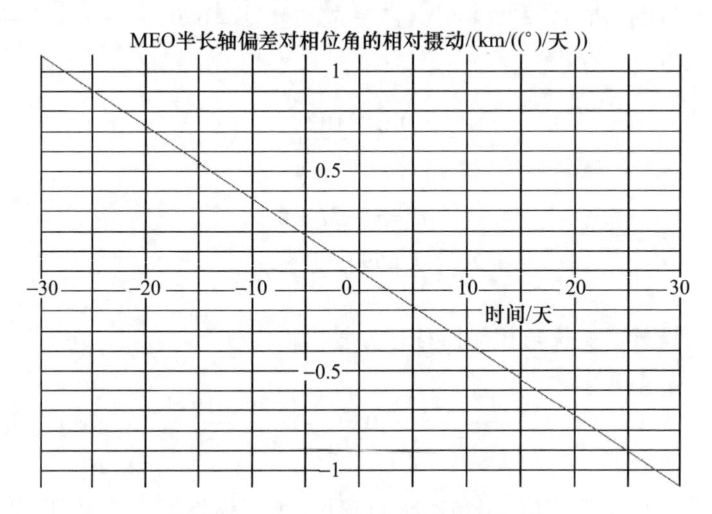

图4.21　MEO相位角相对摄动运动

MEO卫星对交点回归经度不进行维持控制，仅维持轨道面相对赤经差在标称值±5°范围内，由赤经相对摄动运动方程可知，MEO相对赤经变化率主要由MEO卫星轨道半长轴捕获误差、偏心率和倾角射入误差(入轨后升交点和倾角不进行控制)引起。

MEO任意相邻卫星相对相位角维持在标称值±5°范围内，由相位相对摄动运动方程可知，MEO相对相位变化率主要由MEO卫星轨道半长轴捕获误差、偏心率和倾角射入误差(入轨后升交点和倾角不进行控制)引起。

利用相邻轨道面倾角差控制轨道面升交点赤经差，是MEO相对升交点赤经维持控制的主要策略，同时，利用适当的倾角偏置策略，可以适当延长相对升交点赤经维持控制的周期。

相对相位角维持控制可以通过调整半长轴和倾角进行控制，通过倾角调整相位角消耗过多的燃料，因此，可以采用调整半长轴，兼顾倾角偏差的策略进行必要的相位维持。

4.2.3.4　基于轨道参数偏置的 MEO 卫星轨道摄动补偿方法

通过对小偏心率卫星轨道的长期稳定性分析可知，主要摄动力对卫星轨道升交点赤经和沿迹角的长期影响与时间成近似线性关系。轨道半长轴和倾角偏差，以及地球扁率项摄动的影响能够线性地改变卫星升交点赤经和沿迹角的长期变化率。因此，通过设计轨道半长轴和倾角的初始参数，能够达到清除主要摄动力对星座卫星升交点赤经和沿迹角的长期变化线性部分的目的[11]。

对于圆轨道卫星，同时考虑地球扁率项 J_2 的长期作用，轨道半长轴偏差和倾角偏差导致的升交点赤经和沿迹角的长期摄动变化与时间存在关系，即

$$\begin{bmatrix} \Delta\Omega \\ \Delta\lambda \end{bmatrix} = \boldsymbol{A} \begin{bmatrix} \Delta a \\ \Delta i \end{bmatrix} \Delta t \tag{4.36}$$

式中：$\Delta\Omega$、$\Delta\lambda$ 分别为圆轨道卫星在升交点赤经和沿迹角的漂移量。如果 Δt 时间内在主要摄动力的长期影响下，卫星 k 在升交点赤经和沿迹角的相对漂移量分别为 $\Delta\Omega_k$ 和 $\Delta\lambda_k$，则消除主要摄动力对卫星 k 轨道的长期影响线性部分所需要的轨道半长轴和倾角的初始偏置量为

$$\begin{bmatrix} \Delta a_k \\ \Delta i_k \end{bmatrix} = -\boldsymbol{A}^{-1} \begin{bmatrix} \Delta\Omega_k/\Delta t \\ \Delta u_k/\Delta t \end{bmatrix} \tag{4.37}$$

由于轨道半长轴和倾角的初始偏置量会同时影响卫星轨道的升交点赤经和沿迹角的长期变化率，因此轨道半长轴和倾角的初始偏置量对升交点赤经和沿迹角的长期摄动影响是耦合的[12]。通过利用式(4.37)，能够有效地解决轨道半长轴和倾角的初始偏置量对卫星升交点赤经和沿迹角的长期变化率的共同影响。摄动补偿后，卫星 k 的轨道半长轴和倾角的初始参数变为

$$\begin{bmatrix} a_k \\ i_k \end{bmatrix} = \begin{bmatrix} a \\ i \end{bmatrix} + \begin{bmatrix} \Delta a_k \\ \Delta i_k \end{bmatrix} \tag{4.38}$$

得到摄动补偿方法的轨道参数偏置量的计算过程如图 4.22 所示。利用高精度轨道动力学模型积分得到的轨道来模拟实际轨道，得到卫星轨道的升交点赤经和相位角的长期漂移量，进而通过星座构型稳定性分析得到卫星之间的相对漂移量，利用式(4.37)和式(4.38)分别得到轨道半长轴和倾角的调整量和星座构型中卫星的轨道半长轴和倾角的新参数。重复上面的工作，重新设计轨道半长轴和倾角的参数，直到得到满意的结果为止。通常经过 2～3 次循环后就可以得到满意解[13]。

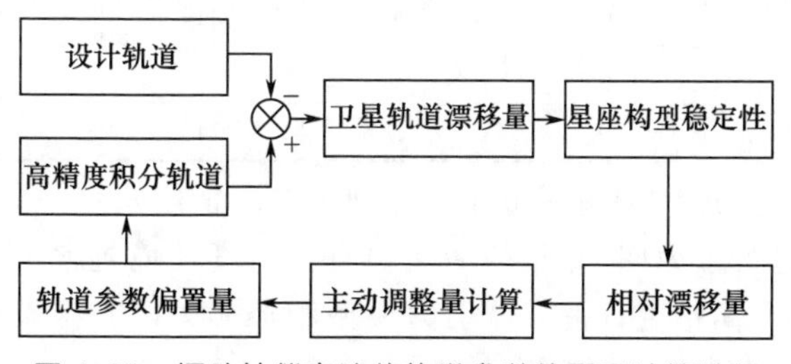

图 4.22　摄动补偿方法的轨道参数偏置量计算过程

根据星座卫星之间升交点赤经和沿迹角的长期变化率进行轨道半长轴和轨道倾角的偏置后,得到的星座初始构型参数都在标称参数附近,因此轨道半长轴和倾角的调整幅度对星座性能的影响可以通过星座构型的冗余设计来消除。

4.2.4 仿真算例与分析

BD MEO 星座参数为 Walker 24/3/1:21528km,55°,卫星轨道根数如表 4.4 所列。

表 4.4 BD MEO 星座卫星轨道根数

序号	a/km	e	i/(°)	Ω/(°)	ω/(°)	M/(°)
1	27906.137	0	55	0	90	0
2	27906.137	0	55	0	90	45
3	27906.137	0	55	0	90	90
4	27906.137	0	55	0	90	135
5	27906.137	0	55	0	90	180
6	27906.137	0	55	0	90	225
7	27906.137	0	55	0	90	270
8	27906.137	0	55	0	90	315
9	27906.137	0	55	120	90	15
10	27906.137	0	55	120	90	60
11	27906.137	0	55	120	90	105
12	27906.137	0	55	120	90	150
13	27906.137	0	55	120	90	195
14	27906.137	0	55	120	90	240
15	27906.137	0	55	120	90	285
16	27906.137	0	55	120	90	330
17	27906.137	0	55	240	90	30
18	27906.137	0	55	240	90	75
19	27906.137	0	55	240	90	120
20	27906.137	0	55	240	90	165
21	27906.137	0	55	240	90	210
22	27906.137	0	55	240	90	255
23	27906.137	0	55	240	90	300
24	27906.137	0	55	240	90	345

根据北斗三号系统 MEO 星座的设计构型,在高精度轨道动力学仿真环境中对 24 颗卫星的轨道进行了为期 10 年的演化仿真。仿真环境包含了 20×20 阶的地球重力场模型 EGM96、高精度日月三体引力模型和经典太阳光压模型,并在仿真中考虑了百米量级的半长轴随机入轨误差。

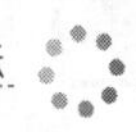

仿真结果如图4.23～图4.26所示,分析如下:

(1)对于同轨道面上存在沿迹角差的任意两颗卫星,其倾角的长周期运动规律基本一致,升交点赤经和沿迹角的长期项漂移也基本一致。初始入轨误差影响了沿迹角的长期相对漂移,通过在轨辨识方法可以进行修正。

(2)对不同轨道面上存在升交点赤经差的任意两颗卫星,它们由日月引力摄动引起的倾角长周期变化规律不再相同,由此也引入相对运动长期漂移的加速度项。

北斗导航系统MEO星座的标准构型,在日月引力摄动影响下会产生超出构型稳定性要求的长期漂移,需要进行摄动补偿控制。

利用基于轨道参数偏置的MEO卫星轨道摄动补偿方法进行北斗MEO星座构型保持控制,偏置后的参数如表4.5所列。

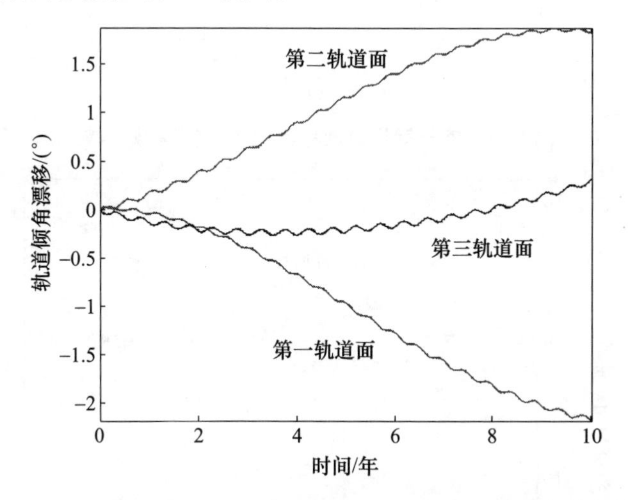

图4.23　10年内MEO星座倾角的长期演化情况(见彩图)

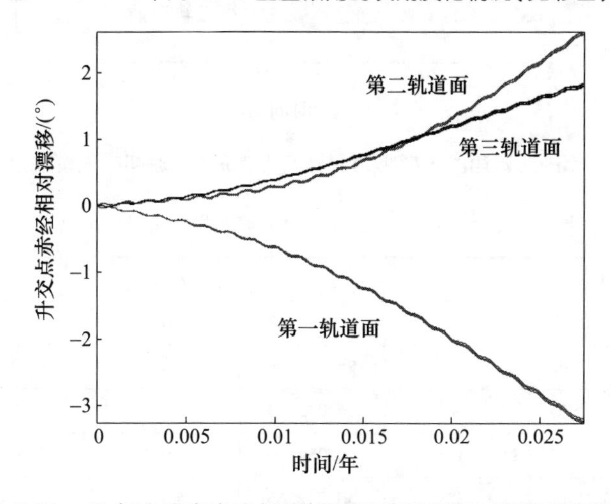

图4.24　10年内升交点赤经的长期相对漂移演化情况(见彩图)

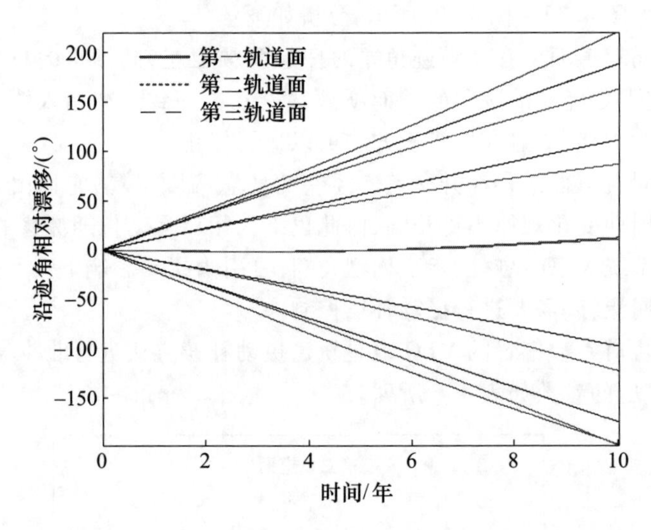

图 4.25　10 年内沿迹角的长期相对漂移演化情况(含初始入轨偏差)(见彩图)

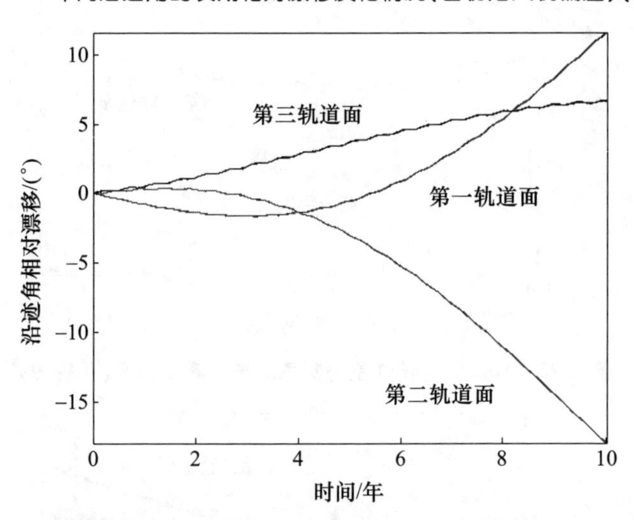

图 4.26　10 年内沿迹角的长期相对漂移演化情况(消除初始入轨偏差)(见彩图)

表 4.5　参数偏置后的 MEO 星座卫星轨道根数

序号	a/km	e	i/(°)	Ω/(°)	ω/(°)	M/(°)
1	27906.1205	0	56.042568	0	90	0
2	27906.1199	0	56.034096	0	90	45
3	27906.11927	0	56.042363	0	90	90
4	27906.11987	0	56.050849	0	90	135
5	27906.1205	0	56.042565	0	90	180
6	27906.1199	0	54.169458	0	90	225

（续）

序号	a/km	e	i/(°)	Ω/(°)	ω/(°)	M/(°)
7	27906. 11927	0	54. 181052	0	90	270
8	27906. 11987	0	54. 17796	0	90	315
9	27906. 08105	0	54. 166399	120	90	15
10	27906. 08014	0	54. 16948	120	90	60
11	27906. 08038	0	54. 181055	120	90	105
12	27906. 0813	0	54. 177973	120	90	150
13	27906. 08106	0	54. 166398	120	90	195
14	27906. 08014	0	54. 412493	120	90	240
15	27906. 08038	0	54. 415579	120	90	285
16	27906. 0813	0	54. 404066	120	90	330
17	27906. 25035	0	54. 400959	240	90	30
18	27906. 25011	0	54. 412488	240	90	75
19	27906. 25101	0	54. 415597	240	90	120
20	27906. 25125	0	54. 404059	240	90	165
21	27906. 25036	0	54. 400995	240	90	210
22	27906. 25011	0	56. 042568	240	90	255
23	27906. 25101	0	56. 034096	240	90	300
24	27906. 25125	0	56. 042363	240	90	345

偏置后的构型长期演化结果如图 4. 27 ~ 图 4. 29 所示。

可见，采用基于轨道参数偏置的摄动补偿方法，能够实现星座构型的稳定保持控制。对北斗导航系统的 MEO 星座，能够在满足构型稳定性要求的前提下，实现星座构型 10 年不控制的效果。

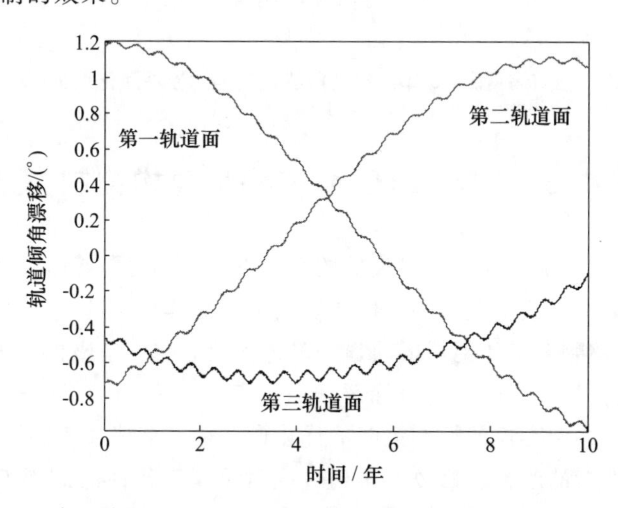

图 4. 27　参数偏置后 10 年内 MEO 星座倾角的长期演化情况（见彩图）

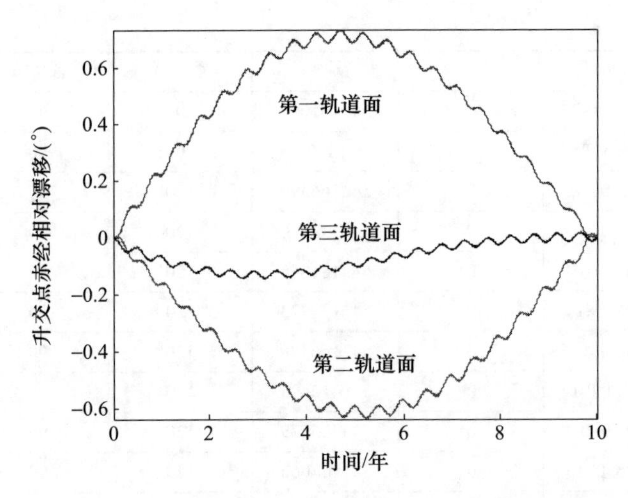

图 4.28　参数偏置后 10 年内升交点赤经的长期相对漂移演化情况（见彩图）

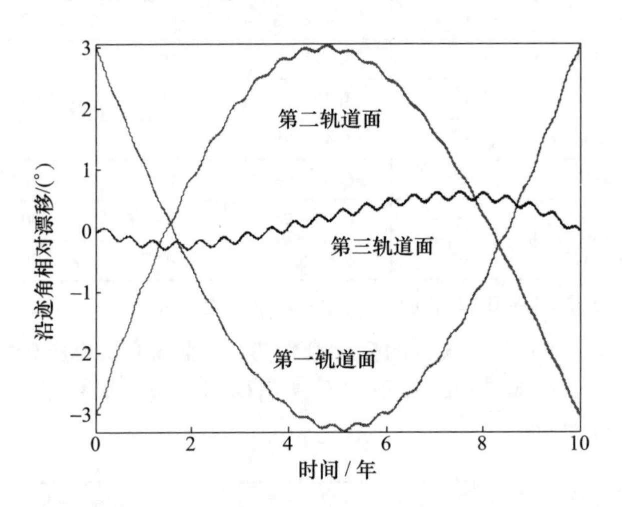

图 4.29　参数偏置后 10 年内沿迹角的长期相对漂移演化情况（见彩图）

4.3　BD MEO 星座构型重构控制方法

全球卫星导航系统在部分卫星失效的情况下会引起地面导航性能下降甚至造成导航服务中断，但卫星数量众多的全球导航星座本身具有一定冗余性，在少数卫星失效时可以通过调整剩余工作卫星的轨道来降低失效影响。星座构型重构控制一般必须保证星座在过渡过程中能够对目标区域提供正常服务，至少服务性能不出现大的下降。因此，星座构型变换的控制策略的优化设计是一个综合考虑重构时间、推进剂消耗、星座工作性能的改善和修复及重构过程对星座工作性能的影响等多方面的因素，是一个多目标、多约束的优化设计。

4.3.1　构型重构控制评价指标体系

从星座构型重构控制任务需求的角度进行考虑，星座构型失效重构控制必须考虑如下几个主要问题：

(1) 重构控制的成本代价。考虑到所携带推进剂剩余量及推进剂消耗对卫星工作寿命的影响，对于星座构型的失效重构通常只考虑同轨道面内卫星的重构控制，对于轨道面间的重构控制应该尽量避免。

同轨道面内卫星的失效重构主要是沿航迹的相位角重构控制。通过星座构型的重构控制使星座性能得到一定程度的修复或者优化。星座重构控制的推进剂消耗和时间消耗是相互矛盾的，容许的重构控制时间越短，则重构控制需要消耗的推进剂越多；反之，通过延长重构控制时间将能够降低推进剂的消耗量。

当某一轨道面存在多颗星失效时，如果严重地影响到星座性能，如出现了较大的覆盖间隙，并且在发射新的卫星替换故障卫星遥遥无期的情况下，则必须考虑轨道面之间的卫星转移。虽然轨道面的转移需要消耗大量的推进剂，但在紧急情况下为快速提升星座的性能，该代价也是可以接受的。

(2) 重构控制对星座性能的影响。重构控制将导致被调整的卫星中止服务，从而导致星座性能进一步下降，因此星座重构对性能的影响是一个需要考虑的重要因素。星座构型的重构控制应该避免对重点区域性能的影响，并且在不影响星座整体任务性能的条件下以最小的代价完成重构，同时应当使轨道机动次数最少。

(3) 重构控制的卫星数目。通过构型重构能够使星座性能得到一定的修复和提高，但是重构卫星数目对燃料消耗、重构时间和星座性能都会产生影响，因此总是希望通过有限数目卫星的重构控制来最大程度提高性能，而并不需要对所有卫星实施重构控制，此时就需要选择合适的策略来确定需要重构的卫星。

(4) 星座构型的恢复性。重构控制只是作为星座性能修复和提高的一个短期考虑，当故障卫星的替换卫星部署完成时，星座应该能够重构恢复到基本构型，且恢复基本构型的能力和代价应该在星座重构控制策略设计中得到体现。

4.3.2　BD MEO 星座构型重构控制

4.3.2.1　同轨道面构型重构

通过控制卫星的轨道半长轴，可调整与其他卫星的平均角速度差异，实现对卫星在轨道面内沿航迹的相位重构。相位角重构量 Δu 与重构控制的平均特征速度 Δv 和控制时间 Δt 存在下面的关系：

$$\Delta v = 2\left|\sqrt{\mu\left(\frac{2}{a}-\frac{1}{a'}\right)}-\sqrt{\frac{\mu}{a}}\right| \tag{4.39}$$

$$\Delta t = 2N\pi\sqrt{\frac{a'^3}{\mu}} \tag{4.40}$$

$$a' = a\left(1 - \frac{\Delta u}{2N\pi}\right)^{2/3} \tag{4.41}$$

式中:N 为正整数;a'为卫星相位重构的椭圆转移轨道半长轴。如果给定 N,则轨道面内相位重构控制的控制速度和控制时间需求是与卫星的相位角重构量 Δu 密切相关的,可以用卫星在轨道面内的相位角重构量来表征卫星重构的推进剂和时间的性能要求,即卫星在推进剂和控制时间的约束下存在卫星相位角重构量的最大值,同时卫星在相位角重构量约束下,也能够保证卫星通过再重构使卫星在补充足够替换卫星后能够回复到标称构型。

4.3.2.2 异轨道面构型重构

直接控制升交点赤经或者改变卫星相对于标称轨道面的进动速率两种方法都能够完成卫星在不同轨道面的重构控制。由于直接控制升交点赤经需要消耗的推进剂量非常大,通常都通过改变卫星的轨道半长轴或倾角与标称设计值的偏差来调整升交点赤经的长期变化,从而实现升交点赤经的重构控制。

通过直接控制升交点赤经偏差实现卫星异轨道面重构时,控制升交点赤经偏差 $\Delta\Omega$ 需要的控制速度增量为

$$\Delta v_{\Omega} = -\sqrt{\frac{\mu}{a}}\sin i\Delta\Omega \tag{4.42}$$

式中:μ 为地球引力常数。

在地球扁率项 J_2 的长期影响下,轨道参数偏差导致升交点赤经的长期变化为

$$\Delta\Omega_1 = -\frac{7\Omega_1}{2a}\Delta a - \Omega_1\tan(i)\Delta i \tag{4.43}$$

式中:Δa 为轨道半长轴偏差;Δi 为轨道倾角偏差;Ω_1 为升交点赤经,且

$$\Omega_1 = -\frac{3J_2R_e^2}{2p^2}n\cos i \tag{4.44}$$

式中:$p = a(1-e^2)$;n 为平均角速度。则轨道面修正需要的轨道半长轴或倾角相对于标称设计值的调整量为

$$\Delta a = -\frac{2a}{7\Omega_1}\Delta\Omega_1 = -\frac{2a}{7\Omega_1}\cdot\frac{\Delta\Omega}{\Delta t} \tag{4.45}$$

$$\Delta i = -\frac{1}{\Omega_1\tan i}\Delta\Omega_1 = -\frac{1}{\Omega_1\tan i}\cdot\frac{\Delta\Omega}{\Delta t} \tag{4.46}$$

此时,修正轨道半长轴和倾角偏差需要的控制速度增量为

$$\Delta v_a = -\frac{1}{7\Omega_1}\sqrt{\frac{\mu}{a}}\Delta\Omega_1 \tag{4.47}$$

$$\Delta v_i = \sqrt{\frac{\mu}{a}}\Delta i = -\frac{\cos i}{\Omega_1\sin i}\sqrt{\frac{\mu}{a}}\Delta\Omega_1 \tag{4.48}$$

比较通过调整轨道半长轴和轨道倾角来实现对于轨道面控制需要的速度增量,有

$$\left|\frac{\Delta v_a}{\Delta v_i}\right| = \frac{\sin i}{7|\cos i|} \tag{4.49}$$

当$|\tan i| = 7$时，有

$$\left|\frac{\Delta v_a}{\Delta v_i}\right| = 1 \tag{4.50}$$

此时$i = 81.8699°$或者$i = 98.1301°$。当轨道倾角$0 \leqslant i < 81.8699°$或者$98.1301° < i < 180°$时，调整轨道半长轴来实现轨道面的控制需要更小的控制速度增量。但是当轨道倾角$81.8699° < i < 98.1301°$时，通过调整轨道倾角来完成卫星轨道面的控制更能节省燃料。

4.3.3　BD MEO星座构型重构优化

4.3.3.1　优化模型

卫星轨道的相位角重构控制能够用转移时间T_{transfer}和需要消耗的燃料两个参数来表征。通常以速度ΔV表示燃料消耗，ΔV是独立于飞行器的质量的变量。而T_{transfer}和ΔV都将直接影响转移费用。如果转移时间太长，卫星将在很长一段时间内不能提供服务，如果转移的ΔV太大，卫星将消耗更多的燃料。因此，相位角的重构控制问题是最优化问题，约束条件和控制目标依赖于ΔV和T_{transfer}。对于给定卫星，这两个量对于给定卫星是与相位角控制量直接相关的，因此采用相位角控制量Δu作为卫星相位角重构控制成本代价指标。星座重构代价的最优目标函数为

$$J_{\text{propellant}} = \min \sum_{j=1}^{S'} |\Delta u_j| \tag{4.51}$$

式中：Δu_j为轨道面内卫星相位角的控制量；S'为轨道面内所有正常工作的卫星。

均匀星座重构策略如图4.30所示。

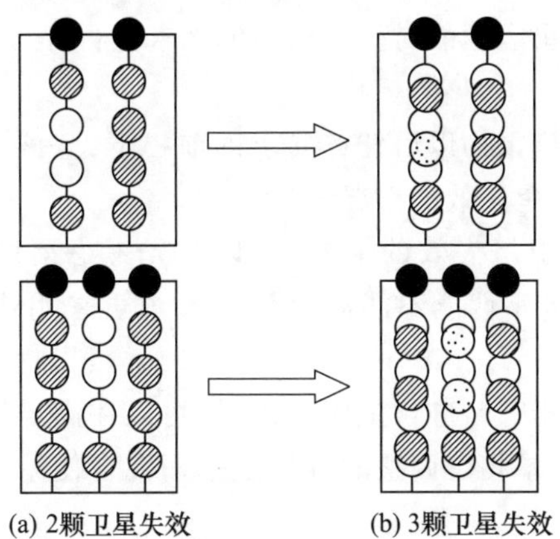

●—正常工作卫星；○—失效卫星；◎—缺失卫星轨道平面内相位调整的卫星；
⊙—从相邻轨道平面机动到缺失卫星轨道平面内的卫星。

图4.30　均匀星座重构策略

星座是作为一个整体来完成任务的,必须尽可能地使所有卫星承担相同的控制量以保证星座整体运行性能。对于均匀相位重构策略,必须考虑燃料消耗的均衡性问题,也即将星座重构控制任务尽量均匀地分布到轨道面内的所有卫星。燃料消耗均衡性的最优目标函数为

$$J_{\text{even}} = \min \sqrt{\frac{1}{S' - 1} \sum_{j=1}^{S'} \left(|\Delta u_j| - \overline{\Delta u} \right)^2} \tag{4.52}$$

式中:$\overline{\Delta u} = \dfrac{1}{S'} \sum_{j=1}^{S'} |\Delta u_j|$。

星座重构控制的最终目标应该是为了实现星座性能的提高或修复。对于导航星座,可以用最小覆盖重数、精度衰减因子(DOP)性能、可用性、连续性等性能指标来描述;而对于通信、侦察等星座,可以用覆盖时间百分比、最大不可视时间、平均响应时间等性能指标来描述。星座性能修复能力的最优目标函数为

$$J_{\text{perf}} = \max \sum_{j=1}^{n} \gamma_j \left| \frac{x_j - x_0}{x_{\text{norm}} - x_0} \right| \tag{4.53}$$

式中:n 为星座性能项数目,x_0 为无重构控制时星座性能,x_{norm} 为满站位运行时星座性能,x_j 为重构控制结束后星座性能,γ_j 为性能项 j 在星座性能中的重要程度。

建立综合考虑燃料消耗量、燃料消耗均衡性和性能修复能力的综合最优目标函数为

$$J_{\text{synthesis}} = \min(\lambda_1 J_{\text{propellant}} + \lambda_2 J_{\text{even}} - \lambda_3 J_{\text{perf}}) \tag{4.54}$$

式中:λ_1、λ_2、λ_3 为 3 种性能指标的权系数。

4.3.3.2 构型重构方案优化设计

星座中卫星失效的情况可以归结为共面卫星失效和非共面卫星失效两大类。对于非共面多颗卫星失效的情况可以分解为多个共面卫星失效的情况处理。对于共面卫星失效的情况又可以分为单颗卫星失效和多颗卫星失效两种情况,在选择星座重构控制策略时应该根据星座性能对星座构型的需求进行针对性选择。星座重构控制策略选择过程如下:

(1) 在能够满足星座重构以后任务要求的前提下,应该尽量采用调整相邻卫星策略,尤其是只有单颗卫星失效的情况。

(2) 对于共面多颗卫星失效的情况,可以首先考虑采用均匀相位策略进行星座重构,如果重构以后星座性能不能满足任务要求再采用均匀星座策略进行星座重构。

(3) 在采用均匀星座策略进行星座重构时,可以在满足星座重构以后任务要求的前提下,对需要进行卫星相位调整的各轨道平面混合使用调整相邻卫星策略和均匀相位策略。

(4) 如果采用均匀星座策略仍然无法达到任务要求,应该提出需要补星的要求,包括确定补发卫星的数量及其在星座中的站位。星座重构控制优化设计过程如图 4.31所示。

在确定的优化指标下，星座重构控制目标规划问题就成为一个典型的优化问题，可以通过选择合适的优化算法来进行优化设计。星座重构优化求解框架如图 4.32 所示。

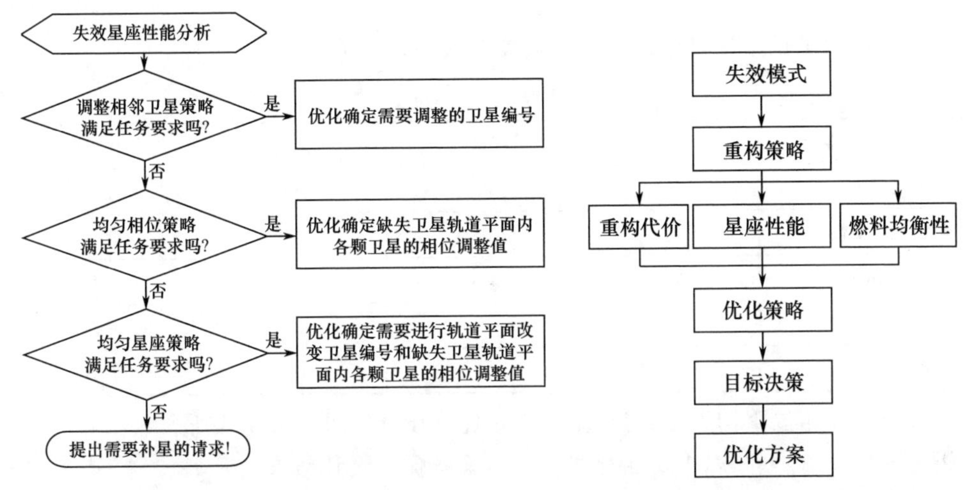

图 4.31　星座重构优化设计过程　　　图 4.32　星座重构优化求解框架

4.3.4　仿真算例与分析

以 BD MEO Walker 24/3/1:21528km，55°为例来进行星座构型沿航迹重构策略优化设计。假设导航星座第一个轨道平面内有两颗卫星失效，其中第一颗失效卫星为 11，则存在两颗失效卫星的所有组合方案中对星座主要性能指标(5°仰角)的影响如表 4.6 所列。

表 4.6　两颗卫星失效对星座性能影响

组合方案	失效卫星	可用性(GDOP[①] ≤3)	最小覆盖重数			平均 GDOP		
			最小	最大	平均	最小	最大	平均
F1	11\12	100%	4	7	4	2.072	2.621	2.328
F2	11\13	84.42%	4	7	5	2.056	6.336	2.615
F3	11\14	100%	5	8	5	2.028	2.531	2.314
F4	11\15	100%	5	8	5	2.067	2.505	2.315
F5	11\16	100%	5	8	5	2.032	2.520	2.314
F6	11\17	84.95%	4	7	5	2.045	5.159	2.508
F7	11\18	100%	4	7	5	2.077	2.598	2.330

① GDOP:几何精度衰减因子

考虑导航星座卫星的轨道面重构对燃料消耗量和控制时间的需求，分别采用相邻相位重构策略和均匀相位重构策略来对星座构型进行轨道面内的沿航迹重构控制。考虑到燃料消耗的均衡性,在相邻相位重构策略中,所有重构卫星均有相同的重构控制量。

将星座重构控制中卫星重构量作为约束条件,即

$$|\Delta u| \leqslant 45° \tag{4.55}$$

星座重构优化设计目标的性能项和权系数如表4.7所列。

表4.7 星座性能项和权系数

设计目标性能项	符号	权系数	标度	优化目标
重构控制代价	$J_{\text{propellent}}$	1.0	4500	最小
燃料消耗均衡性	J_{level}	1.0	4500	最小
可用性(GDOP≤3)	Avail	1.0	1.0	最大
最小覆盖重数	N_{cov}	—	—	≥5
GDOP值	GDOP	1.0	1.0	最小

采用相邻相位重构策略,得到星座重构优化设计结果如表4.8所列。

表4.8 相邻相位重构策略优化设计结果

方案	重构卫星号	相位角重构量/(°)	初始相位/(°)	重构后相位/(°)
A	14	45	135	90
B	14	27	135	108
	18	27	315	342

采用均匀相位重构策略,得到星座重构优化设计结果如表4.9所列。

表4.9 均匀相位重构策略优化设计结果

方案	重构卫星号	初始相位/(°)	重构后相位/(°)	相位角重构量/(°)
C	12	45	49	4
	14	135	109	26
	15	180	169	11
	16	225	229	4
	17	270	289	19
	18	315	349	34

综合考虑重构卫星数目、总的控制代价及燃料消耗量,可以知道,方案A只需要调整一颗卫星,相位角重构量为45°,也即将第1轨道面第4颗卫星重构到第3颗卫星的站位上,星座构型重构控制任务都集中在该卫星上。而方案B需要调整两颗卫星,即第1轨道面的第4颗卫星和第8颗卫星,每颗卫星的相位角重构量为27°,该方案降低了每颗卫星重构控制任务,但增加了总的控制代价。方案C将失效卫星所在轨道面内卫星均匀分布,总的相位角重构量为98°,并且不同卫星的重构控制量也不是均衡分布,因此该方案并不具有优势。

如果考虑重构结束后再补充的卫星情况，这时要求星座构型恢复到标称构型，则方案 A 只需要直接补充卫星到第 1 颗卫星和第 4 颗卫星的站位，方案 B 要求将不在站位上的两颗卫星进行重构，然后来补充两颗卫星来回复标称构型，而对于方案 C，轨道面内的所有卫星都需要经过重构，然后来补充两颗卫星才能达到标称构型。可知，从星座构型的回复性角度，A 方案要优于其他两个方案。

星座重构前后，星座的 GDOP 和覆盖重数随纬度的变化情况如图 4.33 所示。从图中可以看出，星座重构控制结束后，在中纬度区域，GDOP 值从 3.026 下降到了 2.458，并且星座对目标区域的最小覆盖重数也由 4 重上升到了 5 重，GDOP 和覆盖重数的性能得到了很大的提高，从 GDOP 性能角度，C 方案要优于 B 方案，而 B 方案又要优于 A 方案，重构控制结束，星座的可用性（GDOP≤3）都达到了 100%。

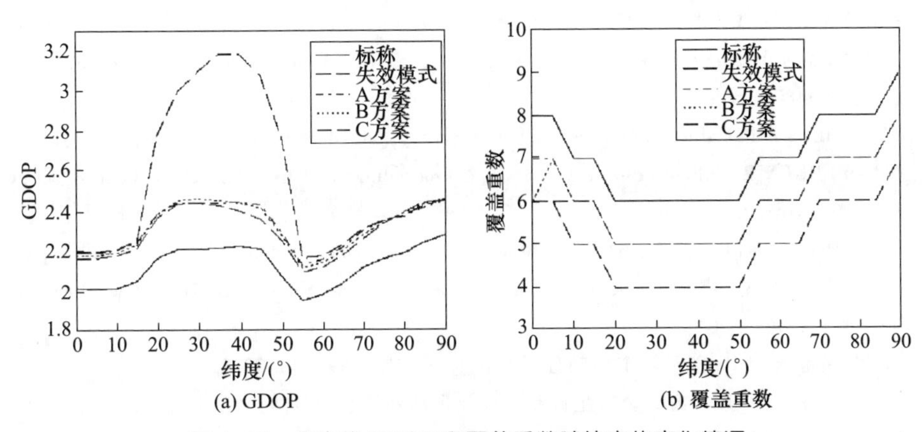

图 4.33　星座的 GDOP 和覆盖重数随纬度的变化情况

4.4　本章小结

北斗卫星导航系统是一个由多类卫星组合而成的复杂星座系统。卫星类型包括 MEO、IGSO 和 GEO，卫星数目多达 30 颗。但到目前为止，我国尚没有对大规模的星座系统进行控制的工程经验。因而，星座系统的长期摄动分析和控制方法制定，将是北斗卫星导航系统实施过程中的一项重要工作。

本章围绕导航卫星在轨运行控制方法进行论述。首先简要介绍了目前主要 GNSS 星座构型及其控制方法；其次从控制需求、长期演化分析、基于轨道参数偏置的轨道摄动补偿方法及仿真算例与分析 4 个方面，分别论述了 BD MEO 和 IGSO 星座构型保持控制方法；接着从控制需求、长期演化分析、GEO 卫星轨位保持控制 3 个方面，论述了 BD GEO 星座构型保持控制方法；最后，从构型重构控制评价指标体系、BD MEO 星座构型重构控制、BD MEO 星座构型重构优化及仿真算例与分析 4 个方面，论述了 BD MEO 星座构型重构控制方法。

本章的特点在于采用了摄动补偿方法对 MEO 星座构型进行控制，从而能够提高

MEO 星座构型的长期稳定性,大大减少星座构型控制代价和控制频率。

参考文献

[1] 张育林,范丽,张艳,等. 卫星星座理论与设计[M]. 北京:科学出版社,2008.

[2] 蒋超. 航天器相对运动的摄动及其补偿控制[D]. 北京:清华大学,2015.

[3] 范丽. 卫星星座一体化优化设计研究[D]. 长沙:国防科学技术大学,2006.

[4] 项军华. 卫星星座构型控制与设计研究[D]. 长沙:国防科学技术大学,2007.

[5] 刘欣,焦文海. GPS 星座部署与维护策略分析[C]//第五届中国卫星导航学术年会,南京,5 月 21—23 日,2014:1-6.

[6] PEIRO A M,BEECH T W,GARCIA A M,et al. Galileo in-orbit control strategy[C]//Proceedings of the IAIN World Congress in association with the U. S. ION Annual Meeting,San Diego,CA,Jun,2000:469-480.

[7] CAMBRILES A P. Galileo station keeping strategy[C]//20th ISSFD,Annapolis,Sep. 2007:1-14.

[8] ZANDBERGEN R. Galileo orbit selection[C]//Proceedings of ION GNSS 2004,Long Beach,CA,Sep. 2004:616-623.

[9] RICARDO P,BELEN M P,MIGUEL R M. The Galileo constellation design:systematic approach[C]//ION GNSS 18th International Technical Meeting of the Satellite Division,Long Beach,CA,Sep. 2005:1296-1306.

[10] 邓强,黄顺吉. GPS 卫星轨道摄动分析[J]. 航天控制,1995(4):33-35.

[11] 李恒年,李济生,焦文海. 全球星摄动运动及摄动补偿运控策略研究[J]. 宇航学报,2010,31(7):1756-1761.

[12] 姜宇,李恒年,宝音贺西. Walker 星座摄动分析与保持控制策略[J]. 空间控制技术与应用,2013,39(2):36-41.

[13] 钱山,李恒年,伍升钢. MEO 非共振轨道导航星座摄动补偿控制[J]. 国防科技大学学报,2014,36(2):53-60.

第5章 地球同步轨道导航卫星星座构型保持与控制方法

5.1 BD IGSO 星座构型保持控制方法

5.1.1 控制需求

用地理纬度 φ 和地理经度 θ 描述卫星任意时刻的星下点位置。根据球面三角形关系，用轨道根数表示的地理经、纬度分别为

$$\begin{cases}\varphi = \arcsin(\sin i \sin u)\\ \theta = \arctan(\cos i \tan u) + \Omega - \theta_E\end{cases} \tag{5.1}$$

二体条件下，以 u 为变量可以画出 IGSO 卫星的星下点轨迹如图 5.1 所示。

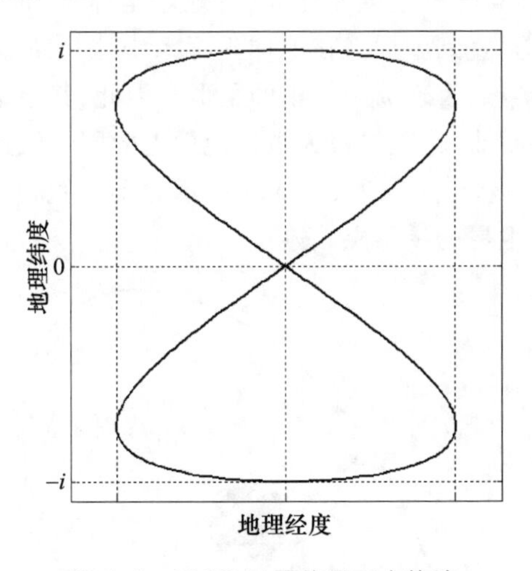

图 5.1 IGSO 卫星的星下点轨迹

分析 IGSO 星下点轨迹的形状特征，有

$$\begin{cases}\varphi_{\max} - \varphi_{\min} = 2i\\ \theta_{\max} - \theta_{\min} = 2\left(\arctan\left(\dfrac{1}{\sqrt{\cos i}}\right) - \arctan(\sqrt{\cos i})\right)\\ \sigma = \lambda + \Omega - \theta_E\end{cases} \tag{5.2}$$

可见二体模型的 IGSO 星下点轨迹，其地理位置由赤道交点经度决定，形状由轨

道倾角决定,而卫星在星下点轨迹上的位置由升交点角距决定[1]。

为保证IGSO星座对地面特定区域的重访覆盖,要求单颗IGSO卫星星下点轨迹的交点经度漂移维持在±2°的范围内。

为保证对高轨区域的覆盖性能,要求轨道倾角在±2°的范围内变化。

为了保证多颗星座卫星的相位在同一星下点轨迹上均匀分布,要求相对相位漂移不大于±5°。

5.1.2 BD倾斜地球同步轨道(IGSO)星座长期演化分析

5.1.2.1 IGSO卫星轨道与星下点轨迹

IGSO卫星轨道是一类特殊的地球同步圆轨道,轨道高度跟地球静止轨道(GEO)一样,轨道周期与地球自转周期相同,均属于地球同步轨道(GSO)。

与GEO卫星不同的是它的轨道倾角 $i \neq 0$,卫星不会始终停留在赤道上,如果偏心率 $e=0$,则卫星在运行过程中,其星下点轨迹半周在北半球运动,半周在南半球。地球自转时,沿纬度的小圆(在赤道上为大圆)是匀速的,由于它的轨道上升段(倾斜段)相对赤道是倾斜的,在地球坐标系内(经度变化速度)将落后于地球自转,表现为一面上升一面西退。但因其周期与地球自转一致,故在其轨道的(与赤道)平行或接近平行段必然要比地球自转的速度变化大,在地球坐标系内的表现为东进。到第二次轨道倾斜时再度西退,直到半周。在地球坐标系中这一轨道运动表现为一个倒置的梨形。下半周在南半球,表现为一个正的梨形。因此,其星下点轨迹是交点在赤道上、呈对称8字形的封闭曲线,卫星每天重复地面上的同一轨迹。图5.2所示为一颗倾角为55°的IGSO卫星轨道示意图,图5.3所示为不同轨道倾角下(从左至右依次为30°、55°、65°)IGSO卫星的星下点轨迹。

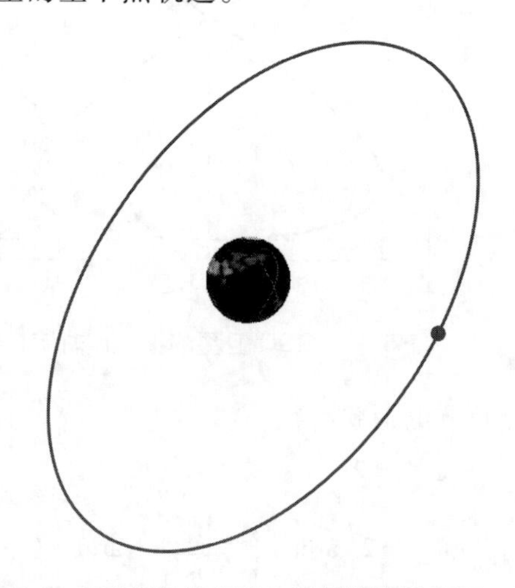

图5.2 55°倾角的IGSO卫星轨迹示意图

对于IGSO卫星而言,其轨道半长轴是确定的,即43126.17km,偏心率也是确定

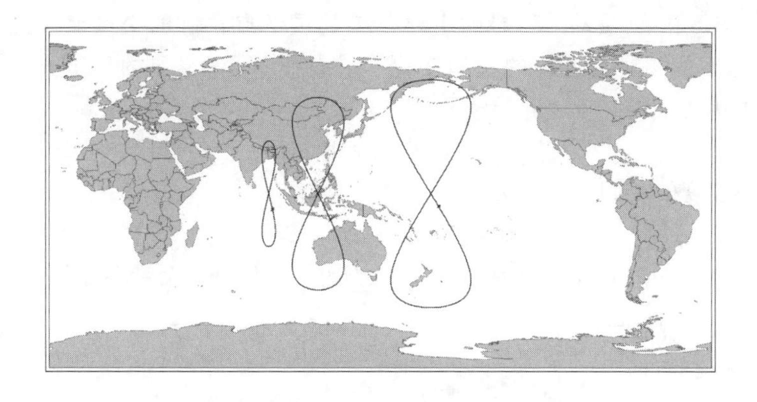

图 5.3　不同轨道参数 IGSO 卫星星下点轨迹示意图(见彩图)

的,即 $e=0$。其他轨道参数包括轨道倾角 i,升交点赤经 Ω,相位角 u(或沿迹角 γ)等。在大部分情况下,沿迹角也称为相位角,但是它们的严格定义如下:

$$u=\omega+f \tag{5.3}$$

$$\gamma=\omega+M \tag{5.4}$$

除此之外,IGSO 卫星还有一个重要的参数就是交点地理经度,即卫星星下点轨迹的 8 字形交点的地理经度。IGSO 卫星的交点地理经度反映了卫星星下点轨迹的位置,也就是反映了卫星的覆盖区域,因此是表征卫星性能的重要指标。交点地理经度 λ 定义为

$$\lambda=\Omega+\omega+M-S \tag{5.5}$$

式中:S 为格林尼治时角;Ω 为升交点赤经;ω 为近地点幅角(AOP);M 为平近点角,因此

$$\lambda=\Omega+\gamma-S \tag{5.6}$$

从式(5.6)可以看到,交点地理经度是由卫星的升交点赤经和沿迹角共同决定的,因此,给定的卫星的交点地理经度可通过调整这两个量来实现。如果要求两颗卫星星系点轨迹重合,则需要满足如下条件:

$$\begin{cases} i_1=i_2 \\ \Omega_1+\gamma_{01}=\Omega_2+\gamma_{02} \end{cases} \tag{5.7}$$

式中的起始时刻相位角 γ_0 就是卫星相对升交点的角距,它表示了卫星之间相对位置,即相对相位。如果希望任意 N 颗卫星的星下点在星下点轨迹上等间隔分布,则

$$\Delta\gamma_{i,j}=360/N \tag{5.8}$$

5.1.2.2　摄动分析

由于与 GEO 卫星处于同一轨道高度,为 1 恒星日的回归轨道,因此,IGSO 卫星受到的主要摄动力为地球非球形引力摄动、三体引力摄动和太阳光压摄动。这几个主要摄动项引起的摄动加速度与该轨道高度地心引力加速度之比的数量级分别为 10^{-5}、10^{-5} 和 10^{-7},图 5.4(a)~(f)所示为各种摄动力对卫星的各个轨道参数的影响情况。

对于 IGSO 卫星，摄动对卫星的主要影响是星下点轨迹的交点地理经度 λ 以及 IGSO 卫星之间的相对沿迹角的长期变化[2]。对于 IGSO 卫星的星下点轨迹的交点地理经度 λ 为

$$\lambda = \Omega + \omega + M - S \tag{5.9}$$

则交点地理经度的长期漂移量为

$$\Delta\lambda = \Delta\Omega + \Delta\omega + \Delta M \tag{5.10}$$

从图 5.4(f)也可以很明显地看到交点地理经度是由两个量叠加得到的。

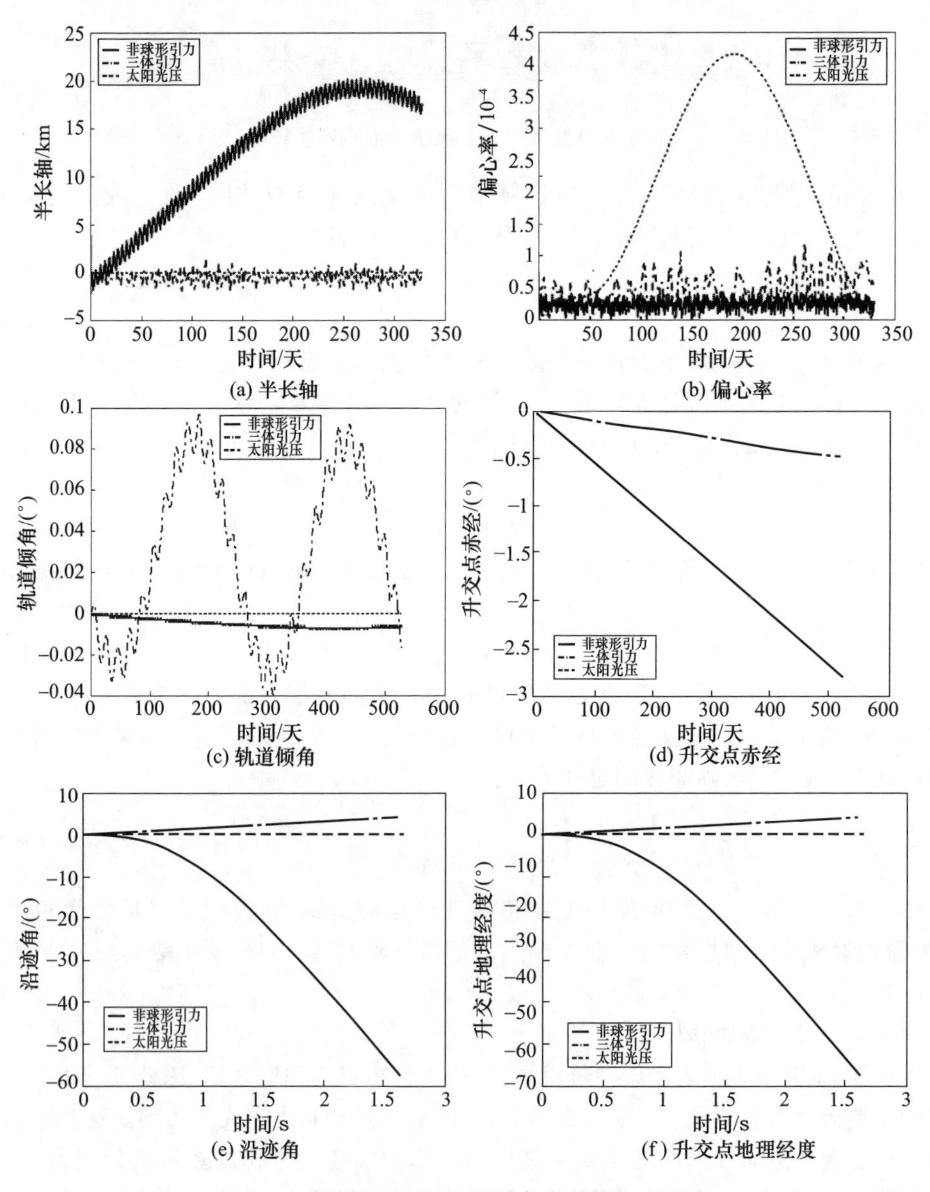

图 5.4　摄动力对 IGSO 卫星各参数的影响情况

通过对 IGSO 卫星摄动力的分析,可以得到以下结论:

(1) 地球非球形引力摄动是 IGSO 卫星的主要摄动力之一,它对轨道半长轴、偏心率、倾角及升交点赤经等参数的变化都有影响,且影响较大。

(2) 地球非球形摄动使得卫星的半长轴呈长周期变化。

(3) 太阳光压摄动主要对轨道偏心率有较大影响,且呈长周期性。

(4) 三体引力摄动主要对轨道倾角的影响较大,也呈长周期性。

(5) 总体来讲,摄动力对卫星的偏心率和轨道倾角的影响较小,因此轨道形状和倾角都变化不大。

在这些摄动力的作用下,卫星的轨道参数不断发生变化。

下面以一颗 IGSO 卫星的演化情况为例分析其演化规律,如图 5.5 所示。卫星的轨道参数为:$\Omega = 218.4299°$,$\omega = 0$,$M = 0$,交点地理经度为 118°。仿真时间取 10 年。从图中可以看到,轨道半长轴呈长周期变化,该卫星的轨道半长轴的变化范围基本在 ±15km 范围内,偏心率呈长周期变化,变化范围很小;轨道倾角有长期和长周期变化两部分,但总体变化不大;而升交点赤经呈长期变化,这是由于地球非球形摄动的 J_2 项引起的。卫星的交点地理经度变化由升交点赤经和沿迹角的变化叠加而成,即升交点赤经的长期变化和沿迹角的长周期变化共同形成了沿迹角的变化状况[3]。图 5.6所示为交点地理经度的长期演化情况。

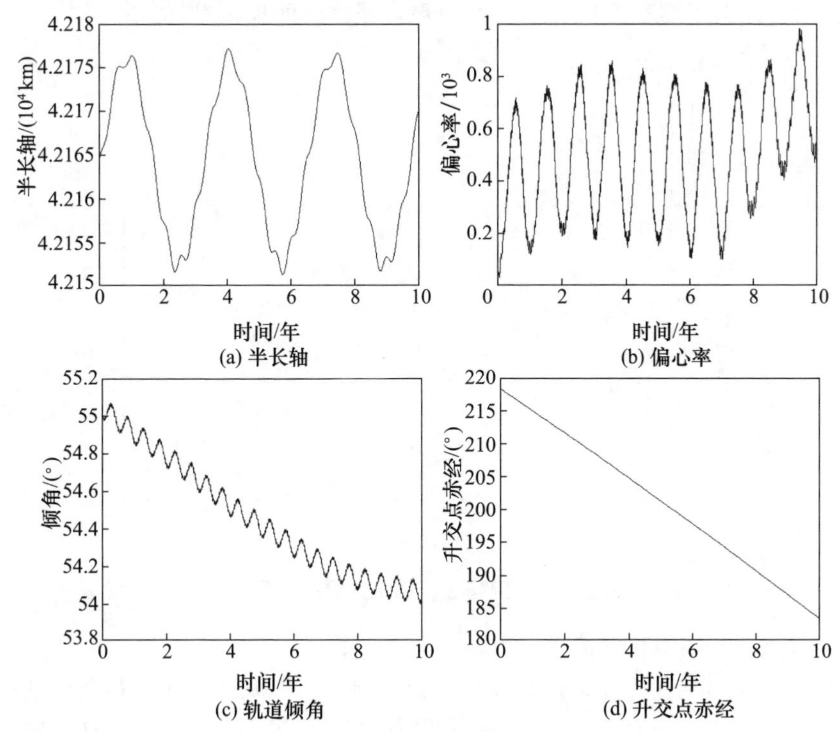

图 5.5　卫星轨道的长期演化

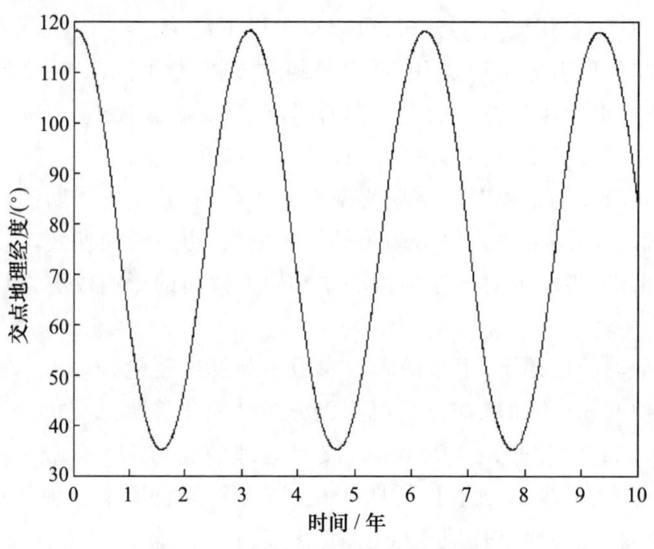

图 5.6　交点地理经度的长期演化

图 5.7 所示为 IGSO 卫星在 4 年内的交点地理经度变化情况，该图可以较清晰地反映出漂移量与时间的关系。从图中可以看到：如果不采取任何维持控制策略的，4 个月后交点地理经度漂移量为 10°；1 年后交点地理经度漂移量约为 56°；1 年 6 个月后达到最大，即向西漂移了 83°。此后，卫星按照这样的规律重复运动。

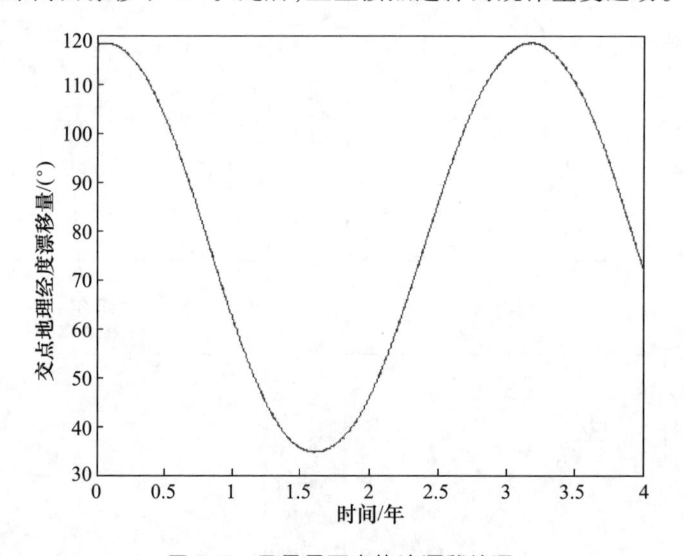

图 5.7　卫星星下点轨迹漂移情况

5.1.2.3　长期演化规律

在北斗三号星座中，由 3 颗重复星下点轨迹的 IGSO 卫星组成一个小型的星座系统，这 3 颗卫星均匀分布在 3 个间隔 120°的轨道上，相位间隔 120°，这样能够等间隔地覆盖目标区域，如图 5.8 和图 5.9 所示。

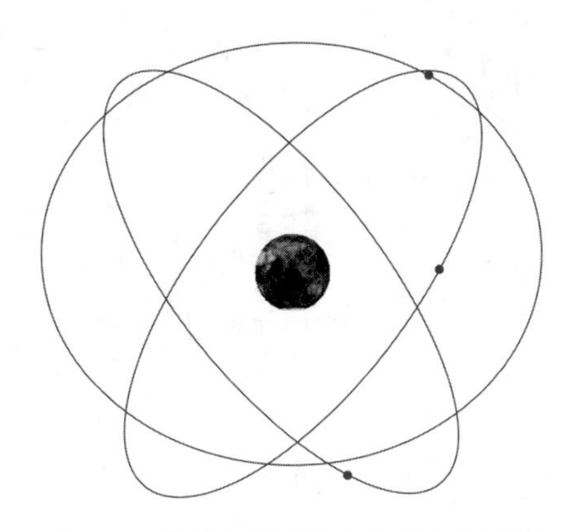

图5.8　北斗三号 IGSO 卫星空间布局

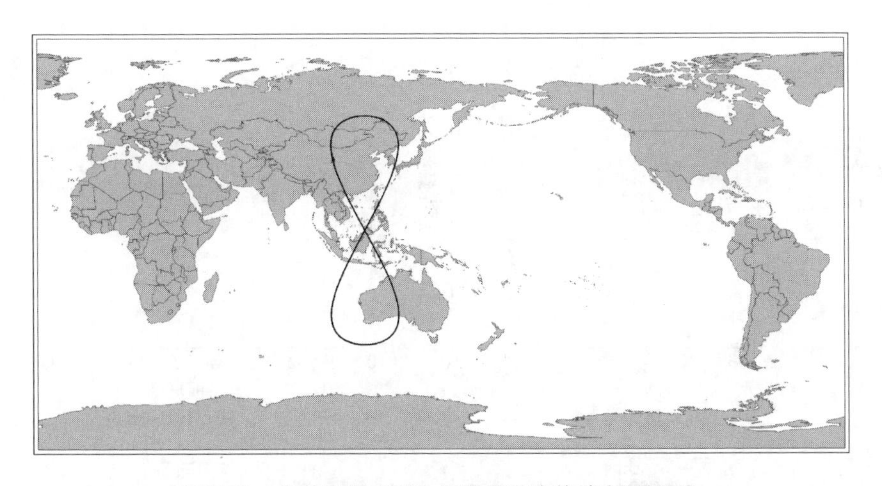

图5.9　北斗三号 IGSO 卫星星下点轨迹(见彩图)

3 颗 IGSO 卫星的轨道长期演化情况如图 5.10 所示。从图中可以看到,3 颗 IGSO卫星的轨道相差虽然较大,但是变化情况基本一致。这主要是由于 3 颗 IGSO 卫星的交点地理经度一致,所以半长轴及交点地理经度漂移率基本一致;倾角的变化是由日月三体引力作用所决定的,由于 3 颗卫星的轨道平面在惯性空间的位置不一样,所以变化的大小与方向各有不同。这样,IGSO 星座的控制问题可分解为每颗卫星的独立控制。

5.1.2.4　IGSO 卫星摄动机理分析

从上面的轨道长期演化情况来看,几个主要的轨道根数包括半长轴、偏心率及轨道倾角本身的变化都是不大的,半长轴基本在 15km 范围内,偏心率在 10^{-3}范围内,倾角最大的变化为 5°,这些变化几乎是不会影响卫星的服务能力的。但是,卫星的沿迹角和升交点赤经变化所导致的卫星的交点地理经度的漂移是比较严重的问题,其中尤以沿迹角的影响起了主导作用。因此,交点地理经度的维持是 IGSO 卫星控制维持中需要解决的问题[4]。

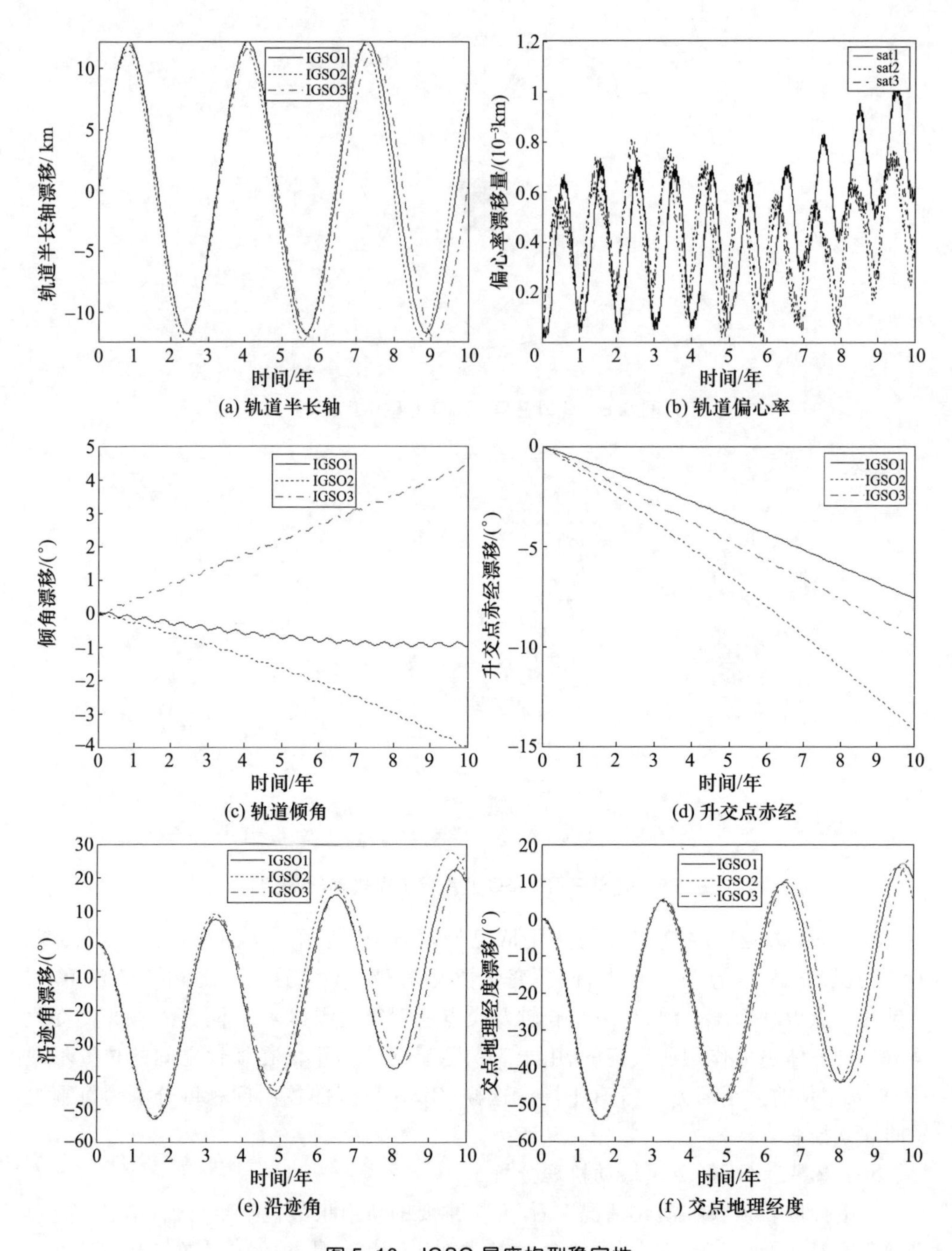

(a) 轨道半长轴 (b) 轨道偏心率

(c) 轨道倾角 (d) 升交点赤经

(e) 沿迹角 (f) 交点地理经度

图 5.10 IGSO 星座构型稳定性

卫星的交点地理经度的漂移量表示为

$$\Delta\lambda = \Delta\Omega + \Delta\gamma = \Delta\Omega + \Delta\omega + \Delta M \tag{5.11}$$

式中：$\Delta M = \int_0^t (n - n_0)\mathrm{d}t$，$n$ 为当前时刻的卫星角速度，n_0 为同步轨道卫星的标称角

速度。而卫星的角速度是由轨道半长轴所决定的：

$$n=\sqrt{\frac{\mu}{a^3}} \tag{5.12}$$

从公式中可以明显地看到，卫星升交点赤经的变化 $\Delta\Omega$ 导致了交点地理经度的长期西移。而 ΔM 对交点的影响是由卫星半长轴所决定的：半长轴越长，卫星运动角速度越慢，这样卫星的星下点轨迹将向西漂移；半长轴越短，卫星运动角度越快，星下点轨迹向东漂移。直观上看，卫星运动角速度越慢，卫星的运动角速度将小于地球自转的角速度，这样星下点轨迹必然呈现西退的现象，反之亦然。

对于北斗三号的3颗IGSO卫星而言，半长轴都呈现先增大后减小的正弦曲线的变化趋势，这样由沿迹角所导致的交点地理经度的变化是先西退后东进，另一方面，由卫星的升交点赤经导致的交点地理经度的漂移是向西的，这样卫星的星下点轨迹整体是在标称位置的西侧按照向西—向东—向西的规律重复漂移，这与仿真结果也是一致的。

从摄动机理上来看，地球非球形摄动是影响交点地理经度漂移的主要因素。首先，地球扁率项 J_2 项对地球的升交点赤经影响导致了交点地理经度长期漂移；另外，田谐项对IGSO卫星的影响作用非常明显。对于一般的轨道，它仅引起短周期摄动，但是由于IGSO卫星的平均角速度与地球自转角速度基本相等，属于共振轨道，因此，短周期项转化为长周期项。田谐项对于交点地理经度的影响反映在两方面；一方面是由田谐项引起的地球半长轴变化而导致卫星运动角速度的变化；另一方面是地球田谐项对近地点角距 ω 的影响。而在所有田谐项中，地球椭率项 J_{22} 的影响最为明显。

共振轨道是卫星平运动和地球自转角速度成简单整数比的轨道，此时地球引力场中田谐项会对轨道半长轴产生明显的共振影响，并最终导致卫星相位的非线性变化。对于由共振轨道卫星组成的星座，由于地球非球形对卫星轨道半长轴的长周期影响，导致星座构型无法实现长期稳定。

在地固坐标系中，地球非球形引力场位函数表达式为

$$U(r)=\frac{\mu}{r}\sum_{n=2}^{N}\sum_{m=0}^{n}\left(\frac{R_e}{r}\right)^n P_{nm}(\sin\varphi)\cdot[C_{nm}\cos m\lambda+S_{nm}\sin m\lambda] \tag{5.13}$$

式中：r、λ、φ 分别为卫星在地固坐标系中的地心距、地心经度和纬度；R_e 为地球参考椭球体的赤道半径；$P_{nm}(\sin\varphi)$ 为 $\sin(\varphi)$ 的缔合勒让德多项式；C_{nm} 和 S_{nm} 为地球引力位系数；n 和 m 分别为引力场位函数的阶和次；N 为最高阶数；μ 为地心引力常数。

在人造卫星精密定轨和卫星位置预报中，人们对带谐项比较重视，特别是 $C_{2,0}$、$C_{3,0}$、$C_{4,0}$ 等主要带谐项，而田谐项则往往被忽视。尽管田谐系数 C_{nm}、$S_{nm}(m\neq0)$ 的量级与 $C_{3,0}$、$C_{4,0}$ 等相当，有时也不被考虑在摄动因素中，其原因是田谐项对卫星轨道的摄动影响通常只表现为短周期效应。当短周期项中有如下形式的因子：

$$E=\frac{(C_{nm},S_{nm})}{k-m\alpha} \tag{5.14}$$

$$\alpha = \omega_e / n \tag{5.15}$$

式中：ω_e 为地球自转角速度；$k = 0, \pm 1, \cdots$，其中最主要的是 $k = 1$ 或 2 对应的小分母，即

$$k - m\alpha \approx 0 \tag{5.16}$$

$$\frac{n}{\omega_e} = \frac{m}{k} \tag{5.17}$$

此时田谐项将对卫星轨道产生长周期共振效应。

考虑 J_2 和 J_{22} 项影响的交点地理经度表达式为

$$\frac{\mathrm{d}\bar{\lambda}}{\mathrm{d}t} = n - n_e + \frac{3}{2}J_2\left(\frac{R_e}{a}\right)^2 n_e \cos i - \frac{6k^2 m_e R_a^2}{na^5}[3J_{22}\sin 2(\lambda - \lambda_{22})] \tag{5.18}$$

式中：n 为卫星轨道平均角速度；n_e 为地球自转角速度；R_e 为地球半径；m_e 为地球质量；λ_{22}、J_{22} 为常数，取值分别为 $-14.91°$ 及 -1.8113×10^{-6}。

卫星轨道平均速率的变化取决于轨道半长轴的变化，可写为

$$\frac{\mathrm{d}a}{\mathrm{d}t} = \frac{12J_{22}k^2 m_e R_e^2}{na^4}\sin 2(\lambda - \lambda_{22}) \tag{5.19}$$

因此，卫星交点地理经度的变化是呈长周期性的。根据卫星的初始地理经度相对于地球赤道短轴位置的不同，半长轴和交点地理经度的变化周期、方向和大小变化趋势是相同的。图 5.11 和图 5.12 是交点地理经度分别为 60°、90°、120°、150°的 4 颗 IGSO 卫星的半长轴和沿迹角的长期演化曲线。从图中可以看到，几颗卫星的半长轴的变化趋势、大小和周期都是不相同。其中交点地理经度为 60°的卫星的半长轴是先减小后增大的，因此它的沿迹角的变化也是先增大后减小的。而交点为 90°、120°、150°的则是先增加后减小。同时，在后 3 个交点位置情况下，随着地理经度的增加，呈现振幅增加、周期增长的趋势。

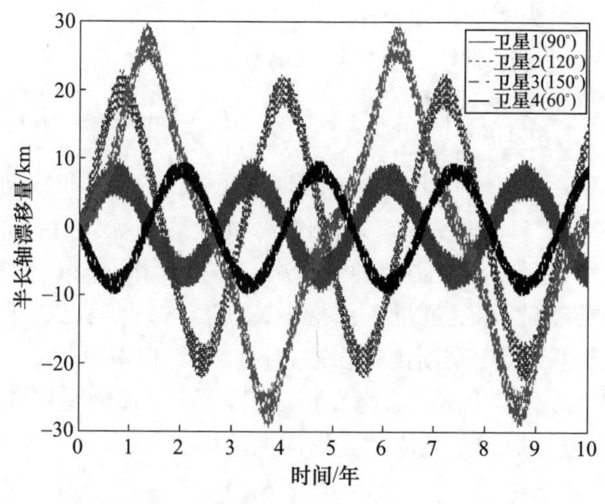

图 5.11　不同交点地理经度的 IGSO 卫星半长轴的长期演化（见彩图）

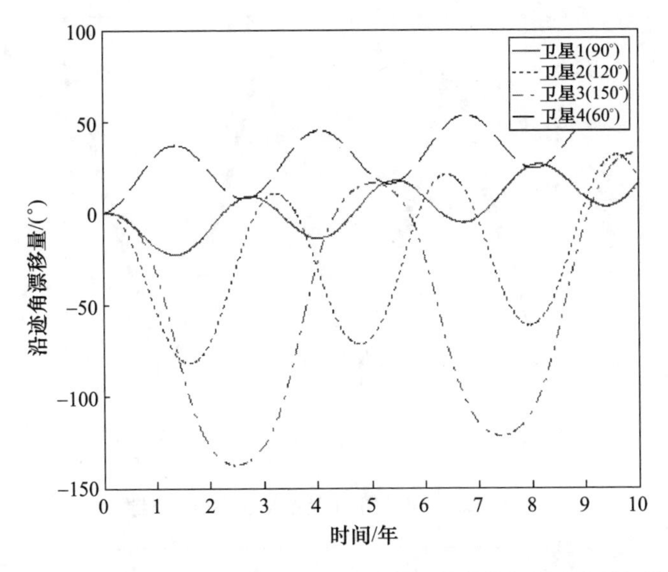

图5.12　不同交点地理经度的IGSO卫星沿迹角的长期演化(见彩图)

对于我国所在的经度范围,半长轴呈现先增大后减小的周期变化趋势,这样交点地理经度也是以先西退后东进的方式周期变化。

IGSO卫星半长轴的长周期振动范围也是与交点经度密切相关的,譬如交点经度为120°的卫星其半长轴变化范围基本在±20km的范围内,如果卫星半长轴的初始的偏差在此范围内,则在田谐项的作用下,卫星的轨道半长轴能回复到标称值(42164km)。图5.13至图5.16分别对应表5.1中初始值不同的情况下,卫星半长轴的演化情况。

表5.1　卫星半长轴参数

编号	初始半长轴/km	Δa/km
1	42150	14
2	42140	24
3	42110	54
4	42050	114

从图5.13中可以看到,在地球非球形摄动的作用下,半长轴呈长周期变化,周期约为4.2年,且基本上是以标称半长轴即42164km为中心振荡。而从图5.14可以看到,当卫星半长轴为42140km,即卫星的初始半长轴与标称半长轴相差24km时,卫星半长轴也基本上呈长周期变化,周期约为2年,但是半长轴不再回复到标称值,在42130~42150km的范围内变化。从图5.15和图5.16可以看到,随着卫星的初始半长轴偏差的增加,半长轴的变化周期越来越短,振幅也越来越小,这也充分证明了轨道周期不满足共振轨道的条件时,卫星半长轴在地球非球形摄动的作用下是呈短周期变化的。

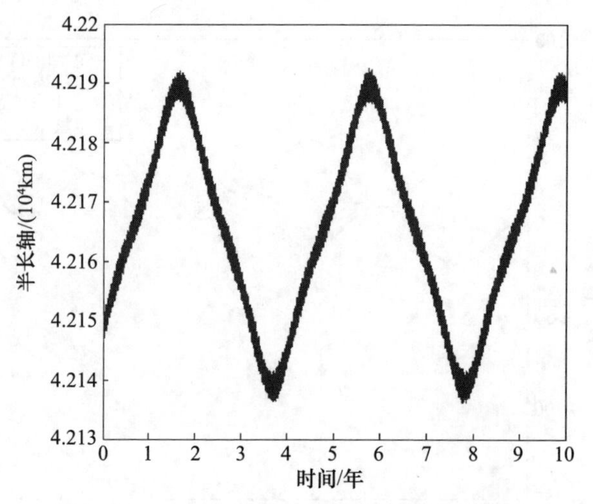

图 5. 13 a_0 = 42150km 卫星半长轴的长期演化

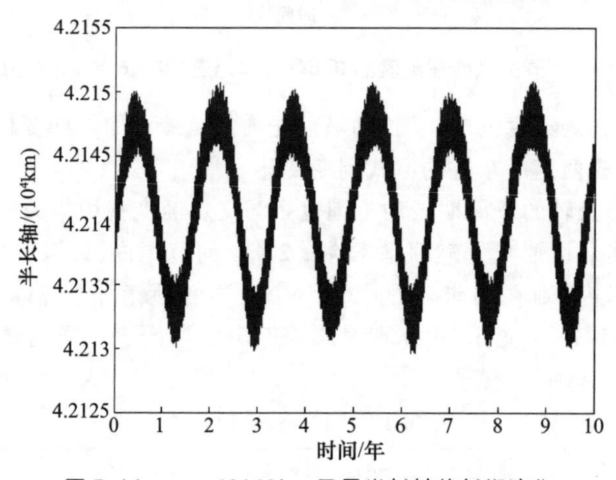

图 5. 14 a_0 = 42140km 卫星半长轴的长期演化

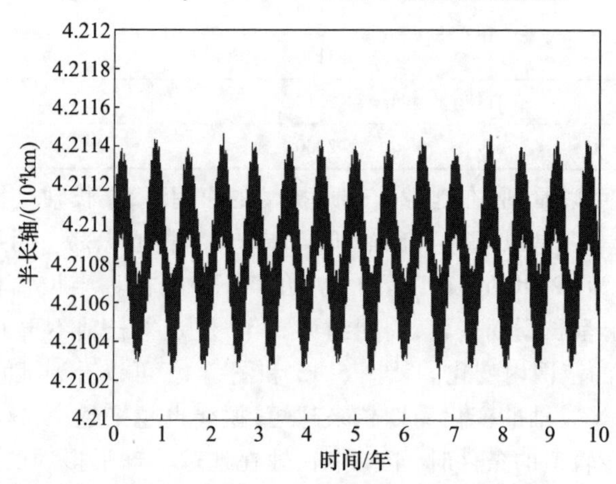

图 5. 15 a_0 = 42110km 卫星半长轴的长期演化

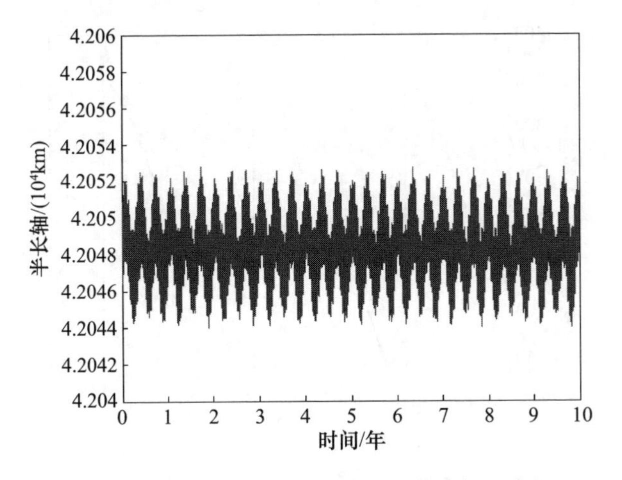

图5.16 a_0 =42050km 卫星半长轴的长期演化

图5.17和图5.18分别给出了初始半长轴为42150km和42140km的卫星交点地理经度的变化情况。从图中可以看出,初始半长轴为42150km的情况下,卫星的交点地理经度会回复到初始位置;初始半长轴为42140km的情况下,交点地理经度已经不是周期性变化。

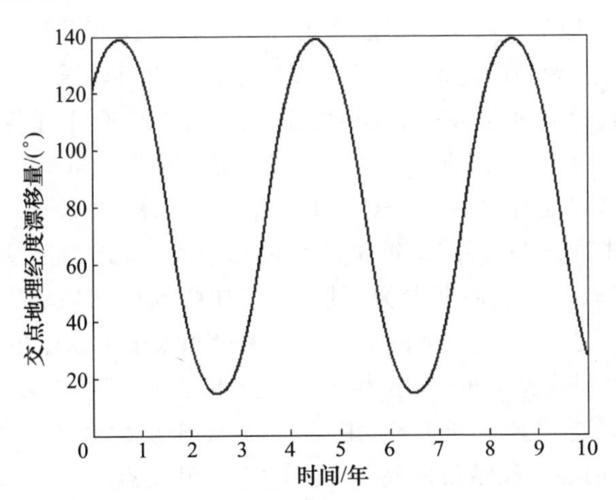

图5.17 a_0 =42150km 卫星交点地理经度的变化

通过上面的分析,可以得到如下基本结论:

(1)摄动力对IGSO卫星轨道的影响主要表现在升交点赤经漂移和沿迹角漂移,从而导致卫星的交点地理经度的变化。而对于轨道半长轴、偏心率和倾角的长期影响都不是很大,因此,评估IGSO卫星轨道是否处于正常范围的参数是交点地理经度。

(2)交点地理经度的漂移是由升交点赤经、沿迹角及近地点角距所共同决定的,而沿迹角的变化是由半长轴的变化所导致的。对于IGSO卫星而言,半长轴受到地球非球形摄动田谐项 J_{22} 的影响,呈现长周期变化,变化周期约为1.5年。

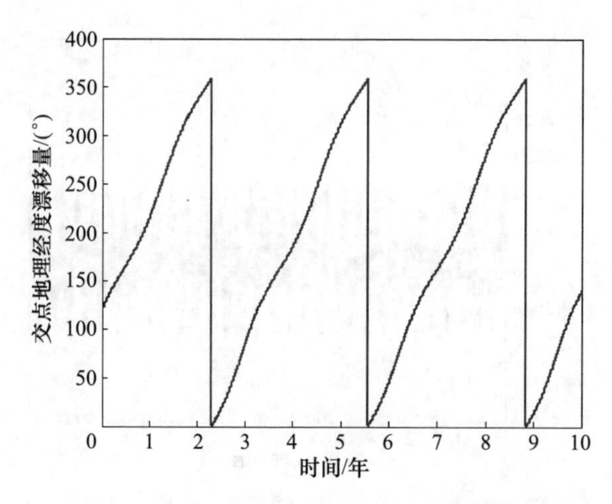

图 5.18　$a_0=42140\text{km}$ 卫星交点地理经度的变化

（3）交点地理经度的变化周期约为 0.083(°)/天，也就是说，大约 4 个月后，交点地理经度向西漂移 10°。

IGSO 卫星轨道演化规律：地球的三轴性，使不同交点经度的 IGSO 卫星的轨道半长轴具有长期项摄动，如交点经度位于 113°E ~ 123°E 区间的 IGSO 卫星，轨道半长轴每天增加约 76m；地球扁状 J_2 项引起轨道面升交点赤经西退每天 0.0075°，太阳引力引起轨道面升交点赤经西退每年 0.322°，月球引力引起轨道面升交点赤经西退每年 0.69°，一年内轨道面西退 3.75°，8 年寿命期约 30°；IGSO 卫星倾角摄动运动主要由太阳、月球引力引起，除太阳同步卫星外，绕地卫星轨道倾角不存在长期项，长周期项与轨道面的进动周期有关，对 IGSO 卫星，由地球扁率、太阳引力和月球引力引起轨道面一年向西进动 3.75°，每 96 年轨道面进动一周，因此，在卫星寿命期（一般不超过 15 年）内，可以认为长周期项为长期项；光压摄动引起偏心率运动是随太阳平赤经的椭圆运动，椭圆中心与当前时刻偏心率矢量和太阳平赤经相关，椭圆长轴与春分点方向的夹角等于轨道倾角，其短半轴沿春分点方向，其长半轴与春分点垂直，偏心率自由摄动半径与卫星光压面积、卫星质量、光压反射系数和太阳高度角有关；IGSO三星半长轴、偏心率和倾角偏差，是导致 IGSO 升交点相对差和相对相位差相对摄动运动的主要因素。

5.1.3　基于轨道参数偏置的 IGSO 卫星轨道摄动补偿方法

5.1.3.1　IGSO 卫星标称轨道

IGSO 卫星轨道回归周期为 1 个平恒星日，1 圈回归。考虑地球自转（自转速度 $\omega_e=7.292115\text{rad/s}$）与轨道面的进动 $\dot{\Omega}$，轨道周期满足

$$T_p=\frac{2\pi}{\omega_e-\dot{\Omega}}=86162.3\text{s} \tag{5.20}$$

因此,IGSO 卫星轨道标称半长轴 $a_s = 42163.5\text{km}$。

地球扁状(赤道隆起)增大了地球引力,额外的径向加速度使得 IGSO 轨道半径增大。对标称半长轴的补偿值,由圆轨道运动得到

$$r_c = r_s\left(1 - \frac{J_2 R_e^2 L}{2r_s^2}\right) = r_s\left[1 - \frac{J_2 R_e^2}{2r_s^2}\left(\frac{3}{2}\sin^2 i - 1\right)\right] \tag{5.21}$$

可见:当 $\sin^2 i > \dfrac{2}{3}$ 时,地球扁状摄动导致轨道半长轴降低,降低量为 $\dfrac{J_2 R_e^2}{2r_s} \times \left(\dfrac{3}{2}\sin^2 i - 1\right)$;当 $\sin^2 i < \dfrac{2}{3}$ 时,地球扁状摄动导致轨道半长轴增加。例如,对于倾角为 0°的 GEO,J_2 项导致同步半径增加 522.4m,当 $\sin^2 i = \dfrac{2}{3}$ 即轨道倾角 $i = 54.74°$ 时,地球扁状摄动对倾斜同步轨道半长轴没有增加量,因此,不必利用增加半长轴抵消 J_2 的额外引力摄动,这也是轨道稳定性设计中考虑的因素。

对星下点重合的 3 颗卫星,其相位角与升交点赤经差应满足

$$\frac{\Delta\Omega}{\omega_e} = -\frac{\Delta\varphi}{n} \tag{5.22}$$

因此,1 个平恒星日,1 圈回归,IGSO 卫星轨道标称平半长轴为 42163.5km,标称倾角为 54.74°,星下点轨迹重合,相位角差 120°,升交点赤经差 120°。

5.1.3.2　基于轨道参数偏置的 IGSO 卫星轨道摄动补偿方法

对于 IGSO 卫星而言,其偏心率和倾角的变化较小,对星座的性能影响也比较小,因此,可通过预先偏置的方法来克服变化所带来的影响。升交点赤经和沿迹角的变化比较大,又是星座性能的主要影响量,因此是卫星的主要控制量。考虑到升交点赤经的控制成本较高,因此由升交点赤经引起的交点地理经度的漂移可以通过调整沿迹角的策略来补偿。这样,对于 IGSO 卫星而言,只要调整卫星的沿迹角即可达到控制交点地理经度的目的。而沿迹角的控制可以通过调整轨道半长轴的方式实现。从 IGSO 卫星沿迹角变化的曲线可以看到,沿迹角是先减小,大约一年半后开始变大,呈周期性变化,导致交点地理经度与沿迹角的变化趋势一致,即先向西漂移,再向东漂移。这主要是由于卫星的半长轴在摄动力作用下增加或减小的周期约为 1 年半。因此,可以通过调整半长轴的方式来调整卫星沿迹角的变化方向和大小[5-7]。具体方法如下:

(1) 假设卫星的交点地理经度的允许漂移量是 $\pm\Delta\lambda$,则可以直接将卫星部署在 $\lambda - \Delta\lambda$ 的位置,并选取卫星的半长轴为小于标称半长轴的值 $a - \Delta a(0)$,这样,卫星的星下点轨迹将向东漂移。

(2) 当半长轴在摄动力作用下增大为 a 时,卫星的交点地理经度到达东边界即 $\lambda + \Delta\lambda$。

(3) 由于摄动力的作用使得半长轴继续增加,这时,卫星的沿迹角减小,导致卫星的星下点轨迹开始向西漂移,当漂移到西边界即 $\lambda - \Delta\lambda$ 时,需要通过控制将卫星

的半长轴调整到新的设计值即 $a-\Delta a(n)$。调整后,卫星将重复上面的规律运动。控制过程及状态如图 5.19 所示。

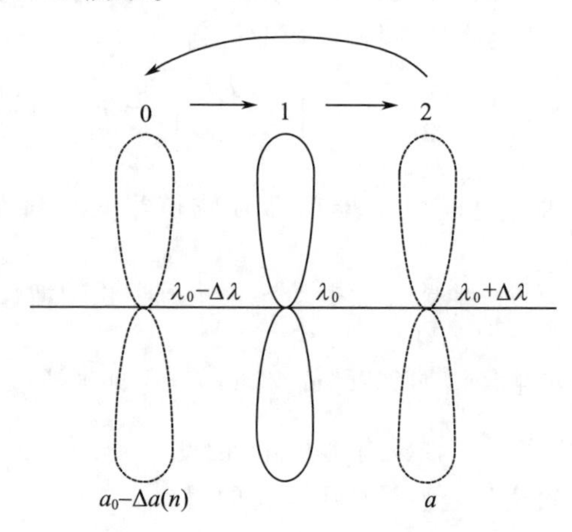

图 5.19　IGSO 卫星控制状态示意图

初始将卫星部署在 $\lambda-\Delta\lambda$ 的位置,可以通过改变卫星入轨升交点赤经的方式来实现,也可以通过改变入轨相位的方式来实现。如果最初设计的卫星的升交点地理经度为 λ,对应的升交点赤经为 Ω,相位角为 u,则可将升交点赤经调整为 $\Omega-\Delta\lambda$ 或相位调整为 $u-\Delta\lambda$。

轨道倾角 i 的控制采用偏置的策略,即根据卫星运行寿命的要求,将卫星轨道倾角的变化量进行反向对分偏置,$i=i-\Delta i/2$。同时,将 IGSO 卫星的偏心率赋予小量值,通常可取为 0.001 ~0.002,并将近地点和远地点放在赤道平面上,这样能够有效避免 IGSO 卫星在运行过程中与 GEO 卫星发生碰撞。

半长轴偏置量 Δa 的设计可以采用基于 J_{22} 的摄动补偿设计方法实现。

下面以一个实例来说明半长轴调整与交点地理经度的关系。假设交点的容许漂移范围为 ±10°,采用摄动补偿策略,初始将卫星的半长轴调整为 42149km(2006 年 1 月 1 日 00:00:00),并将交点置于 108°。约半年后,卫星半长轴增加到 42164km,卫星到达东边界 128°,到达东边界后,卫星向西漂移,1 年后卫星漂回西边界。此时,卫星的半长轴大约为 42180km,半长轴变化量为 31km,卫星从西边界运动到东边界再回到西边界,整个过程时间大约为 1 年。到达西边界后,也就是说,如果采用摄动补偿的控制策略,卫星的控制周期为 1 年,比常规控制方法延长了 8 个月。当卫星回到西边界后,重新根据当前的历元时刻预报星历,可计算得到新的半长轴为 42150km,通过星载控制器将卫星半长轴调整到这个值,卫星将重复上述规律运行。交点地理经度的变化如图 5.20 所示,半长轴的变化如图 5.21 所示。

下面利用提出的方法,对交点地理经度位置为 118°的 IGSO 卫星在不同交点地理允许漂移范围下,计算半长轴的初始值、最大变化范围及卫星的控制周期,以及 10 年内卫星控制的总次数。设计结果如表 5.2 所列。图 5.22 所示为不同漂移允许范围下的控制周期,图5.23所示为10年内总的控制冲量。这里仅是在理想情况下考虑的对半长轴调整的冲量,是一种比较理想的估算,主要用于比较不同允许漂移量情况下卫星的控制能量,可为不同漂移量的确定范围提供参考。

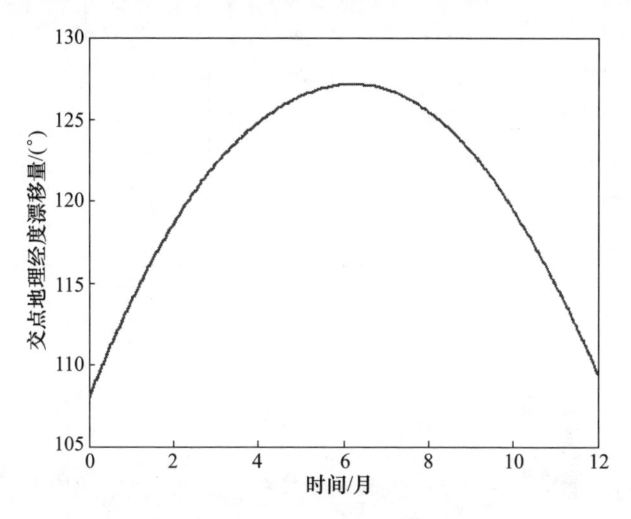

图5.20 交点地理经度的漂移量

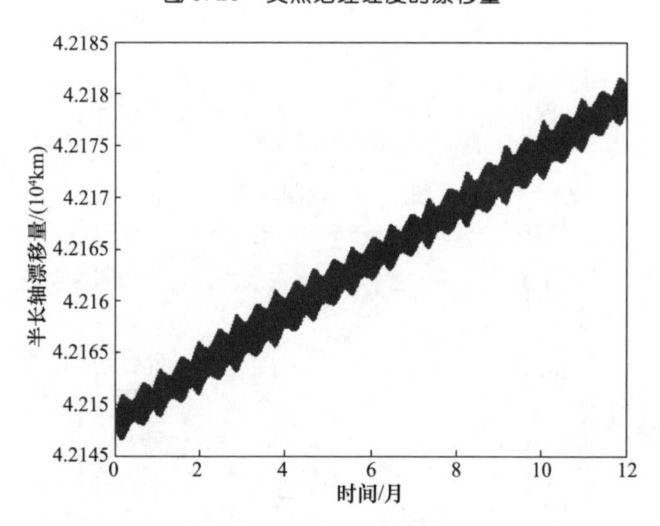

图5.21 半长轴漂移量

表5.2 设计结果

$\Delta\lambda$/(°)	a_0/km	a_{max}/km	控制周期/天	控制次数	交点地理经度范围/(°)
1	42160.2	42172	116	25	117~119
2	42157.9	42173	168	17	116~120
3	42156.3	42175	204	14	115~121

（续）

$\Delta\lambda$/(°)	a_0/km	a_{max}/km	控制周期/天	控制次数	交点地理经度范围/(°)
4	42154.8	42177	239	12	114 ~ 122
5	42153.5	42178	268	11	113 ~ 123
6	42152.4	42179	294	10	112 ~ 124
7	42151.4	42180	318	9	111 ~ 125
8	42150.6	42181	337	9	112 ~ 126
9	42149.7	42181	360	9	109 ~ 127
10	42148.9	42182	381	8	108 ~ 128

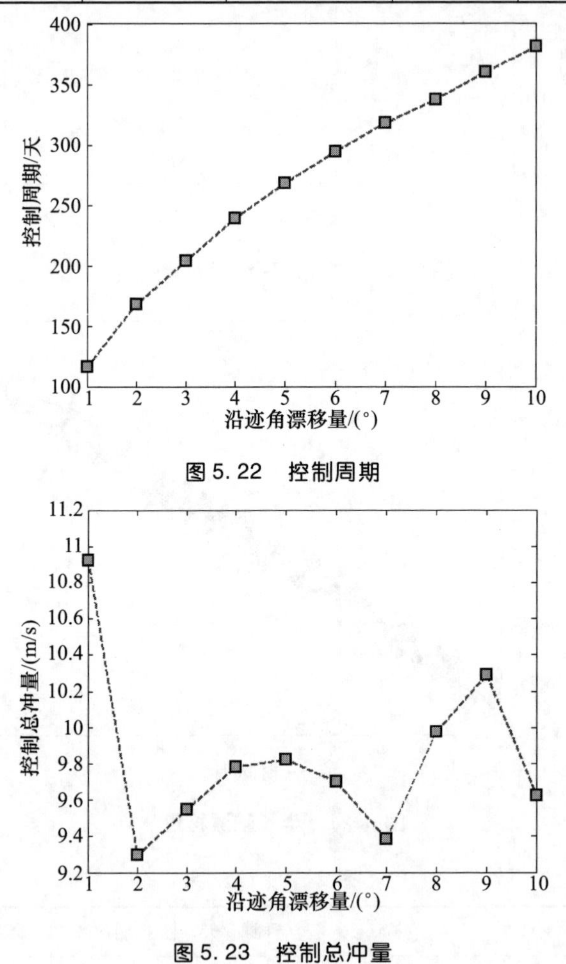

图 5.22　控制周期

图 5.23　控制总冲量

在不同的历元时刻，Δa 会稍微有所差别，但是差异量不大。从表 5.2 可以看到，采用这里提出的控制策略，控制周期得到很大的延长。例如，对于漂移允许量为 1°的卫星，控制周期接近 4 个月，与 GEO 卫星 1 个月的控制周期相比，控制周期明显延

长。对于由IGSO卫星组成的导航或者通信星座来讲,控制间隔时间长,能够降低整个星座的控制维持次数,减轻地面站的负担。

5.1.3.3 IGSO卫星轨道维持控制

1) IGSO交叉点地理经度漂移环控制

由于地球三轴性对半长轴的长期项漂移量为常量,如交点经度位于113°E～123°E区间的IGSO卫星,轨道半长轴每天增加约76m,因此,地球三轴性引起交点地理经度的摄动漂移加速度为常值,如交点经度位于113°E～123°E区间的IGSO卫星,交点地理经度的摄动漂移加速度约为 -9.79×10^{-4} (°)/天^2,进而引起升交点地理经度摄动运动。设升交点地理经度为 λ_G,IGSO卫星轨道标称半长轴为 a_s,则升交点地理经度摄动运动方程为

$$\frac{\mathrm{d}\lambda_G}{\mathrm{d}t}=-\frac{0.040235}{\pi}(a-a_s)\quad((°)/天\cdot\mathrm{km})\tag{5.23}$$

上式两端求导,得到地球三轴性引起交点地理经度的摄动漂移加速度为

$$\frac{\mathrm{d}}{\mathrm{d}t}\left(\frac{\mathrm{d}\lambda_G}{\mathrm{d}t}\right)=-\frac{0.040235}{\pi}\frac{\mathrm{d}a}{\mathrm{d}t}=常数\quad((°)/天\cdot\mathrm{km})\tag{5.24}$$

IGSO与GEO交点地理经度摄动漂移加速度比较如图5.24和图5.25所示。

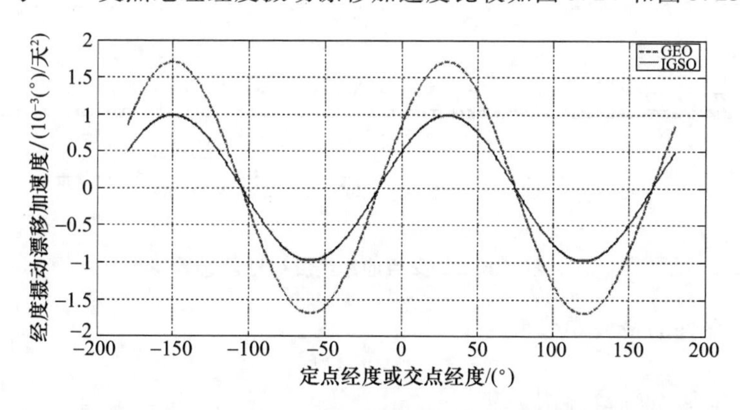

5.24 IGSO与GEO交点地理经度摄动漂移加速度比较(见彩图)

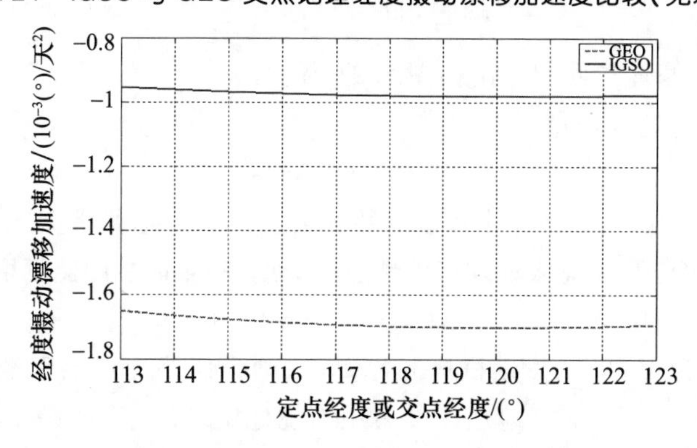

图5.25 IGSO与GEO交点地理经度摄动漂移加速度(局部放大)

加速度为常值的运动为抛物线运动轨迹，因此，对于交点在 113°E ~ 123°E 区间的 IGSO 卫星，交点地理经度的漂移轨迹在像平面内为开口向左的抛物线。设漂移环半宽为 $\Delta\lambda$，交点地理经度漂移环周期为

$$T=4\left(\sqrt{\frac{\Delta\lambda}{|\ddot{\lambda}_G|}}\right) \tag{5.25}$$

设 $\ddot{\lambda}_G=-9.79\times10^{-4}$((°)/天^2)，交点地理经度漂移半宽为 $\Delta\lambda=\pm2.5°$，则交点在 113°E ~ 123°E 区间的 IGSO 卫星，克服地球三轴性控制周期约为

$$T=4\left(\sqrt{\frac{\Delta\lambda}{|\ddot{\lambda}_G|}}\right)\approx 200\text{ 天} \tag{5.26}$$

IGSO 交点地理经度被动漂移周期如图 5.26 所示。

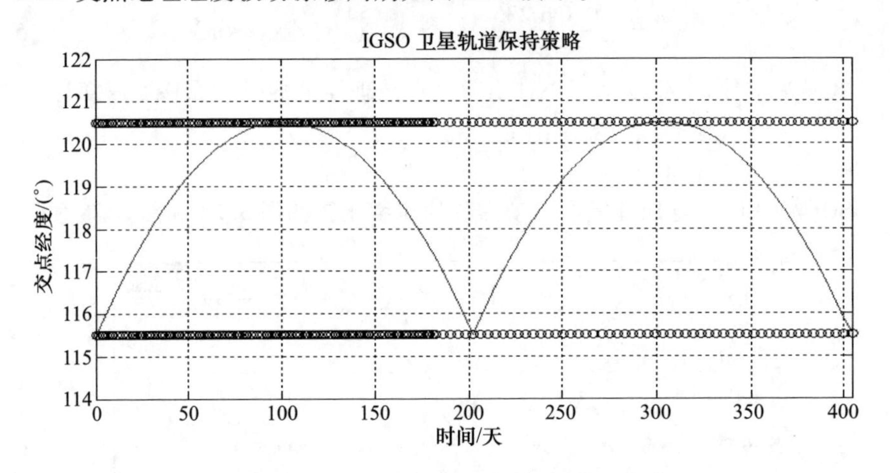

图 5.26　IGSO 交点地理经度被动漂移周期

半长轴允许的最大漂移量为

$$\Delta a_{\max}=7.65\text{km} \tag{5.27}$$

一次控制半长轴控制量为

$$\Delta A=2\Delta a_{\max}=15.3\text{km} \tag{5.28}$$

IGSO 半长轴偏置与周期控制如图 5.27 所示。

一次控制切向速度增量为

$$\Delta_v=-0.56\text{m/s} \tag{5.29}$$

一年约进行两次控制，一年中控制次数与需要的速度增量无关，对交点在113°E ~ 123°E 区间的 IGSO 卫星，克服地球三轴性控制周期，一年内总的速度增量约为

$$\Delta V=-1.01\text{m/s} \tag{5.30}$$

若卫星质量为 1000kg，发动机比冲为 270s，则为保持交点地理经度，一年内燃料需求 $\Delta m\approx0.6$kg。IGSO 交点地理经度表现为绕稳定点的东西振荡，其振荡幅度由交点地理经度的初值决定，此振荡运动存在极限。通过每次在控制边界调整半长轴至

合适位置,即可实现交点地理经度的长期维持。

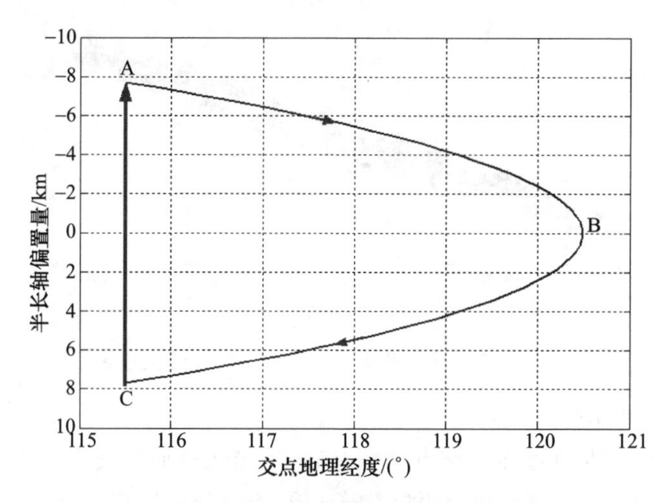

图5.27 IGSO半长轴偏置与周期控制(见彩图)

对于标称交点地理经度为118°的IGSO卫星,如图5.28所示,交点地理经度漂移半宽为$\Delta\lambda = \pm 2.5°$,则交点漂移环西边界为115.5°,半长轴偏置量为7.65km,因此,捕获轨道为$A = 42155.850$km,由仿真结果分析:当前交点地理经度位于漂移环西边界,由于轨道半长轴小于标称轨道半长轴42163.500km,交点地理经度向东漂移(图5.29),轨道半长轴逐渐增大,100天后,轨道半长轴达到标称值,卫星交点地理经度达到漂移环东边界,轨道半长轴逐渐增大,大于标称半长轴,卫星调头向西漂移,200天后卫星回到漂移环西边界,此时,轨道半长轴约为42170.300km,此时,进行一次减速控制,使半长轴回到下一个漂移环的初始值。

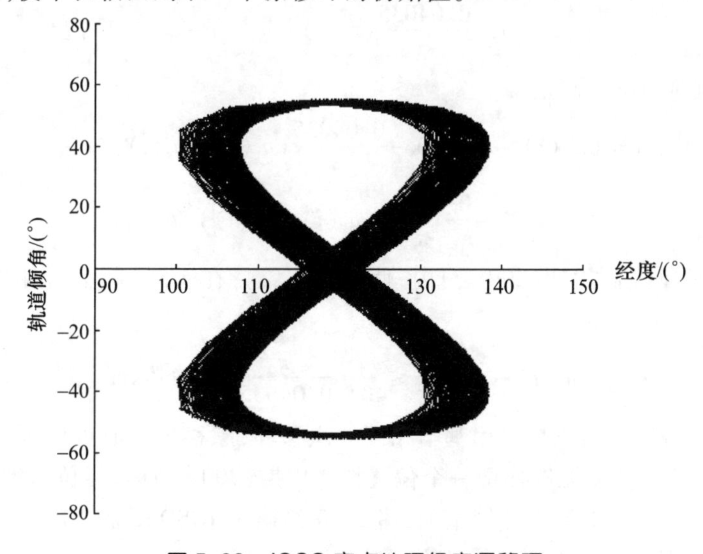

图5.28 IGSO交点地理经度漂移环

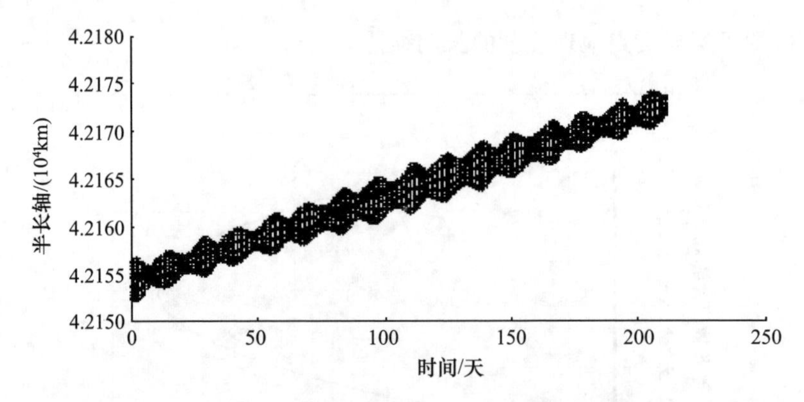

图 5.29 在一个漂移周期内 IGSO 轨道半长轴变化

2）IGSO 相对相位差控制

初始相位差根据轨道面升交点赤经差确定，当轨道面升交点赤经差小于 ±2.5°时：若三星不要求轨迹重合，初始相位差按 120°均匀分布捕获，这样升交点地理经度可以捕获在 118° ±5°E 区域；若三星要求星下点轨迹重合，初始相位差最大偏置不超过 120° ±5°E 的限幅。

设三星初始相位差分别为 $\Delta\varphi_0(i,j)$，$i\neq j$，$i=1,2,3$，$j=1,2,3$，交点地理经度的周期控制对相位角的耦合控制如下：

轨道偏置控制后，相位变化为

$$\varphi_t(i)=\varphi_0(i)+\dot{\varphi}(i)(t-t_0)=\varphi_0(i)-\frac{0.04035}{\pi}(a_t(i)-a_s)(t-t_0)\quad 对\ i\ 星 \tag{5.31}$$

$$\varphi_t(j)=\varphi_0(j)+\dot{\varphi}(j)(t-t_0)=\varphi_0(j)-\frac{0.04035}{\pi}(a_t(j)-a_s)(t-t_0)\quad 对\ j\ 星 \tag{5.32}$$

因此，当前相位差满足

$$\Delta\varphi_t(i,j)=(\varphi_0(i)-\varphi_0(j))-\frac{0.04035}{\pi}(a_t(i)-a_t(j))(t-t_0)=\Delta\varphi_0(i,j)-\frac{0.04035}{\pi}(a_t(i)-a_t(j))(t-t_0) \tag{5.33}$$

在一个偏置控制周期(200 天)内，使相位差维持在 ±5°，则任意两颗 IGSO 卫星平均半长轴差满足

$$|a_t(i)-a_t(i)|\leqslant\frac{1}{40}\cdot\frac{\pi}{0.04035}=1.945\text{km} \tag{5.34}$$

式(5.34)表明，当三星采用基本相同的漂移环，漂移环中心可以不同，基本保持同步控制时，偏置控制能够保证一个偏置控制周期(200 天)内，相位差维持在 ±5°范围内。假设以 IGSO-1 星为控制基准，图 5.30 给出了 IGSO-2 和 IGSO-3 卫星在 200 天漂移周期内的相对相位差变化曲线。

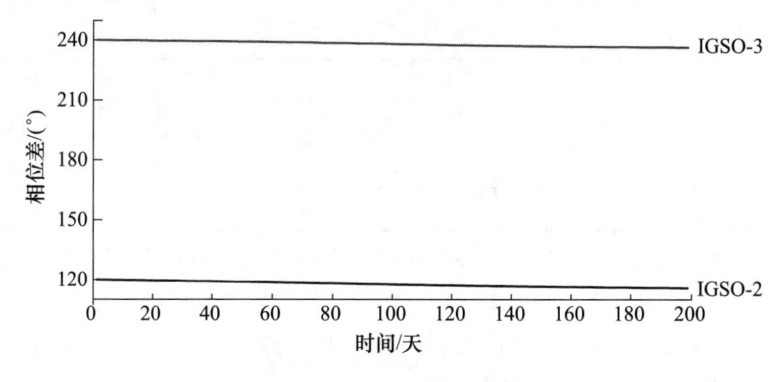

图5.30　相位差变化曲线

值得注意的是，由于IGSO卫星交点地理经度漂移环较大，且瞬运动半长轴与平运动半长轴之间的差约为1km，在控制IGSO卫星时，可以考虑直接采用瞬时轨道根数进行漂移环设计，进行周期性的交点地理经度维持控制。偏心率指向尽量选择指向轨道升交点，偏心率大小保持小于10^{-2}。

对IGSO卫星轨道，倾角长周期项摄动每年0.3°～0.5°（同白道升交点黄经有关），8年寿命期间IGSO卫星的轨道倾角变化不超过4°。由导航性能分析计算结果表明，在卫星的寿命期间内，IGSO卫星的轨道倾角可以不做保持。

交点地理经度和相对相位角维持控制，采用半长轴偏置同步控制方式，当三星采用基本相同的漂移环，漂移环中心可以不同，基本保持同步控制时（主要等待MEO回归补网），偏置控制能够保证一个偏置控制周期（200天）内，相位差维持在±5°范围内。IGSO卫星轨道控制方法总结如表5.3所列。

表5.3　IGSO卫星轨道控制方法总结

轨道	控制指标/漂移范围	控制策略	控制频次/(次/年)	控制量/(m/(s·次))	控制量/(m/(s·年))
倾角	标称值±4°	反向偏置	0	0	
升交点赤经	标称值－30°	反向偏置	0	0	
轨道半长轴	(42163.5±8.0)km	半长轴偏置控制策略			
交点经度与相对相位角	118°±5° 120°±5°	半长轴偏置同步控制	1～2	－0.56	－1.1
偏心率矢量（偏心率、近地点幅角）	不大于0.01（指向赤道或南半球）	与交点经度联合控制			

5.1.4　仿真算例与分析

北斗三号系统选用了倾角55°，标准赤道交点经度118°的IGSO同星下点轨迹星座。星座卫星的轨道参数如表5.4所列。

表 5.4　星座卫星的轨道参数

卫星编号	升交点赤经/(°)	纬度幅角/(°)	平近点角/(°)	赤道交点经度/(°)
1	90	128	0	118
2	330	128	120	118
3	210	128	240	118

利用参数偏置方法进行上述 3 颗卫星的赤道交点经度维持控制，当不考虑日月三体引力摄动的影响时，3 颗卫星具有相同的轨道参数偏置量设计结果。此时，在卫星 10 年寿命期内，轨道参数偏置情况、相对应的交点经度维持效果以及相对相位角的维持效果分别如图 5.31 ~ 图 5.33 所示。

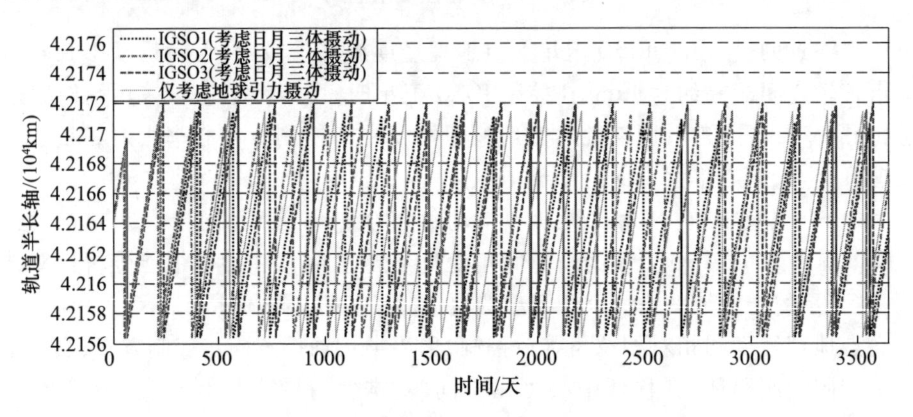

图 5.31　10 年内的轨道半长轴偏置情况(见彩图)

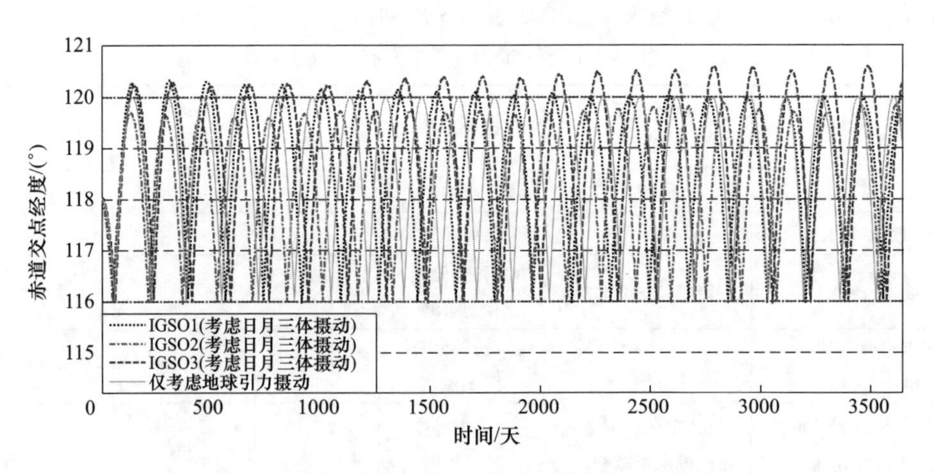

图 5.32　赤道交点经度 10 年的维持效果(见彩图)

图 5.32 中绿色实线为在含 20 × 20 阶地球模型的高精度动力学环境中的仿真结果，黑色短点线、紫色虚线和蓝色长点线为在含 20 × 20 阶地球模型和日月三体引力模型的高精度动力学环境中的仿真结果。由图可见，基于轨道参数偏置的极限环控

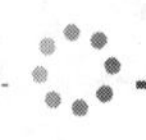

制方法能够有效地实现对地球非球形引力田谐项摄动的补偿，需要的半长轴偏置量约为8.2km。

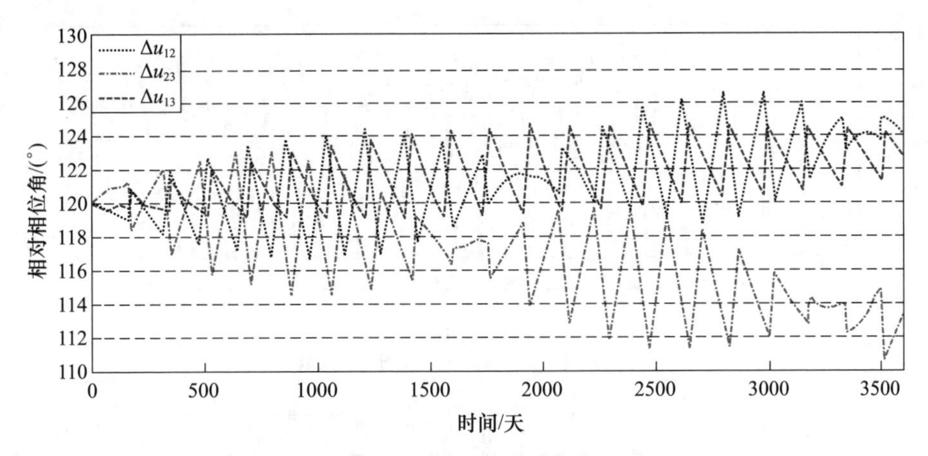

图5.33 相对相位角10年的维持效果(见彩图)

在维持赤道交点经度的同时进行同星下点轨迹星座保持，考虑轨道倾角自身的维持控制要求，在卫星10年寿命期内，轨道参数偏置情况如图5.34所示，赤道交点经度和星座构型的维持控制效果如图5.35所示。

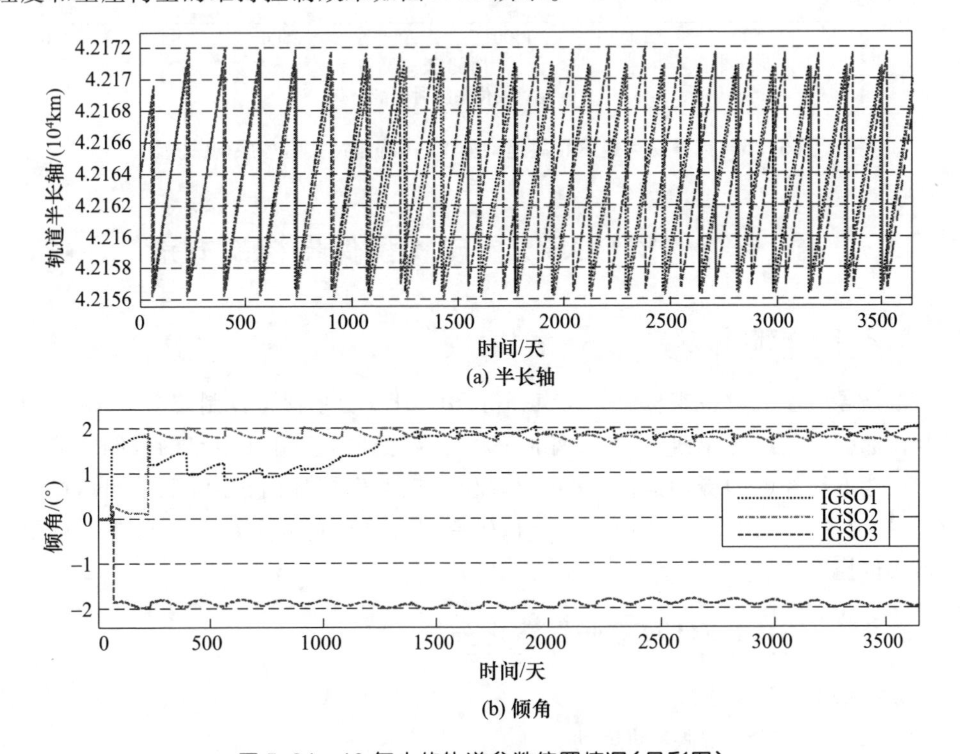

图5.34 10年内的轨道参数偏置情况(见彩图)

从图5.35可以看出,采用基于轨道参数偏置的IGSO卫星轨道摄动补偿方法,能够在维持赤道交点经度的同时提高星下点轨迹相同的星座构型稳定性。

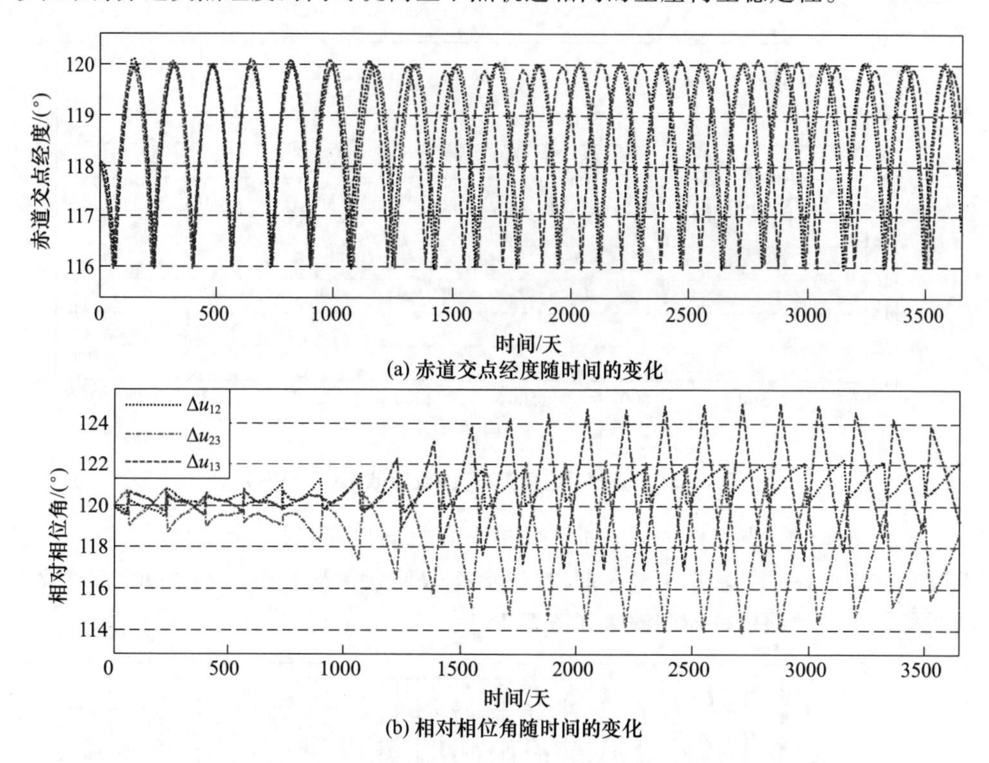

图5.35　赤道交点经度和星座构型10年的维持控制效果(见彩图)

5.2　BD GEO 星座构型保持控制方法

5.2.1　控制需求

根据导航性能对星座轨道的约束分析,BD GEO卫星保持控制需求为:GEO卫星维持在标称定点经度东西±0.1°,南北±2°的保持环内。GEO卫星的控制策略主要研究补偿卫星经度的摄动运动,保持卫星位于东西保持环内,补偿卫星倾角摄动运动,保持卫星位于南北保持环内。同时,研究同轨位与其他国家或组织的GEO卫星进行共位控制。

5.2.2　BD GEO 星座长期演化分析

5.2.2.1　摄动分析

1) GEO卫星半长轴摄动运动

地球赤道椭状使得定点在标称经度的静止轨道卫星具有额外的切向引力加速

度，切向加速度引起静止轨道半长轴发生线性变化，如图 5.36 所示，给出了东经 55°E ~ 175°E 范围内半长轴变化率曲线。

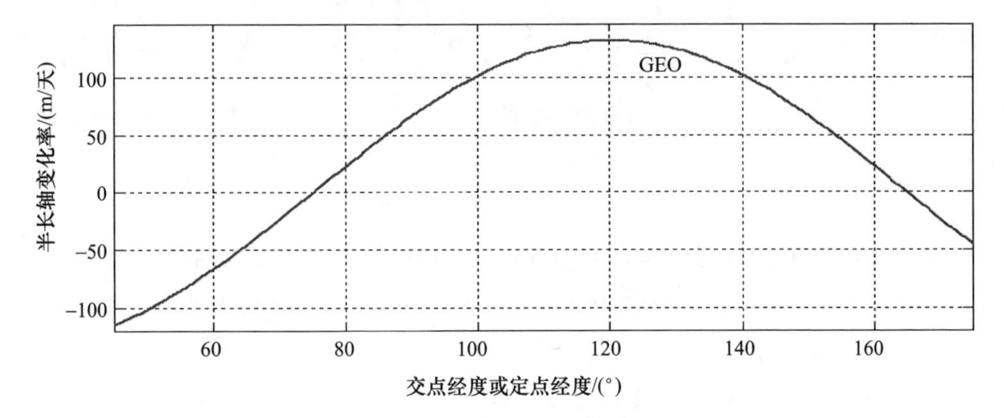

图 5.36 GEO 卫星半长轴日变化率

表 5.5 所列为 GEO1 ~ GEO3 卫星每天半长轴的增量。

表 5.5 GEO1 ~ GEO3 卫星每天半长轴增量

定点经度/(°)	每天半长轴增量/m
80.00	27.55
110.00	148.56
140.00	107.06

2）GEO 定点经度摄动运动

在定点位置处小领域内，平经度运动加速度为常数，平经度的摄动运动可以认为是一种固定加速度的运动，固定加速度的运动一定是抛物线运动，如图 5.37 所示。

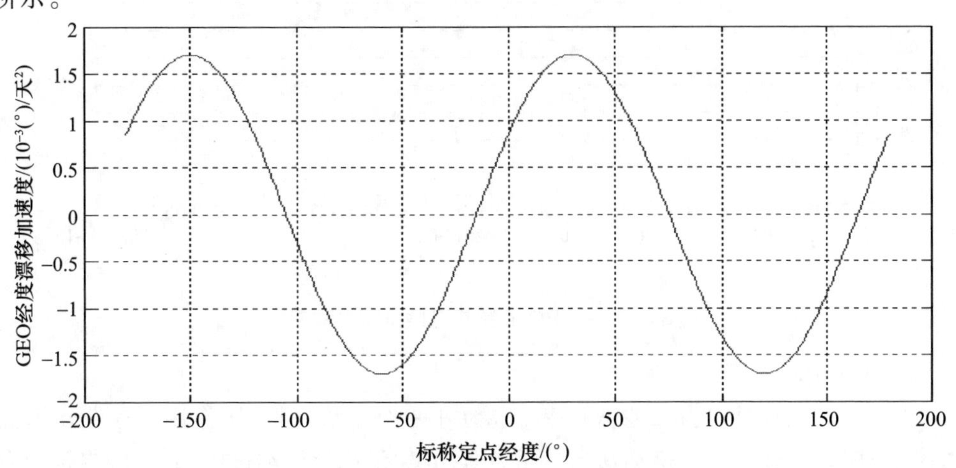

图 5.37 GEO 卫星经度漂移加速度

平经度变化率(平经度漂移率)是线性的,平经度变化为抛物线运动规律,在标称定点经度 λ_n(平经度漂移加速度为 $\ddot{\lambda}_n$)附近,运动方程为

$$\begin{cases} \dfrac{d}{dt}(\lambda) = \dfrac{d\lambda}{dt} = D \\ \dfrac{d}{dt}\left(\dfrac{d\lambda}{dt}\right) = \dfrac{d}{dt}(D) = \ddot{\lambda}_n \\ \lambda\big|_{t=t_0} = \lambda_0, \dfrac{d\lambda}{dt}\big|_{t=t_0} = D_0 \end{cases} \tag{5.35}$$

在(λ,D)平面中,上述方程的解为开口向左或向右的抛物线,当平经度漂移加速度 $\ddot{\lambda}_n>0$ 时,开口向右;当平经度漂移加速度 $\ddot{\lambda}_n<0$ 时,开口向左;当平经度漂移加速度 $\ddot{\lambda}_n=0$ 时,退化为直线。

3) GEO 倾角升交点赤经摄动运动

日月引力引起倾角矢量的摄动方向和摄动速度每年略有变化,当月球白道平黄经越靠近春分点时,倾角摄动速度越大,最大达到每年 0.95°;当月球白道平黄经与春分点相距 180°时,倾角摄动速度最小,最小接近每年 0.75°。

太阳引力引起静止轨道倾角半年周期摄动一年内倾角矢量的平均变化量为 0,但存在以半年为周期的摄动量,周期为半年,即 182.63 天,其幅值为 0.025°;月球引力除引起倾角长期项摄动外,存在半月长周期项,周期为半月,即 13.7 天,其幅值约为 0.0035°。

2000 年至 2020 年 GEO 卫星轨道倾角年漂移率如图 5.38 所示,静止轨道倾角漂移方向如图 5.39 所示。

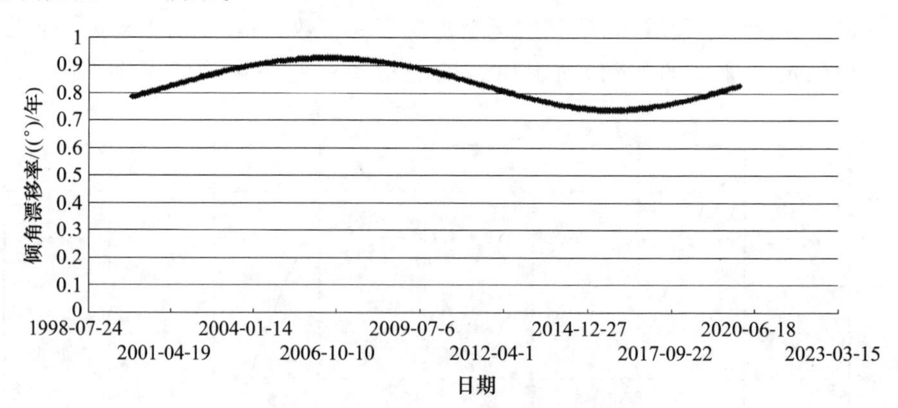

图 5.38 GEO 卫星轨道倾角年漂移率

4) GEO 偏心率摄动运动

光压摄动比日月引力和地球扁率 J_2 摄动小一个量级,但光压作用的连续作用显然不能忽略,特别地,光压摄动切向分量,在静止轨道绕地运动一圈内,半圈内符号为正,半圈符号为负。对轨道半长轴来说,仅表现为一增一减的周期性振荡,但对轨道

偏心率来说，在相隔 180°的轨道相位上，符号相反的切向加速度对轨道偏心率的影响是叠加的，因此，光压摄动导致静止轨道偏心率存在长周期项摄动，摄动量级随不同季节、太阳高度角的不同存在差异，与卫星光压面积质量比成正比关系[8]。

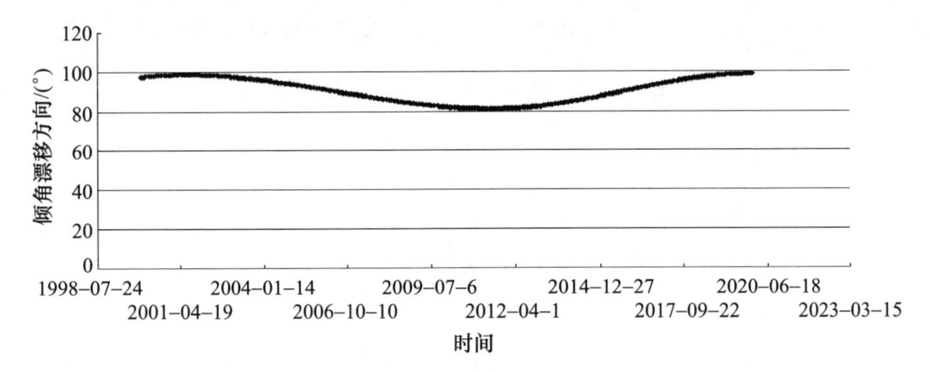

图 5.39　静止轨道倾角漂移方向

5.2.2.2　长期演化规律

GEO 卫星轨道演化规律：地球扁状带谐项产生的径向摄动，使得 GEO 卫星轨道半长轴较二体轨道半长轴增大约 2km；带谐项产生的法向摄动加速度，沿地球赤道面法向，向北为正，将使静止卫星轨道面产生逆进动，进动频率为每年 4.9°；由于静止轨道卫星定点在某一轨道位置附近，在卫星轨道上的任意一点均受到同样且持续的摄动力，因此地球非球形带谐项摄动对偏心率矢量不存在长期项影响，仅存在以天为周期的短周期摄动运动；地球赤道椭状使得定点在标称经度的静止轨道卫星具有额外的切向引力加速度，切向加速度引起静止轨道半长轴发生线性变化，进而引起轨道平运动与地球自转角速度不一致，引起卫星偏离标称定点经度，平经度变化呈抛物线运动，平经度漂移加速度与定点经度位置有关。

5.2.3　BD GEO 卫星轨位保持控制

5.2.3.1　GEO 倾角控制方法

倾角控制目标的选择应当使得控后倾角矢量在平倾角控制圆内自由摄动运动的时间最长，因此倾角控制目标的选择与当年平倾角的平均摄动方向 Ω_{d} 及控制圆分配区间有关。设当年平倾角平均摄动方向为 Ω_{d}，控制圆半径为 i_{d}，如图 5.40 所示，当选择倾角控制目标 i_{f}，使得平倾角摄动运动经过坐标原点时，自由摄动距离等于控制圆直径 $2i_{\mathrm{d}}$ 达到最长。因此，倾角控制目标 i_{f} 选择如下：

$$\boldsymbol{i}_{\mathrm{f}} = \begin{pmatrix} i_{\mathrm{f}x} \\ i_{\mathrm{f}y} \end{pmatrix} = i_{\mathrm{d}} \begin{pmatrix} \cos(\pi + \Omega_{\mathrm{d}}) \\ \sin(\pi + \Omega_{\mathrm{d}}) \end{pmatrix} \tag{5.36}$$

设当年平倾角的摄动速率为 $\left(\dfrac{\delta i}{\delta t}\right)$，则平倾角在倾角控制圆的自由摄动时间为

$$T = 2 \cdot i_{\mathrm{d}} / \left(\frac{\delta i}{\delta t} \right) \tag{5.37}$$

假设平倾角平均摄动方向为 $\Omega_{\mathrm{d}} = 87°$，控制圆半径为 $i_{\mathrm{d}} = 2.0°$，且当年平倾角的摄动速率为 $\left(\frac{\delta i}{\delta t}\right) = 0.89°$，则当年倾角控制目标 $\boldsymbol{i}_{\mathrm{f}}$ 及倾角控制周期如下：

$$\boldsymbol{i}_{\mathrm{f}}(i_{\mathrm{f}} = 2°, \Omega_{\mathrm{f}} = 267°), \quad T = 4.5 \text{ 年} \tag{5.38}$$

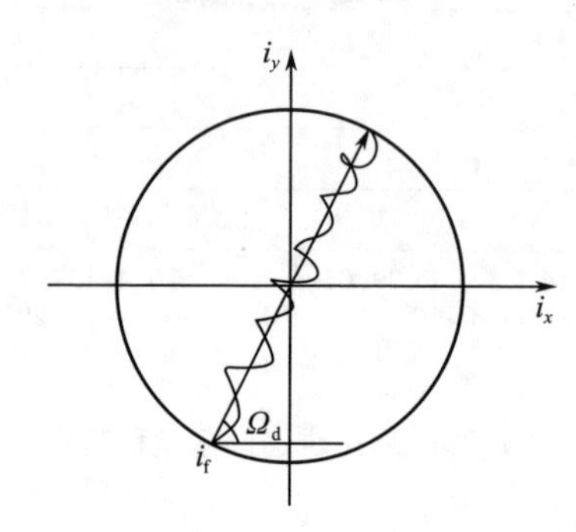

图 5.40　GEO 倾角控制

不同倾角环的南北保持间隔如表 5.6 所列。

表 5.6　不同倾角环的南北保持间隔

倾角漂移环/(°)	每次机动 Δv/(m/s)	连续式控制推力持续时间/s	两次机动的平均间隔时间/天
0.1	10.7	804.5	86.14
0.5	53.65	4033.8	430.7
1.0	107.30	8067.6	861.4
2.0	214.56	16165.4	1722.8
3.0	321.76	24192.4	2584.2

上述分析表明：对 GEO 卫星，在 8 ~ 10 年寿命期，可以只进行一次南北控制，法向控制量约为215m/s，一年平均约 54m/s。无论控制周期是 1 年还是 4 年，只要要求倾角保持在 ±2°的保持环内，卫星需提供 215m/s 的法向速度增量，若卫星质量为 1500kg，发动机比冲为 270s，则提供倾角保持的燃料需要 148kg。

5.2.3.2　GEO 经度控制方法

综合考虑卫星定点精度指标、定位误差、控制误差、姿态控制和南北控制耦合误差、卫星摄动特点等因素，设计东西控制经度保持环，使得控制周期达到最长，尽量减少对卫星的控制次数，且维持卫星位于定点精度指标区域，漂移环的确定视控制策略而不同。

设卫星东西经度设计半宽为 $\pm\Delta\lambda_{\max}$，卫星测量及定轨误差为 $\Delta\lambda_{\mathrm{Measure}}(3\sigma)$，控制误差为 $\Delta\lambda_{\mathrm{perform}}$，偏心率不为零引起的经度日周期振荡为 $\Delta\lambda_{\mathrm{DailyFromEcc}}$，日月引力引起的经度长周期摄动为 $\Delta\lambda_{\mathrm{SunandMoon}}$，则平经度漂移环半宽为

$$\Delta\bar{\lambda} = \Delta\lambda_{\max} - \Delta\lambda_{\mathrm{SunandMoon}} - \Delta\lambda_{\mathrm{Measure}} - \Delta\lambda_{\mathrm{perform}} - \Delta\lambda_{\mathrm{DailyFromEcc}} \tag{5.39}$$

假设卫星东西经度设计半宽 $\Delta\lambda_{max}=0.1°$，卫星测量及定轨误差 $\Delta\lambda_{Measure}(3\sigma)=0.003°$，日月引力引起的经度长周期摄动 $\Delta\lambda_{SunandMoon}=0.008°$，控制误差 $\Delta\lambda_{perform}=0.007°$，由偏心率引起的漂移量 $\Delta\lambda_{DailyFromEcc}=0.0458°$，则平经度漂移环半宽为

$$\Delta\bar{\lambda}=\Delta\lambda_{max}-\Delta\lambda_{SunandMoon}-\Delta\lambda_{Measure}-\Delta\lambda_{perform}-\Delta\lambda_{DailyFromEcc}=0.0362° \quad (5.40)$$

由偏心率引起的卫星经度日周期振荡是消耗东西保持环的主要因素，因此，维持卫星在较小的东西保持区内，限制偏心率在一个合理范围内，但限制偏心率需要额外的燃料需求。

设定点位置平经度加速度为 $\ddot{\lambda}_n$，平经度漂移环半宽为 $\Delta\bar{\lambda}$，则东西控制周期 T 由平经度漂移环确定：

$$T=4\left(\sqrt{\frac{\Delta\bar{\lambda}}{|\ddot{\lambda}_n|}}\right) \quad (5.41)$$

假设卫星质量为1500kg，轨控推力为20N，发动机比冲为270s，按如上漂移环分配策略，北斗三号GEO卫星的经度控制周期、单次控制切向速度增量、连续式控制推力持续时间、燃料质量需求概略如表5.7所列。

表5.7　北斗三号GEO卫星控制周期概略分析

GEO	80°E	110.5°E	140°E
漂移加速度/((°)/天^2)	-0.000363	-0.00192	-0.00135
经度控制周期/天	40	17	20
速度增量/(m/s)	-0.041165	-0.09647	-0.079386
推力时间/s	3.1	7.2	6.0
燃料质量需求/kg	0.03	0.07	0.06
一年控制燃料质量需求/kg	0.376/0.27	1.99/1.45	1.40/1.02

当 $\ddot{\lambda}_n\leqslant 0$ 时，如80°E、110°E、140°E、160°E，GEO卫星经度漂移环如图5.41定义，在漂移率矢量相位控制图中，抛物线开口向左，漂移率矢量在自由摄动周期内，状态转移按照 A、B 到 C 的顺序，在平经度漂移相位图中，卫星在漂移环西边界具有向东(+)的漂移率：

$$D_A=-\frac{1}{2}\ddot{\lambda}_n T \quad (5.42)$$

当卫星经过($T/2$)天后到达平经度东边界时，平经度漂移率反号，卫星具有向西(-)的漂移率，经过($T/2$)天后到达平经度西边界，向西漂移率达到最大，漂移率为

$$D_B=\frac{1}{2}\ddot{\lambda}_n T \quad (5.43)$$

当卫星到达 C 点时，利用切向速度增量，降低轨道半长轴，使轨道漂移率矢量状

态到达 A 点，完成一个东西控制周期，如图 5.41 所示。

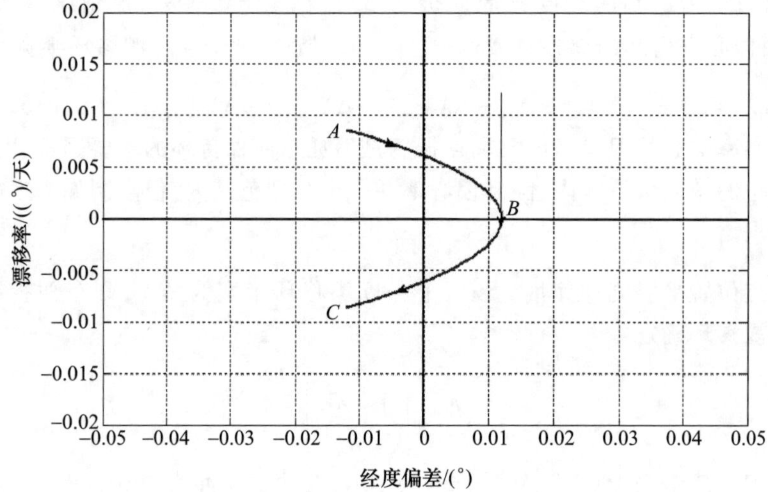

图 5.41　由平经度半宽确定漂移环（$\ddot{\lambda}_n \leqslant 0$）

当 $\ddot{\lambda}_n > 0$ 时，如 58°E GEO 卫星漂移环定义，如图 5.42 所示，在漂移率矢量相位控制图中，抛物线开口向右，漂移率矢量在自由摄动周期内，状态转移由 A、B 到 C 的顺序，在平经度漂移相位图中，卫星在漂移环东边界具有向西（−）的漂移率：

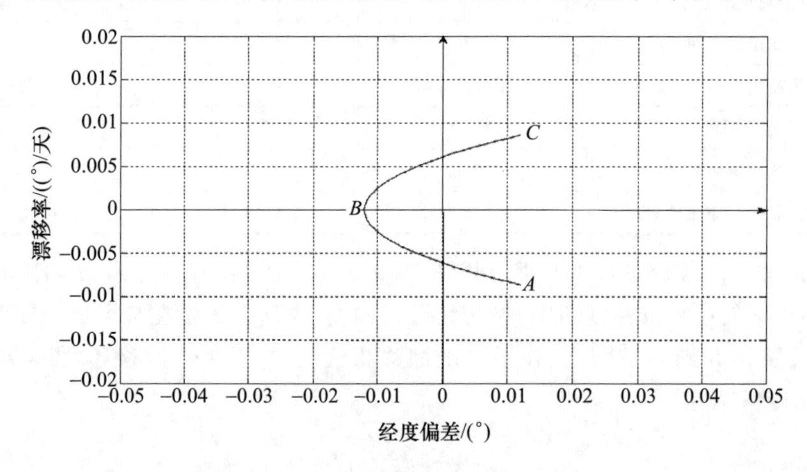

图 5.42　由平经度半宽确定漂移环（$\ddot{\lambda}_n > 0$）

$$D_A = -\frac{1}{2}\ddot{\lambda}_n T \tag{5.44}$$

当卫星经过（$T/2$）天后到达平经度西边界时，平经度漂移率反号，卫星具有向东（+）的漂移率，经过（$T/2$）天后到达平经度东边界，向东漂移率达到最大，漂移率为

$$D_B = \frac{1}{2}\ddot{\lambda}_{\mathrm{n}} T \tag{5.45}$$

当卫星到达 C 点时，利用切向速度增量，升高轨道半长轴，使轨道漂移率矢量状态到达 A 点，完成一个东西控制周期。

5.2.3.3　GEO 偏心率控制方法

东西漂移环分配指标中，允许的偏心率最大值随太阳视线运动的轨迹称为偏心率限制圆，也称为偏心率控制圆，其半径为东西漂移环分配的最大偏心率。当卫星平偏心率摄动圆半径与控制圆半径接近时，偏心率初始控制到以原点为圆心的偏心率摄动圆上，且方向指向当前太阳视线方向。

设偏心率控制时刻太阳平赤经为 α_{s0}，在该时刻偏心率控制目标为

$$\boldsymbol{e}_{\mathrm{f}} = \begin{pmatrix} e_x \\ e_y \end{pmatrix} = R_{\mathrm{e}} \cdot \begin{pmatrix} \cos\alpha_{\mathrm{s0}} \\ \sin\alpha_{\mathrm{s0}} \end{pmatrix} \tag{5.46}$$

当太阳位于春分点时，平太阳赤经 $\alpha_{\mathrm{s0}} = 0$，平偏心率目标控制到：轨道近地点指向春分点，轨道偏心率大小等于偏心率摄动圆半径。某卫星帆板面积为 $36.4\mathrm{m}^2$，质量为 2000kg，光压面积仅考虑帆板面积，光压反射系数为 1.5，则由太阳光压引起的轨道偏心率自由摄动圆半径为

$$R_{\mathrm{e}} \approx 0.011 \cdot C_{\mathrm{R}}\left(\frac{S}{m}\right) = 3.0 \times 10^{-4} \tag{5.47}$$

如果东西漂移环的设计允许偏心率控制圆半径接近摄动圆半径，假设进行偏心率集中控制，则偏心率目标为太阳指向控制目标，当天太阳平赤经为 77.8°，目标轨道为

$$a = 42165694.424\mathrm{m}, \quad e = 0.000299868, \quad i = 0.001$$
$$\Omega = 359.999696°, \quad \omega = 78.000295°, \quad M = 0.000008$$

控后轨道一年内偏心率变化趋势如图 5.43 所示，由偏心率初始位置出发，随太阳视线沿偏心率摄动圆运动，一年内大小基本保持不变。

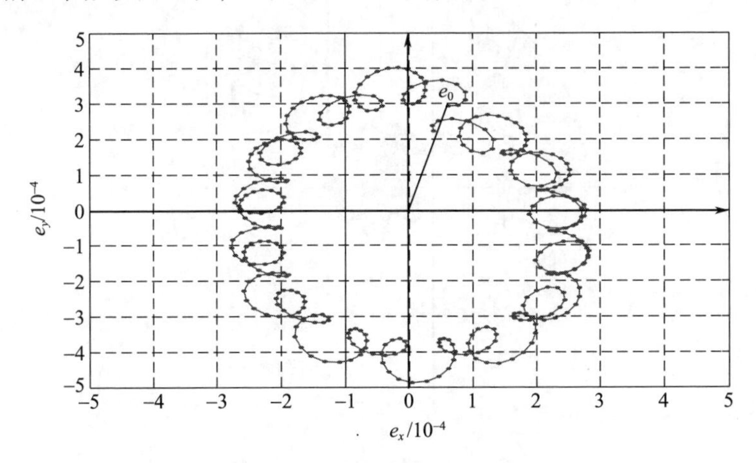

图 5.43　控后轨道一年内偏心率变化趋势

5.2.3.4 GEO 共位控制方法

关于 GEO 共位控制，主要考虑同轨位与其他国家或组织的 GEO 卫星进行共位控制，同时考虑同轨位备份星轨道的选择和控制策略，主要研究备份星的生存轨道选择，既要考虑主星和备份星的安全，又能兼顾在需要时快速承担主星的功能。一般情况下，对北斗三号 GEO，由于倾角漂移环比较大，且对轨道偏心率的要求不是太高，一般采用相对倾角偏置、绝对偏心率绕飞联合隔离方式，倾角和偏心率偏置策略分别如图 5.44 和图 5.45 所示。

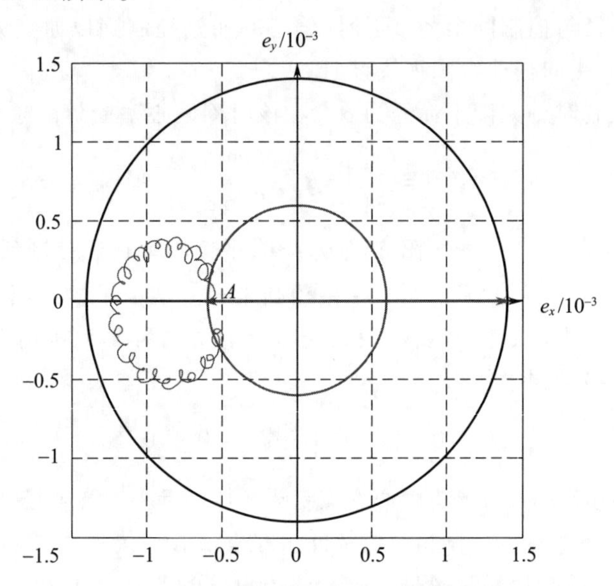

图 5.44 相对倾角偏置方法（见彩图）

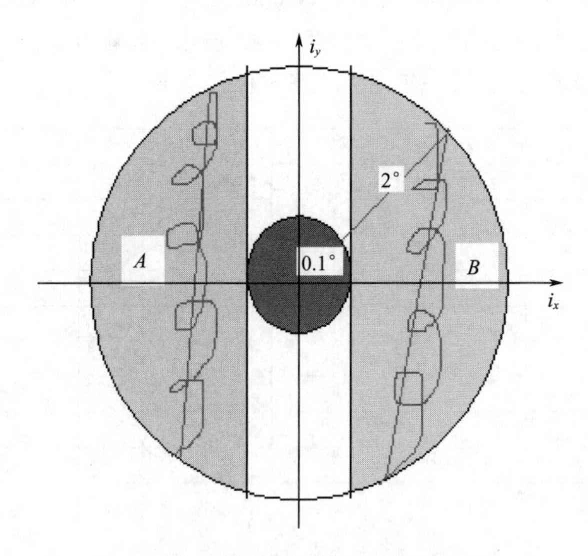

图 5.45 绝对偏心率绕飞隔离（见彩图）

5.3 本章小结

倾斜地球同步轨道(IGSO)是一种特殊的地球同步轨道,它具有和地球自转相同的角速度,回归周期为1恒星日。由于具有轨道倾角,星下点的地面轨迹为“8”字形,具有对固定经度地区南北大范围长期覆盖的特点。

IGSO的采用,是我国北斗卫星工程的一大创举,也是这种轨道在国际上的首次应用。IGSO与GEO卫星处于同一轨道高度,属于共振轨道,难以直接利用参数偏置获得长期被动稳定特性。IGSO轨道交点地理经度呈长周期性变化,主要是地球非球形摄动田谐项J_{22}影响的结果。本章分析了BD IGSO星座的长期演化规律,根据田谐项摄动周期性的特点,提出了基于轨道参数偏置的IGSO卫星轨道摄动补偿方法,达到了延长控制间隔的效果。

参考文献

[1] 张育林,范丽,张艳,等. 卫星星座理论与设计[M]. 北京:科学出版社,2008.

[2] 蒋超. 航天器相对运动的摄动及其补偿控制[D]. 北京:清华大学,2015.

[3] 项军华. 卫星星座构型控制与设计研究[D]. 长沙:国防科学技术大学,2007.

[4] FANL,JIANG C,HV M. Ground track maintenance for BeiDou IGSO satellites subject to tesseral resonances and the luni-solar perturbations[J]. Advances in Space Research,2017,(59):753-761.

[5] PEIRO A M,BEECH T W,GARCIA A M,et al. Galileo in-orbit control strategy[C]//Proceedings of the IAIN World Congress in Association with the U. S. ION Annual Meeting, San Diego, CA, Jun. 2000:469-480.

[6] CAMBRILES A P. Galileo station keeping strategy[C]//20th ISSFD,Annapolis,Sep. 2007:1-14.

[7] ZANDBERGEN R. Galileo orbit selection[C]//Proceedings of ION GNSS 2004,Long Beach,CA, Sep. 2004:616-623.

[8] 毛悦,宋小勇,贾小林. GEO/IGSO/MEO卫星轨道根数演化分析[J]. 测绘学报,2009,34(1):119-121.

第6章　测控信息安全总体设计

测控信息包括遥测、遥控、测量等信息，在信息传输过程中，需要采取一定的安全措施，保证信息传输安全。本章所指信息安全，指信源安全。信道安全，需要在信号传输物理层面考虑。开展测控信息安全总体设计，首先需要进行测控信息传输需求分析、信息传输安全分析，其次基于信息安全总体设计原则开展满足星座测控需求及星载软硬件资源的密码算法设计，然后开展测控认证加密方案设计和测控密钥管理方案设计，最后基于上述设计成果，开展测控信息安全传输协议设计。

6.1　测控信息传输需求

6.1.1　星地测控信息

6.1.1.1　传输信道及信息类别

卫星星地测控信息传输信道包括S频段测控信道、Ka频段信道等，上述信道均具备完整的遥测、遥控、测量功能，能够完成遥控直接指令、注入数据上行及整星遥测下行。

(1) 测控信息类别：遥控、遥测、测量信息。

(2) 遥控信息包括遥控指令、注入数据，遥测信息包含整星遥测信息。

6.1.1.2　遥控发送要求

(1) 遥控指令使用S频段、Ka频段通道通过星地链路准实时、安全、可靠到达可视卫星。

(2) 保证近实时提供每个遥控帧的接收和对执行结果实施有效遥测，并近实时传送地面，用于监督遥控接收执行情况。

(3) 当采用某一种上行通道发送的遥控数据被分割成为多个数据包由地面发送时，要求提供多个数据包的接收和执行情况，要求卫星有将多包数据恢复为原始注入数据并提供执行情况的能力。

(4) 实时性要求：根据传输信道及信息设计结果确定。

6.1.1.3　遥测发送要求

(1) 通过星间传输的遥测数据其数据类型、安全性、可靠性与星地之间直接遥测相同。

(2) 用于监视和判断平台健康的遥测信息均能够通过星间中转，近实时下传地面。

(3) 用于表征遥控指令或数据接收和执行情况信息均能够通过星间中转,近实时下传地面;下传遥测信息应包括遥控指令或数据在每个节点星传输时的接收和转发情况信息。

(4) 实时性要求,根据传输信道及信息设计结果确定。

(5) 本星所有遥测数据均可以通过S频段通道和Ka频段通道下传。

6.1.2 星间信息传输信道及信息类别

6.1.2.1 传输信道及信息类别

卫星星间信息传输信道主要为Ka频段星间链路,星间传输的信息主要包括:

(1) 上行指令数据。上行指令数据是地面站选择上空最佳的一颗卫星,将数据注入该颗卫星上,然后通过合适的路径到达目的卫星。上行指令数据包括测控指令数据、运控指令数据等,测控指令数据包括间接指令、注入数据(含星间链路运行管理信息)等。运控指令数据可信源加密。

(2) 遥测。下行遥测是卫星的健康信息,它在星间传送的目的是每一时刻都可以下行网内所有卫星的健康信息,不管卫星是否在地面站可视范围内。下行遥测可以按照一定的策略,规划传输路径,将信息汇集到一颗或若干颗卫星,然后下行到地面站。某颗卫星一般不需要查看其他卫星的遥测信息。

(3) 星间测量信号。星间测量信号是一个周期传送的信号,信号内携带卫星的时间信息。星间测量信号是在具有星间链路的卫星之间两两互传的。星间测量信号在星间收发终端处理后转换为测量值,然后传送给其他卫星。星间测量信号可不需要通过网络层转发和传送。

(4) 星间测量值。星间测量值是根据星间测量信号携带的时间信息和收到信号的时间,按照一定的算法计算得到的星间测量值,每颗卫星测量的星间测量值需要传送给网内的其他卫星。平时将星座的测量值全部传输到地面站,进行辅助定轨使用。特殊情况下,相邻卫星利用星间测距值可进行滤波和其他自主定轨计算。

(5) 星间自主导航信息。在星座自主运行期间,卫星自主产生一些自主导航信息,例如协方差信息、全局参数信息和导航电文等,需要在星间链路中传输。星间自主导航信息定期计算并生成。

(6) 全球导航服务信息。全球导航服务信息由运控上行注入,包含上行注入导航电文,卫星星历和时钟参数。这些数据本身具有信息保密措施。

(7) 全球导航完好性数据。全球导航完好性数据严格来说是全球导航服务信息的一种,这种数据是周期在星间传送的信息。

(8) 其他用户信息。其他用户信息包括扩展用户通过星间链路发送的数据、RDSS定位数据等。

6.1.2.2 利用星间链路测控的信息需求

在星间链路中传输的信息包括遥控信息、遥测信息、卫星自主导航信息、运控业务信息、星间测量信息等。

测控系统利用星间链路支持测控主要开展以下业务：

（1）利用星间链路支持不可视卫星遥控；

（2）利用星间链路接收不可视卫星遥测；

（3）利用星间测量数据开展星地星间联合轨道确定。

1）遥控业务使用要求

遥控信息经星间中转后的安全性和可靠性要求不低于地星直接发送指标，即满足误码率、漏指令率、误命令率、虚命令率等要求。

利用星间链路开展不可视卫星的遥控业务，主要的使用要求包括：

（1）全部间接指令和注入数据，均能够通过星间链路，准实时、安全、可靠到达任意不可视卫星并执行；全部直接指令能够通过间接指令、注入数据备份。

（2）保证近实时提供不可视卫星上行遥控信息的接收情况，采用差错控制技术，确保遥控信息的安全性和可靠性。

（3）需要提供路由通断辅助信息（经综合判断可以定位到故障节点卫星）。

（4）对每个遥控帧的接收和执行结果实施有效遥测，并近实时传送地面，用于监督遥控接收执行情况。

（5）对通过星间中转的指令和数据，目的卫星必须按地面发送顺序执行。

（6）当注入数据被分割成为多个数据包由地面发送时，要求提供多个数据包的接收和执行情况，要求卫星有将多包数据恢复为原始注入数据并提供执行情况的能力。

（7）实时性的要求是根据传输信道及信息设计结果确定的。

2）遥测业务使用要求

通过星间传输的遥测数据其数据类型、安全性、可靠性基本与星地之间直接遥测相同，利用星间链路开展不可视卫星的遥测业务，主要的使用要求包括：

（1）用于监视和判断平台健康的遥测信息均能够通过星间中转，近实时下传地面。

（2）用于表征遥控指令接收和执行情况信息均能够通过星间中转，近实时下传地面，下传遥测信息应包括遥控数据在每个节点星传输时指令的接收和转发情况信息。

（3）遥测信息星星地传输误码率指标不低于星地直接传输指标。

（4）实时性的要求是根据传输信道及信息设计结果确定的。

6.2 信息传输安全分析

6.2.1 信息传输安全威胁

卫星遥测、遥控及星间通信的威胁主要来源于它们是依靠无线射频信道传输的，这些信号可能被非法用户拦截或探测到。非法用户可能发送伪指令对卫星进行恶意攻击和破坏，影响单个卫星或整个卫星网络运行性能。

信息安全性主要包括3个方面的内容:信息的可获得性、保密性和完整性。可获得性保证系统是可以使用的,保密性防止非法用户对数据的窃取,完整性是保护数据不被非法篡改。

导航星座星地和星间通信可能面临的威胁如图6.1所示,包括对航天器或地面站数据或资源的非法破坏;对系统内部信息的非法篡改;信息或资源的被盗或丢失;秘密信息泄露给非授权方等。

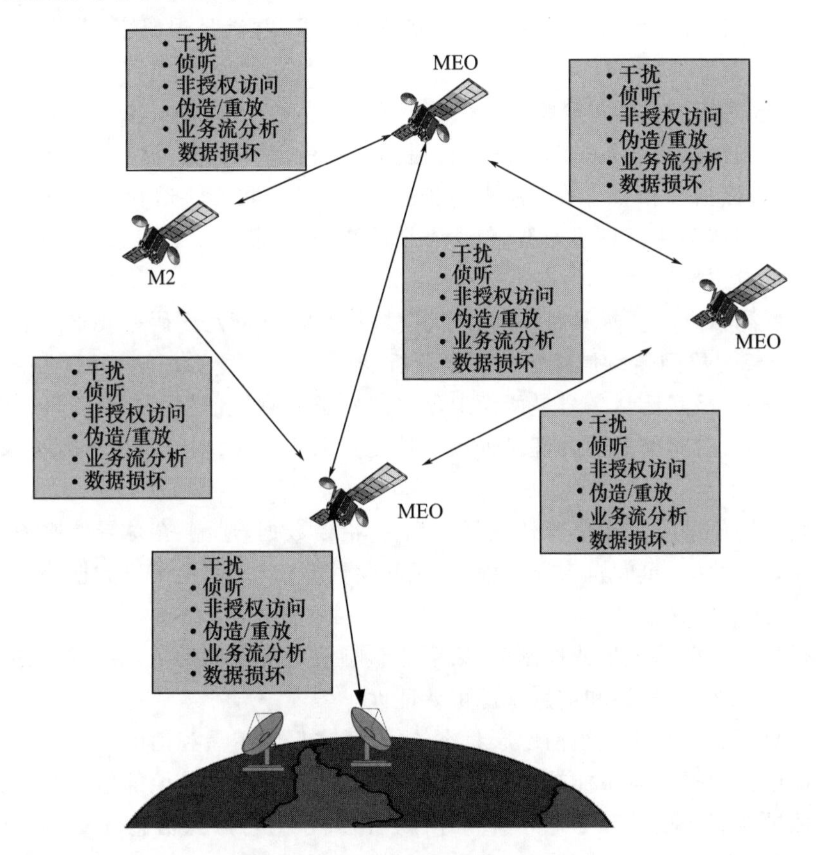

图6.1 导航星座星地和星间通信可能面临的威胁(见彩图)

对于侦听、非法信息篡改、秘密信息泄露给非授权方、伪造、重放等安全威胁,可以采用加密、认证等技术,保证数据的机密性、数据来源的合法性认证和防止数据的重放攻击等。

6.2.2 信息传输安全需求

6.2.2.1 星地测控信息安全需求

1) 星地遥控信息安全需求

遥控信息发送是全球系统上行遥控链路的基本功能,为卫星控制、重构、参数更改等提供信息支撑。遥控信息可以分为直接遥控指令和注入数据指令,以上两种指令均由地面测控系统任务中心生成。遥控的发送对象是全星座组网卫星,包括 GEO 卫星、IGSO 卫星和 MEO 卫星 3 种类型。其中 GEO 卫星、IGSO 卫星始终处于测控站可视;MEO 卫星对于测控站,分为可视弧段和非可视弧段,非可视弧段卫星的信息不能由测控站直接注入,需借助星间链路辅助完成。根据卫星的可视情况,选择合适的地面测控站向目标卫星实施遥控。

星地遥控信息均要求具备保密性和完整性要求,并满足误码率、漏指令率、误命令率、虚命令率等要求。

2) 星地遥测信息需求分析

卫星遥测信息发送是全球系统下行遥测链路的基本功能,为卫星平台和载荷的状态监视、遥控指令和载荷数据注入的校验、星地星间联合轨道确定提供信息支撑。全球系统遥测链路从信息层面看,包含本星遥测信息、载荷状态信息、他星遥测信息、星间测量及自主导航信息。

星地遥测信息均要求具备保密性和完整性要求,并满足误码率要求。

6.2.2.2 星间传输信息业务安全分析

根据分析,星间测量信号是两两卫星之间发送的测量信号,测量信号的数据帧内包含时间信息,时间信息的处理时钟频率精度要求非常高,对这类信号可不采用安全措施。

星间传输信息除测量信号外,还包括上行指令数据、遥测、全球导航服务信息、全球导航完好性数据、星间自主导航信息、星间测量值,以及其他用户数据等。

1) 上行指令数据

上行指令数据是卫星的控制信息,可能影响卫星本身的安全,对此类数据需要保证数据的机密性、完整性和信息来源可认证性。

遥测数据是反映卫星当前健康状态的信息,也反映卫星当前的工作状态,这类信息需要保证其数据内容不能被非授权方解释,以防止其中有价值的信息泄露。

全球导航服务信息和全球导航完好性数据属于上行注入信息,一般采用信源加密,在星间链路中传送可以不再进行安全保护。

星间测量值和自主导航的协方差信息是计算当前导航电文的基础,这些信息的篡改会使得自主导航算法无法趋于收敛,不能生成有效的导航电文。同时,生成的自主导航电文在星间传输。当卫星处于自主导航状态时,电文内部的精准位置信息如果被非法篡改,将影响自主导航算法无法得到有效的导航电文,或者无法得到精准的导航信息。星间测量值和自主导航信息同时也在下行遥测信息中,星地、星间传输时需采用相同的数据保护措施。从上述分析可以看出,此类信息内容需要具备一定的安全防护能力。另外,如果自主导航分系统能够识别野值(无论是测量产生的还是伪造的),则此类信息可以不采用安全防护。因此,星间测量值和自主导航信息可根据不同任务需求设置不同的安全策略。

其他用户信息包括扩展用户通过星间链路发送的数据、RDSS位置报告数据等。此类数据的安全防护由用户负责，星间链路透明转发。

2）信息处理实时性需求

根据星间传送信息特点、星间传送数据的速率，合理设计信息处理的实时性要求。

3）星间网络安全需求分析

由于每个节点是可信节点，因此假设没有恶意节点，所有攻击来自网络外部。

每个节点是对等的，节点在通信方面和通信服务方面，不具有任何特殊性，每个卫星节点要求部署相同的密码设备。

节点部署不同时，星座网络的安全体系需要考虑新加入节点如何与已有网络节点的密钥同步和通信。

4）密钥管理安全需求分析

导航星座系统要求在没有地面支持的情况下，能够通过星间相对距离测量，处理星座测量数据，自主更新星历及时钟参数，从而自主编制导航电文和控制指令，提供高精度导航信息，实现导航系统的自主运行。因此，地面测控中心可以作为节点部署时的密钥分发中心，但不能完全依赖地面。在一定时间内，没有地面测控中心的密钥更新，仍然能保证系统的安全。

5）密码算法和密钥的安全需求

根据导航卫星的在轨设计寿命，考虑卫星研制周期，密码算法和密钥的安全强度应满足一定年限内不被破译的要求，满足导航星座一定数量的卫星长期运行管理的要求。

6.2.2.3　测控系统对于星间链路的信息安全需求

在星间链路中传输的信息包括遥控信息、遥测信息、卫星自主导航信息、运控业务信息、星间测量信息等。

1）遥控业务安全要求

遥控信息经星间中转后的安全性和可靠性要求不低于地星直接发送指标，即满足误码率、漏指令率、误命令率、虚命令率等要求。

2）遥测业务使用要求

通过星间传输的遥测数据其数据类型、安全性、可靠性基本与星地之间直接遥测相同。

6.3　测控信息安全总体设计原则

安全性要求：遥测遥控数据有安全防护需求，可以采用认证、数据加密来保证数据安全。

信息安全传输协议具备一定的兼容性、可扩展性：协议设计需要兼容空间数据系统咨询委员会(CCSDS)标准协议体系,具备在星地星间一体化网络条件下端到端加解密数据的能力,具备继续追踪 CCSDS 标准协议体系演进的能力。

密钥管理方案需要满足导航星座长期运行、自主运行管理要求

实时性要求:遥测、遥控等信息在星地、星间传输时,有时延处理要求,具体时延要求与信息传输速率、信息传输帧格式相关,需要根据信道体制、信息协议设计结果确认。

6.4 测控密码算法设计

6.4.1 需求分析

导航星座通过星间链路网络实现一定数量在轨卫星运行,并参与构建基于星间链路的天基信息网络。因此,需要设计星星地一体化端到端信源加解密方案,保证卫星星地链路和星间链路数据的机密性、完整性和可认证性,满足应用需求,提高信息安全防护能力。具体为对卫星遥控数据进行加密保护和认证,防止遥控数据被非法窃取和篡改。阻止非法遥控指令的攻击。对卫星遥测信息进行加密保护和认证,防止遥测数据被非法者窃听。

基于测控信息传输协议设计安全可靠的密码方案,保证数据的机密性、完整性、不可否认性,为此,需要加解密、认证等密码技术,其中分组密码算法是构造这些方案的一种安全有效的基本密码算法。在卫星通信中,国际上主要采用的分组密码算法有数据加密标准(DES)、3DES 和高级数据加密标准(AES),其中 CCSDS 推荐采用的分组密码算法为 AES。AES 算法密钥长度分为 128、192、256 三个版本,轮数分别为 10、12 和 14。在相关密钥环境下,AES-192/256 都存在全算法的攻击。在单密钥条件下,AES-128 存在 7 轮的攻击,AES-192/256 存在 9 轮的攻击,以及全算法的 Biclique 攻击,复杂度略小于穷搜攻击。

在卫星通信环境中,以往采用的密码技术,其存在的漏洞或后门是难以发现的,以此来保障航天信息系统的安全性是不可取的,信息安全必须要建立在自主可控的安全防护技术基础上才能获得真正的保障。因此需要设计符合安全要求的密码算法。

6.4.2 设计要求

针对导航星座工程测控系统的安全等要求,可以采用分组密码算法,既满足安全性要求,又具备工程可实现性,可作为测控系统的加解密算法。

在安全性方面,设计的分组密码算法,要求抵抗现有的攻击方法,如差分分析、线性分析、不可能差分分析、中间相遇攻击和积分攻击,具有较高的安全冗余,满足未来一定年限的安全防护要求。

在实现效率方面,充分考虑卫星软硬件实现水平,分组密码算法要有高的实现效率,具体要求需要根据工程实现水平确定。

6.4.3 编制原理

分组密码算法的总体设计目标为:设计分组加密算法,基于现场可编程门阵列(FPGA)硬件,运行效率高,占用资源少,结构简单,易于实现,算法安全强度高。

在算法整体结构上,可采用 Feistel 结构,该结构是目前广泛使用的分组密码结构,国际重要分组 DES、Camellia、SM4 等都采用此结构。综合考虑算法的安全性和软硬件实现效率,算法的轮函数每次介入 1 个一定数量比特的子密钥,调用一次代换-置换网络(SPN)结构的 F 函数。F 函数包括混淆层和扩散层,其中混淆层由非线性的 S 盒替换实现,扩散层由可逆的线性变换组成。该结构用混淆层和扩散层构造轮函数,并迭代轮函数多次,从而增强密码的混淆性与扩散性,使得密码的输出和输入之间的依赖关系更加复杂。

分组密码算法分组长度满足任务要求,非线性层使用 S 盒,S 盒的选取考虑了差分、线性和代数次数等安全特点、硬件占用资源和软件实现效率这三方面因素。在扩散层的设计上,使用多层 P 置换实现快速线性扩散。S 盒和 P 置换的结合,能够实现算法的快速雪崩效应,使得算法能够抵抗差分攻击、线性攻击、不可能差分攻击等密码学攻击方法。P 置换参数的选择综合考虑了异或项数、移位间距、逆置换 P^{-1} 项数等情况。

6.4.4 算法描述

分组密码算法的基本组成模块包括加密算法、解密算法和密钥编排方案,如图 6.2所示。密钥编排方案为加密和解密算法提供全密钥 RK。加密算法在全密钥 RK 的介入下,将明文 P 加密产生密文 C。解密算法在全密钥 RK 的介入下,将密文 C 解密产生明文 P。

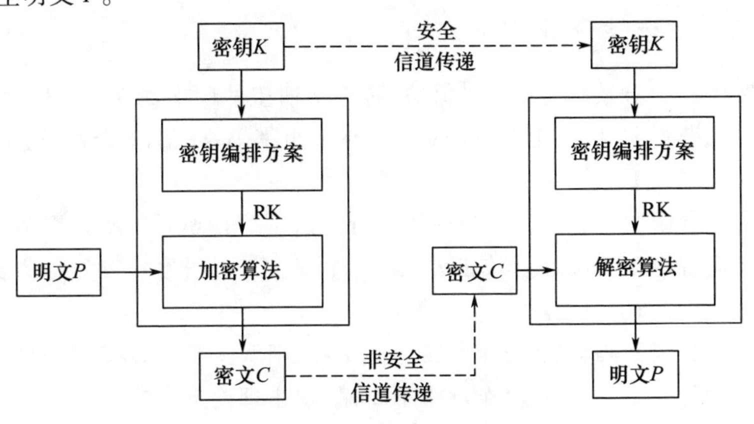

图 6.2 密码算法总体框图

对于加解密算法，需要考虑算法的总体结构，根据安全指标和运行环境的需求，结合国际分组密码算法的结构特点，可综合考虑 SPN 结构和 Feistel 结构的优缺点。因为 Feistel 结构加解密调用相同的 F 函数，只是轮密钥介入顺序不一致，加解密同时实现，节省硬件实现资源，因此算法总体结构仍然为 Feistel 结构，如图 6.3所示。

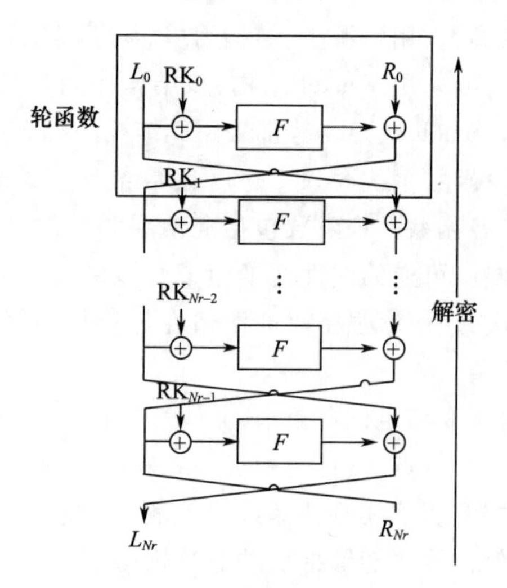

图 6.3　加解密算法结构

总体结构确定后进行轮函数的设计。在轮函数的设计方面，利用 S 盒设计非线性组件，通过理论分析和实验测试保证非线性部件具有好的差分、线性分布和高的代数次数；采用 P 置换设计线性组件，使之具有扩散快、实现效率高、占用面积小等特点。在密钥扩展设计方面，吸纳国际上的密钥扩展方式的优点，结合算法结构和轮函数结构，设计密钥生成算法。算法设有多套可调参数，可用于遥测数据的加密认证保护、遥控数据的加密认证保护和星间数据的加密认证保护。

6.4.5　安全性分析

分组密码用于对敏感信息提供保护，防止不期望的明文泄露。密码攻击的目的则是解密密文获得明文，甚至获得密钥。评估分组密码算法的安全性，通常从以下几个方面分析：

(1) 对于分组密码算法，密钥长度为 n 比特，则穷搜密钥的复杂度为 2^{n-1}，决定了攻击的时间复杂度的大小。攻击者获得密钥的复杂度小于 2^{80}时，称为实际攻击；小于 2^{n-1}时，称为理论攻击。

(2) 对于分组密码算法，分组长度为 n 比特，则明文数据共有 2^n个，决定了攻击的数据复杂度的大小，当数据复杂度小于 2^n时，攻击理论上有效。

对分组密码进行安全性评估时，主要考虑差分分析、线性分析、不可能差分分析、

零相关分析、中间相遇攻击和积分攻击等。

6.4.6　实现性能评估

通过软件实现、硬件实现及测试样本，对分组密码算法进行性能评估。

6.5　测控认证加密方案设计

6.5.1　需求分析

开展导航星座测控密码算法及密钥管理方案设计，主要包括分组密码的设计、认证加密模式的设计及测控系统参数配置和密钥管理。

分组密码的消息长度是固定的，对长消息进行加密、认证和认证加密需要采用相应的工作模式。美国国家标准与技术研究所（NIST）推荐的加密模式有5种，分别是电子密码本（ECB）模式、密码分组链接（CBC）模式、密码反馈（CFB）模式、输出反馈（OFB）模式和计数器（CTR）模式。ECB工作模式实现简单，但是不同明文分组之间的加密独立进行，故保留了单表代替缺点，造成相同明文分组对应相同密文分组，因而不能隐藏明文分组的统计规律和结构规律；CBC模式中各密文分组不仅与当前明文分组有关，而且还与以前的明文分组及初始化向量有关，从而使明文的统计规律在密文中得到了较好的隐蔽，但是CBC模式会造成误码的扩散，即1bit的传输错误会导致1个分组的解密错误；CFB能灵活适应数据各格式的需要，但同样CFB的缺点是造成误码扩散；CTR模式和OFB模式基于流密码的加密模式，不具有错误传播特性，密文的1bit错误只会导致明文的1bit错误，但CTR模式相比于OFB模式对初始向量初始值（IV）的同步有更高的要求，而OFB模式又容易产生弱密钥流。CCSDS密码算法蓝皮书建议采用CTR模式。

进行消息认证主要采用消息认证码，国际上有3种：一种是基于Hash函数生成的，如基于Hash函数的消息认证码（HMAC）；一种是基于分组密码生成的，如基于密码的消息认证码（CMAC）模式；一种是基于泛Hash函数族。因为在卫星通信系统中，由于资源、运行环境的限制，不一定都支持Hash函数。考虑到加密的需求，一般采用基于分组密码的认证模式，即CMAC。有时候对消息不仅需要加密，还需要认证。如果先加密再认证或者先认证再加密需要两倍的计算资源，密钥还需要分割来保障安全性。因此出现了认证加密方案，同时提供加密和认证两种功能，国际标准主要有基于CBC-MAC的计数器和加密认证模式（CCM）和加密认证模式（GCM）两种方案。2013年，美国NIST支持启动了凯撒（CAESAR）认证加密模式设计工程，征集安全高效的认证加密模式。空间数据系统咨询委员会（CCSDS）密码算法蓝皮书推荐的认证模式是CMAC，采用CBC-MAC模式，认证加密方案采用GCM。当认证加密方案存在时，也可以采用GMAC进行认证，要求认证标签至少128bit。

6.5.2 设计要求

设计安全性强、占用资源少的基于分组密码的认证加密模式，同时提供加密、认证和加密认证功能。可采用基于分组密码算法，实现认证加密方案。

6.5.3 设计原理

遥控和遥测加解密及认证子系统既需数据加密，又需身份认证和数据完整性验证，若按传统的方式先加密再认证，则需对遥控数据进行两次操作，加密效率较低，硬件资源消耗较大，同时密钥还需要分割来保障安全性，即需要两个同样长度比特的密钥。

针对星座测控系统的密码需求，设计认证加密工作模式，该工作模式可以同时提供认证、加密和认证加密三部分功能，可以逐个分组处理，减少硬件资源消耗，同时具有较高的加解密效率。在安全性方面，认证加密模式可以防止基于生日攻击伪造新的消息及其认证码，防止基于长度扩展的认证码伪造等攻击。

认证加密模式可以结合 ECB 和 CTR 两种模式，基于绑定的双标签技术，防止使用生日攻击伪造新的消息及其认证码。为了防止信息泄露，每个标签只出现在一次加密或解密中，双标签都与初始值(IV)及等价密钥 L 绑定。通过加密和认证一体化处理，既保证了遥控数据帧处理的流畅性，降低了硬件资源消耗，又提高了遥控数据帧加解密的效率。为了实现相同的消息在相同的密钥下加密，密文是不一样的，要求同一密钥下 IV 不重复。

6.5.4 方案描述

加密认证方案基于一定比特位的分组密码实现，提供加密、认证和加密认证三部分功能，包括加密认证算法和解密验证算法两部分。

6.5.4.1 加密认证算法

加密认证算法的输入由三部分组成：认证加密的数据 P、只认证不加密的数据 A 和初始值(IV)，输出密文 C 和认证标签 MAC。加密过程可以采用 ECB 模式结合 CTR 方案，为了保证相同的密钥下加密相同的明文产生不同的密文，减少明文信息的泄露，每次加密需要生成一个初始向量 IV。遥控数据认证加密过程如图 6.4 所示。

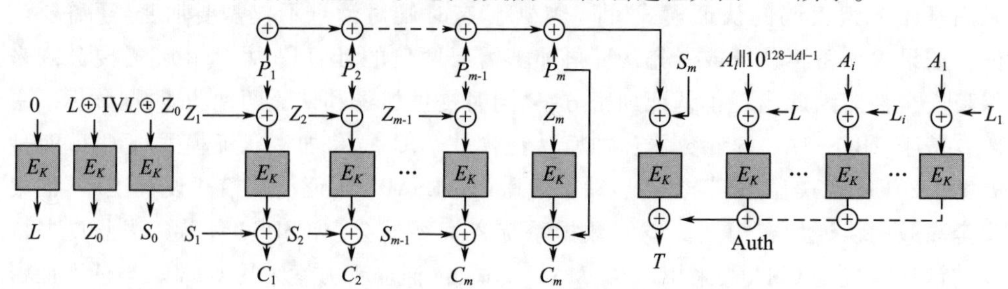

图 6.4 遥控数据认证加密过程示意图

加密认证算法输入：初始向量 IV；密钥 K；待认证不加密的数据 A，其中 $A = A_1 \parallel A_2 \parallel \cdots \parallel A_l$，且 $0 < |A_l| \leqslant n$，待加密和认证的消息 $P = P_1 \parallel P_2 \parallel \cdots \parallel P_{m-1} \parallel P_m$，且 $|P_1| = \cdots = |P_{m-1}| = n, 0 \leqslant |P_m| < n$，其中 n 为明文分组长度。

算法输出：初始值(IV)，密文 $C = C_1 \parallel C_2 \parallel \cdots \parallel C_{m-1} \parallel C_m$，认证值 T。

6.5.4.2　解密验证算法

解密验证算法对密文 C 进行解密，获得明文，并对明文进行验证，如果与 T 一致则保留消息，否则丢弃。

解密验证算法输入：收到的初始向量 IV，待认证不加密的数据 A，其中 $A = A_1 \parallel A_2 \parallel \cdots \parallel A_l$，且 $0 < |A_l| \leqslant n$，密文 $C = C_1 \parallel C_2 \parallel \cdots \parallel C_{m-1} \parallel C_m$，认证值 T，其中 $|C_1| = \cdots = |C_{m-1}| = n, 0 \leqslant |C_m| < n$。遥测数据解密验证过程如图 6.5 所示。

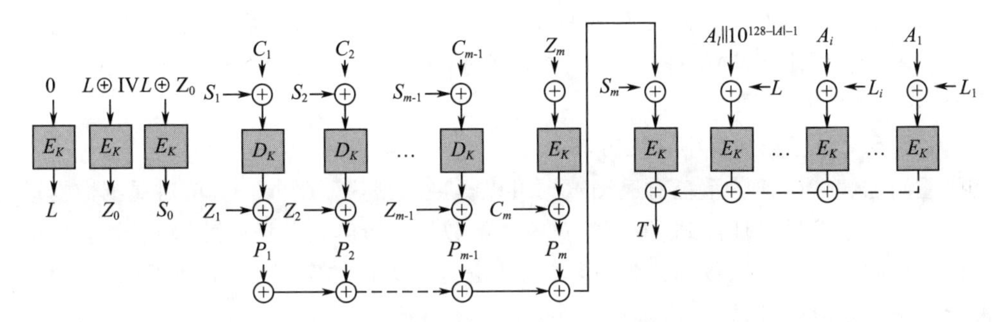

图 6.5　遥测数据解密验证过程示意图

算法输出：明文 $P = P_1 \parallel P_2 \parallel \cdots \parallel P_{m-1} \parallel P_m$。

6.5.4.3　加解密认证方案实现性能

保证基于加密认证方案算法的软件和硬件实现，对算法进行性能评估，掌握不同长度消息下加解密硬件资源需求、加解密速率及时延。

6.5.5　加密认证方案在测控系统中的应用

星座测控密码系统可以采用分组密码算法和认证加密模式，提供遥控加密认证、遥测加密认证和星间加密认证安全防护。

6.5.5.1　遥控加解密认证方案

遥控加解密及认证子系统主要对遥控指令进行加密和完整性保护，以及对指令来源进行认证。地面设备对遥控指令进行加密和认证，发送给卫星；卫星收到数据对其进行解密和验证，验证通过则执行相应的功能，否则丢弃。对每个遥控帧的接收和执行结果实施有效遥测，并即时传送地面，用于监督遥控接收执行情况。

遥控指令可以分为直接指令和注入数据两类，均可以进行加密、认证。

1）遥控数据加解密认证方案

地面设备生成遥控明文数据，采用认证加密模式对遥控数据进行加密认证。地面设备调用认证加密算法将生成的密文和 MAC 填充到遥控帧中相应位置，并发送。

卫星设备上的遥控解密模块,对收到的遥控数据进行解析,提取解密验证需要的输入信息初始值(IV)、密文 C 和只认证不加密的数据 A,然后进行解密,将新生成的 MAC 与遥控数据中的 MAC 进行对比,相同则验证通过,执行相应的遥控操作,否则丢弃。

2）遥控签名指令加解密认证方案

遥控签名指令的数字签名字包括 IV 和 MAC。

地面设备生成签名指令的明文数据,采用认证加密模式对遥控指令进行加密认证。地面设备调用认证加密算法将生成的密文和 MAC 填充到签名指令中相应位置,并发送。

卫星设备上的遥控解密模块,对收到的签名指令进行解析,提取解密验证需要的输入信息初始值(IV)、密文 C 和只认证不加密的数据 A,然后进行解密,将新生成的 MAC 与收到的 MAC 进行对比,相同则验证通过,执行相应的遥控操作,否则丢弃。

6.5.5.2 遥测加解密认证方案

遥测加解密认证子系统对遥测数据可以提供加密认证服务。卫星对遥测数据进行加密和认证发送给地面站,地面站对收到的数据进行解密验证,然后转发给相应的处理或存储部门。遥测数据仅为下行数据,由卫星进行加密,传送给地面站,地面站进行解密和相应的处理。

为便于系统集成,遥测加解密子系统可采用与遥控加解密及认证子系统相同的分组密码算法和参数分割。

星上设备生成遥测明文数据,遥测加密模块采用认证加密模式对遥测进行加密认证。遥测星上遥测加密模块调用认证加密算法将生成的密文和 MAC 填充到遥测帧中相应位置,并发送。

地面设备对收到的遥测帧进行解析,提取解密验证需要的输入信息,即初始值(IV)、密文 C 和只认证不加密的数据 A,然后进行解密,将新生成的 MAC 与遥测帧中的 MAC 进行对比,相同则验证通过,将解密后的遥测数据和验证结果进行转发。

6.5.5.3 测控系统认证加密方案安全强度分析

根据测控系统采用的分组密码算法及其密钥长度,以及计算能力,评估认证加密方案的安全强度是否满足任务需求和总体设计需求。

1）遥控加解密认证方案安全性分析

遥控数据的加解密方案的安全性分析主要包括抗伪造、篡改攻击,以及防重放攻击。

（1）抗伪造、篡改攻击。由于在认证加密算法中,密文 1bit 的改变会导致明文变化,从而会导致 MAC 的值雪崩变化,采用 $n$bit 密钥长度时,伪造、篡改通过验证的成功概率为 2^{-n}。

（2）防重放攻击。星上存放上一合法帧中的携带的相关信息,对新来的遥控帧,

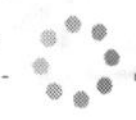

提取相应信息，与当前存放的值大小对比，小于等于当前值的帧可以认定为重放信息，从而不予处理。

2）遥测加解密认证方案安全性分析

根据遥测帧长、遥测码速率、认证加密方案中的相关信息等，分析遥测加解密认证方案的安全性。

6.6 测控密钥管理方案设计

6.6.1 设计要求

根据测控密码系统的安全要求，进行遥控加密、认证和遥测加密、认证的密钥管理方案设计。密钥管理要求，满足导航星座卫星数量不少于一定数量卫星长期运行管理期间密钥管理要求，满足自主运行期间密钥更新要求，确保星地星间密钥同步。

6.6.2 密钥管理方案设计

卫星加密可以基于对称密码算法设计密码密钥管理方案，用于对地面站和卫星之间的密钥进行管理。

对称密码密钥管理方案要求任意通信的两个设备之间要共享秘密密钥，不同设备之间的通信密钥要不一样，包括地面站密钥管理模块与星载密钥管理模块。地面站密钥管理模块包括密钥生成、密钥注入、密钥存储、密钥更新、密钥销毁。星载密钥管理模块包括密钥注入、密钥更新、密钥存储、密钥销毁。

遥测、遥控系统主要是地面站和卫星之间的通信，要求每颗卫星和地面站共享秘密密钥，密钥表提前存储于加解密设备。在相同密钥下，要求每次加密采用的IV都是不同的，结合IV的自由度设置密钥使用周期。对于遥测、遥控密钥，要保留密钥上注功能。

遥测、遥控信息已经由发送方进行加密，星间可透明转发。

6.7 测控信息安全传输协议设计

6.7.1 传输协议体系架构概况

6.7.1.1 OSI分层网络模型

国际标准化组织（ISO）定义的开放式系统互联（OSI）模型将网络协议从逻辑上分为7层，其将服务、接口和协议这3个概念明确地区分开来，通过7个层次化的结构模型使不同的系统不同的网络之间实现可靠的通信。地面互联网协议所使用的TCP/IP参考模型就继承了OSI提出的分层模式及服务、接口、协议思想。为降低工程实现复杂度，将7层网络模型简化为了5层网络模型。OSI与TCP/IP参考模型如

图 6.6 所示。[1]

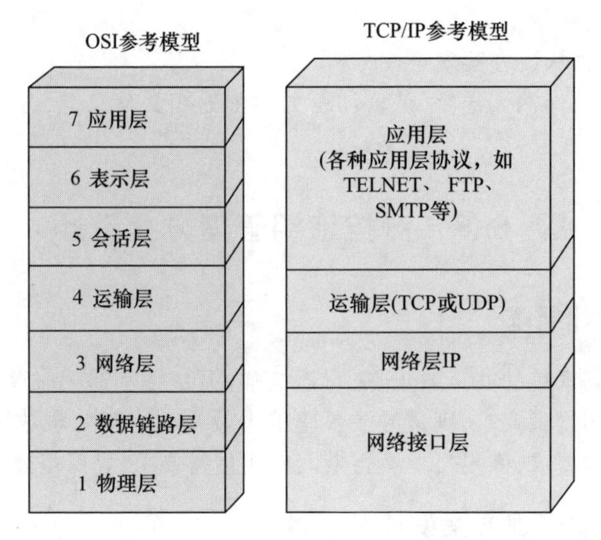

图 6.6 OSI 与 TCP/IP 参考模型

分层网络模型中的层次指逻辑层次，每层网络协议都在下层网络协议提供的功能基础上实现更高抽象层次的功能。例如，在 OSI 分层网络模型中：物理层专注于电气特性、接口特性与如何实现比特传输；数据链路层在物理层提供的比特传输功能基础上，实现链路上传输位串（帧）的能力；而网络层协议又进一步在数据链路层帧传输服务基础上实现数据包的分组交换机制，以此类推。

通常，下层协议为上层协议提供的功能被称为服务（Service），下层协议为上层协议提供服务的调用模式和参数约定被统称为接口（Interface），或服务访问点，网络中两个不同节点上相同层次的协议实例称为对等实体（PeerEntities）。

6.7.1.2 CCSDS 标准协议体系及网络架构

CCSDS 设计制定了一系列的标准协议，并依托于航天实践活动的进步和发展不断地修订和演进。在参考了 OSI 网络模型的基础上，CCSDS 按照不同的网络层次和需求特性制定了不同功能和类型的网络协议，其中包括：

（1）以常规在轨系统（COS）协议（包含遥控（TC）协议和遥测（TM）协议）、高级在轨系统（AOS）协议和 Proxmity-1 近距网络通信协议为代表的数据链路层协议[2]。

（2）以 SCPS 网络协议（SCPS-NP）、IP Over CCSDS，以及空间包协议 SPP 为代表的网络层协议。

（3）以 SCPS 传输协议（SCPS-TP）、利克里德传输协议（LTP）为代表的传输层协议，以及延迟容忍网络（DTN）体系架构中 CCSDS Bundle Protocol 聚合层协议。

CCSDS 规划了 3 种大型的网络体系架构，分别是 CCSDS 空间通信网络体系、空间 IP 网络体系和基于 DTN 技术的太阳系互联网架构。CCSDS 标准协议及综合体系架构示意图如图 6.7 所示。

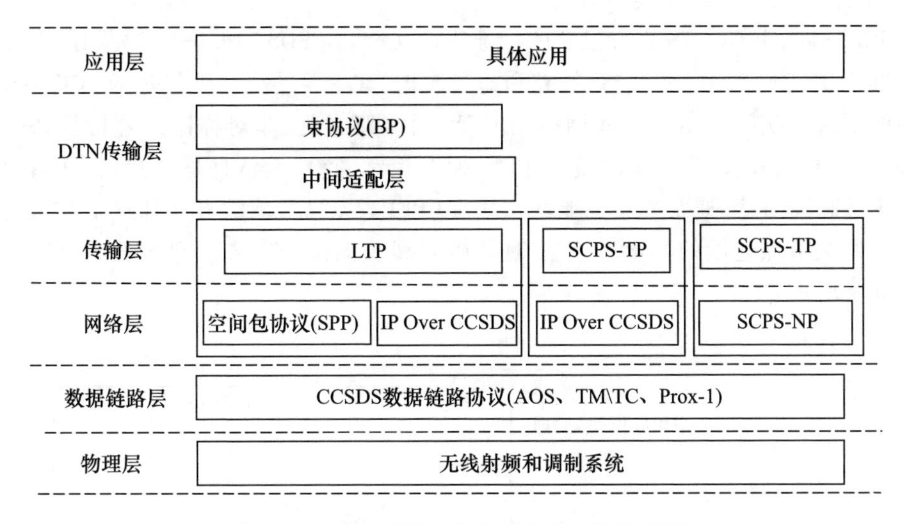

图6.7　CCSDS标准协议及综合体系架构示意图

6.7.1.3　CCSDS空间通信协议规范(SCPS)

CCSDS空间通信网络协议体系，是CCSDS于1982年成立后针对空间环境特点，在对地面标准TCP/IP进行相应改进的基础上，先后开发的一套涵盖网络层到应用层的空间通信协议规范，即空间通信协议规范(SCPS)，CCSDS空间通信协议规范如图6.8所示。SCPS一定程度上为空间信息传输问题提出了成套的解决思路。CCSDS还提出了CCSDS文件传输协议(CFDP)作为针对深空通信中高度延时链路数据传输的解决方案。然而，由于SCPS采用的网络层协议并不与地面网络技术兼容，设计开发时也没有提出具体的路由体系架构，总体工作机制开销巨大并实现复杂，基于地面IP网络TCP技术所开发的SCPS-TP还具有诸多并不能完全适用于空间高延迟链路的工作特性，例如：其假设链路传输时延较短，采用端到端重传机制，并且可靠传输机制工作面向连接等；CFDP仅满足深空通信的高度延时不可靠链路的数据传输时的文件传输应用，远不能满足其他深空通信的需求。加之缺乏更完善的应用服务，从星际互联的角度考虑，SCPS的体系结构还不够全面和完善，作为CCSDS早期的空间网络技术探索，其具有一定的局限性，后被新涌现的技术与架构取代。因此，SCPS架构至今并未被各国航天机构及生产商视为理想网络协议体系架构采纳并实现。

应用层
传输层(SCPS-TP)
安全层(SCPS-SP)
网络层(SCPS-NP)
数据链路层(CCSDS LINK)
物理层

图6.8　CCSDS空间通信协议规范

SCPS-TP,由 CCSDS 官方发布的标准协议文档《CCSDS 714.0-B-2》描述,基于地面标准 TCP(RFC2001)的裁剪、扩充和适当改进,其主要功能扩充都基于 TCP 中 TCP 选项的形式。实际上由于空间网络高时延、大链路时延、非对称链路等特性,SCPS-TP 采用大量与 TCP 差异化的链路中断、拥塞控制、重传确认处理方式,无法直接与 TCP 正常高速通信,通常采用性能增强代理(PEP)以 TCP 欺骗方式加速报文段应答以保证网关节点连段的 SCPS-TP 及 TCP 协同高效工作。TCP/SCPS-TP 状态变迁图如图 6.9 所示。

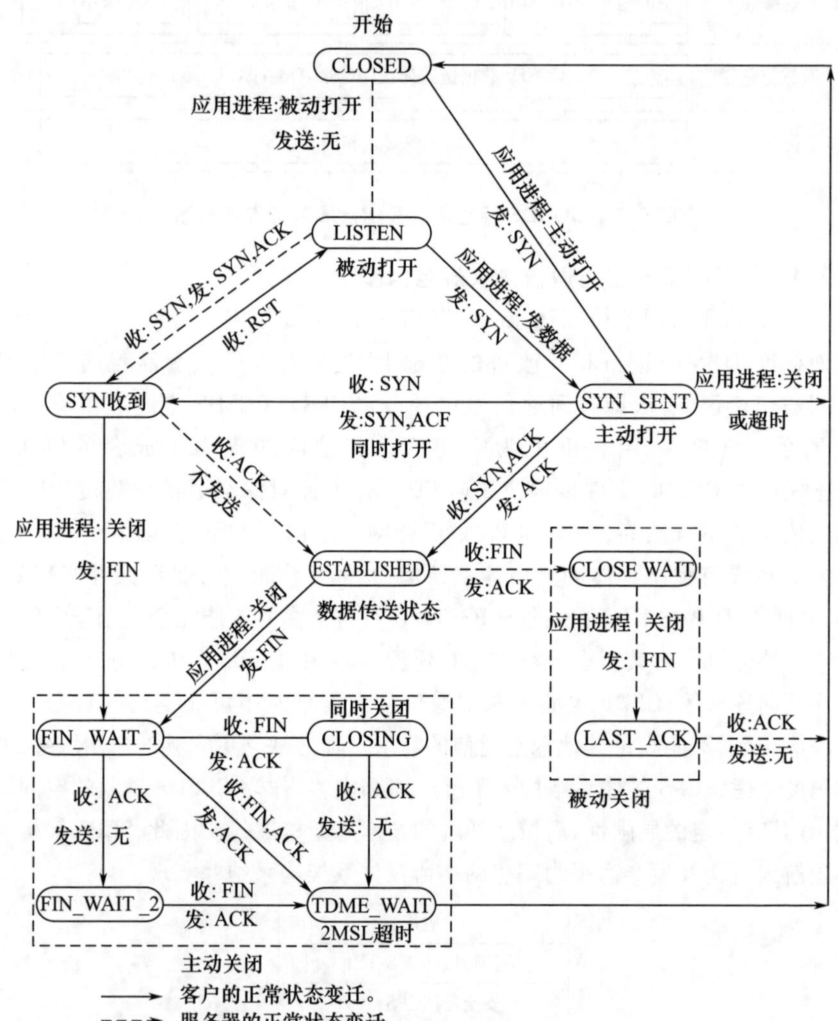

图 6.9 TCP/SCPS-TP 状态变迁图

SCPS-NP,由 CCSDS 官方发布的标准协议文档《CCSDS 713.0-B-1》描述,提供空间网络数据封包及路由服务。SCPS-NP 提供非常简洁灵活的终端地址与组地址表示方法,提供数据报的优先级操作机制和每包路由控制机制。与 IPv4 的 20 字节报头相比,SCPS-NP 的报头仅仅包含数据报提供服务所需要的域,最小报头只有 4 个字节,大大节省了比特开销,降低了资源需求。此外,SCPS-NP 提供了可选择的路由方案与灵活的路由表维护方案,对空间网络动态拓扑的特点具有良好的适应性。

SCPS-NP 主要的不足在于不支持与 IPv4 或者 IPv6 的互操作。若要将网络层基于 SCPS-NP 的网络与基于 IPv4 或者 IPv6 的网络相连,需要将 SCPS-NP 头转换为 IPv4 或者 IPv6。然而这种转换必然会损失 SCPS-NP 的部分功能。

SCPS-NP 支持的最大数据报长度为 8196 字节,但不允许分段;SCPS-NP 的ICMP 版本 SCMP 除了继承 Internet 控制报文协议(ICMP)路由选择、传送差错报告和控制信息功能之外,还支持连接中断、拥塞或者误码信息相关信令,前提是这些信息可以从链路层获取到。

AOS 是 CCSDS 数据链路层协议族中的重要成员,其最初由分包遥测技术演进而来。在技术实践和扩展中发布了多个修订版本。CCSDS 数据链路层协议作为标准底层通信协议,为 3 大协议体系框架的上层协议提供了统一的网络基础服务界面。AOS 业务模型如图 6.10 所示。

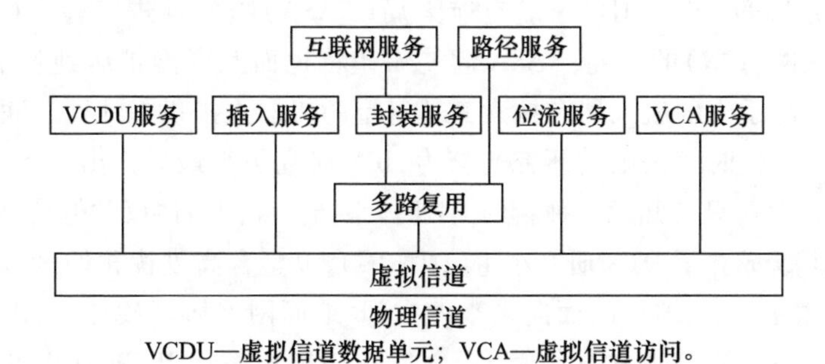

VCDU—虚拟信道数据单元; VCA—虚拟信道访问。

图 6.10　AOS 业务模型

如图 6.10 所示,AOS 协议总计定义了 6 种数据传输业务。

(1) 封装服务:为非 CCSDS 网络层业务提供基于 CCSDS 链路的数据传输业务。

(2) 多路复用服务:为 CCSDS 网络层业务提供包传输业务。

(3) 流服务:为上层用户提供位流传输业务。

(4) 插入服务:为上层用户提供自定义数据低速捎带业务。

(5) 虚拟信道(VC)访问服务:为上层用户提供自定义块数据传输业务。

(6) 虚拟信道数据单元服务:为上层用户提供自定义数据帧传输业务。

6.7.1.4　CCSDS 架构下的 IP 体系(IPOC)

CCSDS 架构下的 IP 体系[2],即 IP Over CCSDS,其研究理念是将地面技术成熟度高的 IP 网络直接延伸到空天环境,以大大缩减航天成本、易于升级以满足未来航天任务的需要。2001 年,美国哥达德航天中心开展了名为网络节点操作任务(OMNI)的研究项目,主要研究利用地面商用 IP 实现空间通信方案。OMNI 基于 IP 的思想开展了地面试验,并成功进行了“航天飞机通信与导航演示验证(CANDOS)”试验。空间 IP 体系传输层原则上仍采用基于 TCP 技术的传输控制协议 SCPS-TP,但只能基本满足地面与近地轨道航天器间的信息传输(由于 IP Over CCSDS 基于 CCSDS Encapsulation 协议所提供的封装服务,采用空间 IP 网络体系架构的空间网络也具备过渡到太阳系互联网的能力)。空间 IP 网络体系如图 6.11 所示。

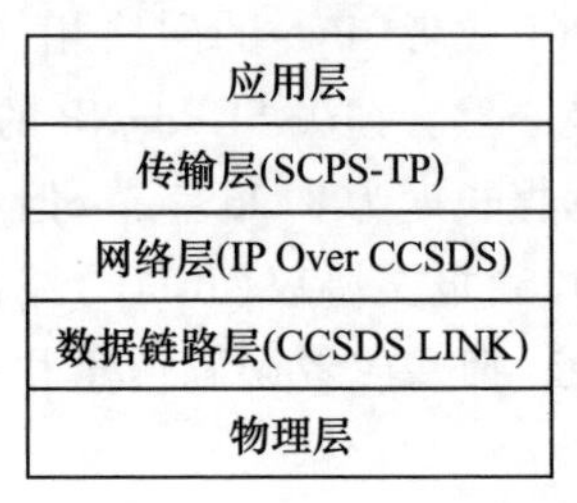

6.11　空间 IP 网络体系

6.7.1.5　太阳系互联网架构(SSI)

太阳系互联网架构(SSI),是采用 DTN 技术架构构成的网络,技术起源于行星际互联网(IPN)。1998 年美国国家航空航天局(NASA)喷气推进实验室(JPL)开展了对行星际互联网(IPN)的研究,NASA 起初希望将地面互联网扩展到整个太阳系,从而为散布在太阳系中的航天器和探索其他行星的机器人提供像地面互联网一样的通信服务。但经过长时间失败的研究与努力,IPN 研究小组最后得出以下结论:地面互联网不适用于 IPN,只有开发一种新的 DTN 体系结构和网络协议才能最终实现 IPN 的建立。此后,IPN 成立了 DTN 研究小组(DTNRG),以整合高度优化的区域网络协议的能力为目标,着手开发 DTN 的面向未来的空间/地面网络协议栈体系,JPL 于 2002 年 12 月提交了一份支持 DTN 的协议草案,命名为 LTP,以替代 IP 和 TCP,此后又陆续发布了 Bundle 协议以完善 DTN 协议体系。以 DTN 技术为核心的 SSI 是未来空间网络建设的发展方向。太阳系互联网架构如图 6.12 所示。

应用层
聚合层(BP)
传输层(LTP)
网络层(SPP/IPOC)
数据链路层(AOS)
物理层

图 6.12　太阳系互联网架构

6.7.2　测控信息安全传输协议方案设计

6.7.2.1　总体架构

测控信息安全传输协议体系可以划分为4层框架结构，即物理层、数据链路层、网络层及应用层。协议划分及功能说明如表6.1所列。

表6.1　协议划分及功能说明

层次划分	层次名称	功能说明
第四层	应用层	各类业务数据的解包和封装，例如测控运控上行数据、遥测数据、星间链路广播数据、自主导航数据等
第三层	网络层	标准化数据封包服务、到端寻址及路由
第二层	数据链路层	提供数据包封帧和无线链路数据传输控制等服务
第一层	物理层	通过射频收发模块，收发和同步比特流

6.7.2.2　应用层

综合考虑星载平台计算资源、可靠性实时操作系统（RTOS）等因素，应用层仅包含应用分发器，即根据空间包副包头的应用类型标识符将应用数据分发给遥测、遥控等子系统，或提供生成测量、遥控用户数据、遥测用户数据等服务。

6.7.2.3　网络层

1）协议数据单元

网络层可以选用CCSDS-SPP。CCSDS-SPP作为CCSDS现行推荐的轻量级网络层协议，主要功能为提供标准路径封包和网络寻址功能，可以采用网络层一包一密设计。

空间分包协议CCSDS-SPP的数据单元为空间包，结构如图6.13所示。

<table>
<tr><td rowspan="2">主包头
6 Byte</td><td colspan="2">包数据域</td></tr>
<tr><td>副包头
(可选)</td><td>用户数据域
1～65537Byte</td></tr>
</table>

图6.13　空间包结构

其中空间包主包头字段定义如图6.14所示。

包版本号 3bit	包类型 1bit	副包头启用标识 1bit	APID 11bit	计数标记 2bit	包计数 14bit	包长度 2Byte

图6.14　空间包主包头字段定义

应用过程标识（APID）是逻辑数据路径（LDP）标识符的组成部分，是SPP路由控制信息的一部分，国际标准机构已分配使用了一部分APID的地址空间。国际标准机构已使用的APID如表6.2所列。

表 6.2 国际标准机构已使用的 APID

编号	二进制	状态	引用文献
0 ~ 2039	0 ~ 0111 1111 0111	未使用	N/A
2040 ~ 2043	0111 1111 1000 ~ 0111 1111 1011	未分配	135.0-B-4
2044	0111 1111 1100	LTPOver CCSDS	734.1
2045	0111 1111 1101	CFDP	727.0-B-4
2046	0111 1111 1110	回收	N/A
2047	0111 1111 1111	空闲包	133.0-B-1

空间包的副包头属于用户数据域,允许自定义副包头格式。副包头启用标识默认置“1”,以标识启用空间包副包头功能。包序号字段为每个目标路径(可用目标航天器标识符(SCID)唯一标识)单独维护一个计数器,包数据长度字段单位为字节。

2) 信息安全加密体系

(1) 信息安全加密机制。根据需求对部分区域采用认证、加密或认证 + 加密方式保护。

(2) 端到端数据安全传输实现机制。可采用网络层“一包一密”机制,实现数据端到端安全传输,中间节点星透明转发。

对于发送端:

① 应用层产生明态数据并传递给网络层。

② 网络层将应用层用户数据装配成空间包,并生成空间包首部及副包头。

③ 安全模块采用加解密算法对部分数据域进行认证、加密,并计算生成消息认证码(MAC)。

④ 将空间包转交给下层协议处理并发送。

对于中间节点:

① 下层协议接收到空间包。

② 网络层通过空间包执行转发操作。

对于接收端:

① 下层协议接收到空间包。

② 安全模块采用加解密算法对空间包执行认证校验。

③ 网络层识别包的宿端为本地。

④ 安全模块将数据域还原成明态,并向上提交给应用层。

(3) 星地星间一体化网络数据端到端传输模式。星地上行数据转发流程图如图 6.15所示,对于星地上行数据转发:应用层的明态数据,经网络层包装加密后,节点星中继转发过程中空间包数据域始终保持密态,数据到达宿节点星后,空间包数据域在网络层解成明态并向应用层转交。

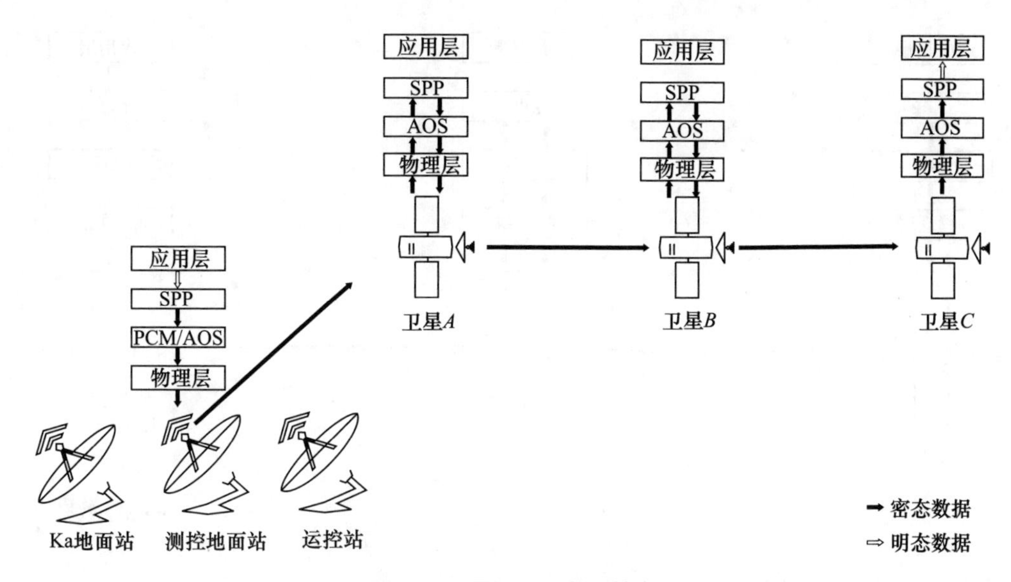

图 6.15　星地上行数据转发

星地下行数据转发如图 6.16 所示。对于星地下行数据转发:应用层的明态数据,经网络层包装加密后,节点星中继转发过程中空间包数据域始终保持密态,数据到达宿节点星后,空间包数据域在网络层解成明态并向应用层转交。

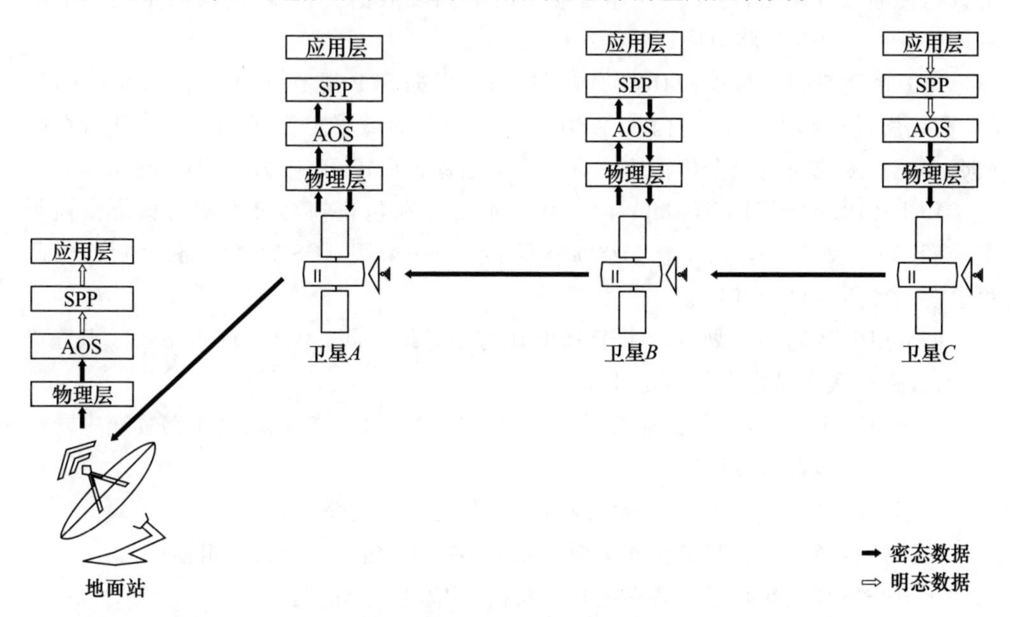

图 6.16　星地下行数据转发

星星间数据发送流程如图 6.17 所示。对于星星间数据转发:应用层的明态数据,经网络层包装加密后,节点星中继转发过程中空间包数据域始终保持密态,数据到达宿节点星后,空间包数据域在网络层解成明态并向应用层转交。

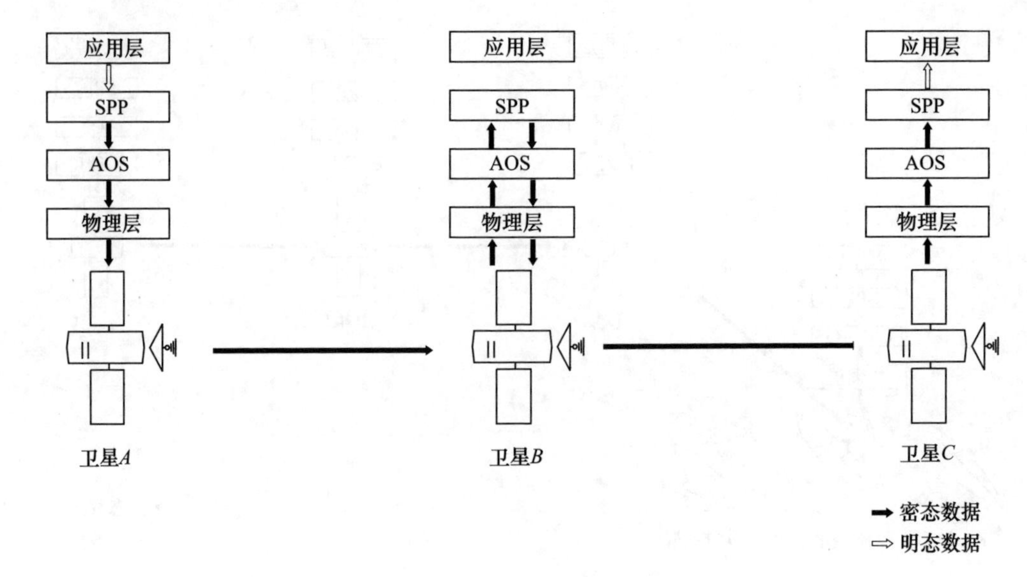

图 6.17　星星间数据发送

3）路由定址体系

(1) LDP 标识符及其定义。LDP 是 CCSDS 空间数据链路（SDL）服务提供的标准数据传输服务模型，能支持应用至应用的端到端数据交付服务，同时也是网络层 SPP 支持的主要数据路由模型。

LDP 由逻辑路径标识（LDPID）唯一标识。根据 SPP 规范，LDPID 由 APID Qualifier 和应用过程标识（APID）构成，APID Qualifier 作为域限定符，限定了 APID 所在的命名空间。测控信息安全传输协议采用主信道标识（MCID）作为 APID Qualifier。

MCID（10bit）= TFVN（2bit）+ SCID（8bit），分别包含帧协议类型信息传输帧版本号（TFVN）及 SCID。由于整个空间链路子网统一采用 AOS 数据链路层协议，因此可以统一帧版本号为“01”。

(2) LDP 及路径簇划分。由于 LDPID 有限寻址空间，为合理利用路径标识符资源，通过路径簇模型定义网络定址体系。

· 对每一个航天器，其都拥有以自身为源端点发起的路径簇，这个路径簇中既包含单播路径也包含多播路径。

· 单播路径即以航天器自身为原点的到其他端点的路径。

· 多播路径为以自身节点作为根节点的多播树（包括广播树和组播树）。

· 每一条端到端路径或者多播转发树由 APID 唯一标识。

· 每一条 LDP 是单向的，LDP 对应的多播转发树也是由源节点到叶节点单向传输的。

· LDP 自含路径源端及目的端信息，因此可以算出反向 LDP。

① 路径簇的划分规则。由于区分网内用户、网外用户、扩展接入用户、单播、多

播等不同寻址类型，将路径簇划分为若干类型的子簇，结合簇内标识符确定唯一具体路径(多播树)地址。

APID地址构成：APID = ClusterPath ID(8bit) + Application Type ID(3bit)。LDPID地址模型如图6.18所示，可采用的协议类型标识符分配表如表6.3所列。

图6.18　LDPID地址模型

表6.3　可采用的协议类型标识符分配表

应用层协议类型(Application Type ID)分配表	
Application Type ID	应用协议类型
000	预留(自定义分配)
001	用户分发协议(自定义分配)
010	用户分发协议(自定义分配)
011	路由\组播管理协议(自定义分配)
100	LTE Over CCSDS(CCSDS固定划分)
101	CFDP(CCSDS固定划分)
110	暂无(CCSDS固定划分)
111	空闲包(CCSDS固定划分)

ClusterPath ID长度为8bit，又划分为簇类型(Cluster Type)和簇内标识符(Cluster ID)，内部划分长度可变，可采用的APID路径簇分配如表6.4所列。

表6.4　可采用的APID路径簇分配示意表

ClusterPath ID					
簇类型			簇内标识		路径个数
簇类型	簇类型标识	簇功能定义	标准编址范围	全"1"地址	
A	0	用户接入网路径簇	0000001～1111110	簇内广播	126
B	10	空间链路骨干路径簇	000001～111110	簇内广播	62
C	110	外部子网路径簇	00001～11110	簇内广播	30
D	1110	组播树簇	0001～1110	N/A	14
E	11110	保留路径簇	001～110	N/A	6
F	111110	特殊路径簇	01～10	N/A	2
G	11111111	遥测路径	N/A	N/A	1

以 MCID 中 SCID 所代表的航天器为路径端点，共拥有以 APID 中的簇类型字段划分的 A—F 七个路径簇：

· A 类簇：共包含 126 条连接用户子网的路径。

· B 类簇：共包含 62 条空间信息骨干网内指向各星节点的路径（簇内编号与卫星 SCID 代数序号一一对应）。

· C 类簇：共包含 30 条连接国际空间互联通信路径。

· D 类簇：共包含 16 个组播树。

· E 类簇：共包含 6 条保留路径。

· F 类簇：共包含两条特殊路径，供网络测试使用（111110-01 表示以航天器为源节点，目的端指向 NULL 的路径（所有这条路径上传输的数据包都被丢弃）；111110-10表示以航天器为源节点，目的端指向自身的回环路径（所有这条路径上传输的数据都回到自身）。

· G 类簇：仅对应一条路径，即星地下行遥测路径。

② 路径簇应用。目前 B 类簇和 G 类簇可以满足网络内部星地上行遥控、星间数据、星地下行遥测数据的路由寻址的相关需求。

· 星地上行遥控。APID 中路径地址为 B 类簇地址，SCID 为数据源节点的 SCID，地面站可以分配独立 SCID，也可统一表征为某一固定的默认 SCID 值。

· 星间数据。APID 中路径地址为 B 类簇地址，SCID 为数据源节点卫星的 SCID。

· 星地下行遥测。APID 中路径地址为 G 类簇地址，SCID 为数据源节点卫星的 SCID。

包中继转发过程中，LDP 标识符应保持不变，其中包括 APID 不变，传输帧 SCID 域不变。

4）轻量级可靠传输服务

测控系统信息安全协议基于 LDP 模型提供轻量级可靠传输服务：

（1）为每条单向 LDP 维护单独的包计数。

（2）可靠传输当前仅在上行遥控或上注数据时使用。

（3）可靠传输机制为应用层协议。

（4）可靠传输过程分别由两个运行在发送端的应用过程和接收端的应用过程维护。

（5）发送端应用过程为包发送控制（PSC），接收端应用过程为包接收汇报（PARM），轻量级可靠传输服务如图 6.19 所示。

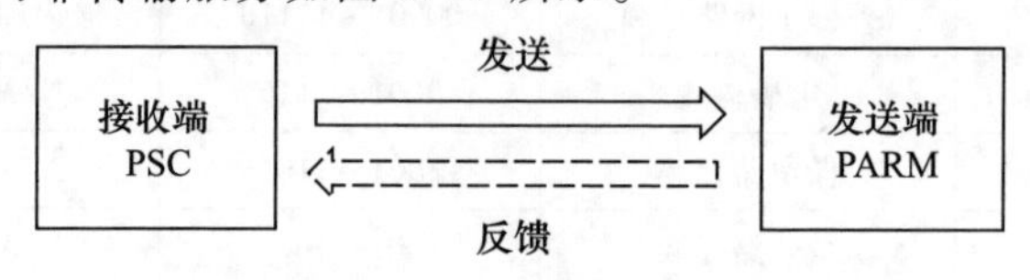

图 6.19 轻量级可靠传输服务

（6）可靠传输的每个应用对象为用户数据段，重传对象为包。

（7）PARM 过程对发送端发送反馈包，反馈包也是标准 SPP 数据包，但在副包头中启用了反馈标识，数据域中装载包接收反馈数据，格式如图 6.20 所示。

Type 1bit	LDP 19bit	BitMap 20bit	Sequence Flag 2bit	Packet Sequence Count 14bit

图 6.20　肯定确认（ACK）包格式

Type 字段定义如表 6.5 所列。

表 6.5　Type 字段定义

Type	定义
0	肯定确认（ACK）
1	快速重传确认（SNACK）

（8）支持肯定确认和快速重传，由 Type 字段区分反馈数据的类型。

（9）当选择“肯定确认 ACK”模式时，BitMap 字段无效，一次性确认正确接受该用户数据段中 Packet Sequence Count 所对应数据包及之前的所有包。

（10）当选择“快速重传确认（SNACK）”时，BitMap 字段有效，Packet Sequence count 对应第一个没有正确接收的数据包的计数，BitMap 为从该包始起后续连续 20 个包的接收状态（如果比特位为“1”，代表该包被正确接收；如果比特位为“0”，代表未收到该包）。

（11）无论是“肯定确认”还是“快速重传确认”都禁止跨段 ACK 或否定确认（NACK）。

（12）如果因为包计数失同步或其他原因导致无法继续完成整个数据段传输，发送端应使用包副包头中定义的重同步字段重启同步包计数，并放弃整个未传输完成的数据段，从第一包开始传输。

6.7.2.4　数据链路层

1）AOS 数据链路层传输帧格式

AOS 帧是数据链路层 AOS 的基本协议数据单元，也即虚拟信道数据单元（VCDU）。

数据帧的长度是一个影响链路数据传输性能和数据包分片开销的重要因子。假设数据包统计期望长度为 192 字节（理想状态下数据包不应被切分成 3 片以上），在两个相同发送速率，平均误码率为 1×10^{-6} 左右的信道中，采用 512 字节长度 AOS 帧长，相对于 256 字节长度 AOS 帧长，带来了平均约 11.328% 的链路速率利用率（有效数据传输速率同总传输速率比值）提升及平均约 0.026% 的额外重传开销。工程中可根据信道实际状况确定数据帧长度。AOS 帧结构如图 6.21 所示，AOS 帧首部如图 6.22 所示，帧首部字段定义如表 6.6 所列。

AOS帧首部 6Byte	插入域 8Byte	M_PDU	循环冗余 检验(CRC)字 2Byte

图 6.21　AOS 帧结构

传输帧版本号 2bit	VCDU标识符		虚拟信道帧计数 24bit	标志域				
	SCID 8bit	VCID 6bit		回放标记 1bit	虚拟信道帧计数使用标记 1bit	保留 1bit	保留 1bit	虚拟信道计数循环 4bit

图 6.22　AOS 帧首部

表 6.6　帧首部字段定义

字段	定义
传输帧版本号	该帧的版本号,AOS 标准传输帧版本号为“01”
SCID	帧目的端航天器标识符
VCID	传输该帧的虚拟信道标识符
虚拟信道帧计数	发送该帧的虚拟信道所维护的帧序号
回放标记	指示该帧为当前生成帧还是对所保存的过去的帧回放
虚拟信道帧使用标记	指示是否开启虚拟信道帧计数
密态	指示该帧的数据是否已经经过 AOS 加密
虚拟信道计数循环	指示发送该帧的虚拟信道计数轮数,用于扩展虚拟信道帧计数器的计数范围

2）AOS 数据处理逻辑及通信组帧流程

数据链路层 AOS 由 3 个子层组成:虚拟信道链路控制(VCLC)子层、虚拟信道访问(VCA)子层及信道同步与编码子层(C&S)。AOS 协议子层划分如图 6.23 所示,AOS 协议子层功能定义如表 6.7 所列,AOS 内部数据处理流如图 6.24 所示,VCLC 封装的多路复用数据包 M_PDU 如图 6.25所示,通信组帧总体流程如图 6.26 所示。

虚拟信道链路控制(VCLC) 子层
虚拟信道访问(VCA)子层
信道同步与编码(C&S)子层

图 6.23　AOS 协议子层划分

表 6.7　AOS 协议子层功能定义

子层名称	功能定义
VCLC 子层	虚拟信道链路控制子层,提供包装、多路和比特流业务
VCA 子层功能	虚拟信道访问子层。VCA 子层允许传输自定义块数据,提供数据插入服务,同时包含标准虚拟信道帧装配模块
信道同步与编码子层	信道同步与编码子层负责 VCDU 及编码虚拟信道数据单元(CVCDU)之间的转换,也负责 CVCDU 对物理信道层的复用及从码流中同步提取 CVCDU

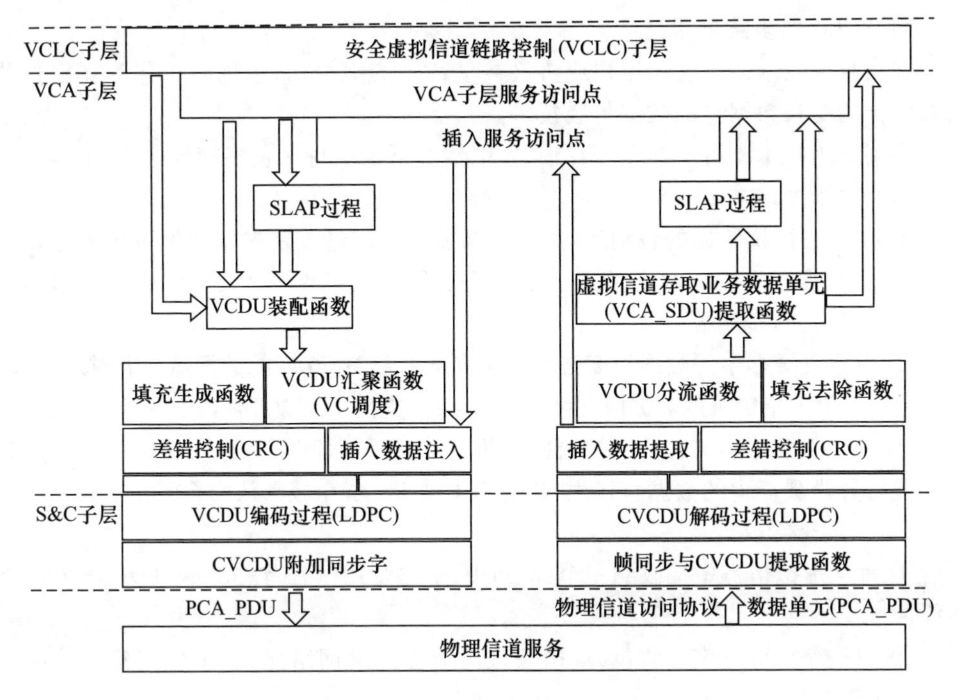

图6.24　AOS内部数据处理流

M_PDU首导头		M_PDU包数据区				
保留 5bit	首导头 指针 11bit	前一个CCSDS #*K*的结束	CCSDS包 #*K*+1	…	CCSDS包 #*M*	CCSDS包 #*M*+1的开始

图6.25　VCLC封装的多路复用数据包*M_PDU*

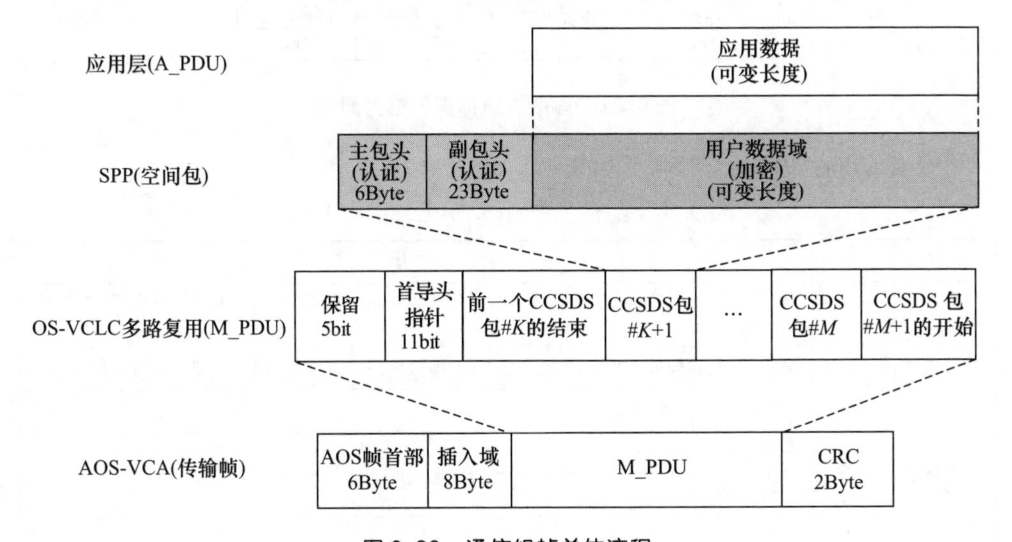

图6.26　通信组帧总体流程

3）VCLC 层多路复用技术

多路复用技术用于上层用户或协议共享特定的虚拟信道，同时也作为在定长数据帧中传输变长数据报的数据封装技术。

多路复用技术支持一帧多包传输，极端情况下也支持一包多帧传输。

（1）对于发送端：

① 当上层协议传递的包到达时，发送端多路复用过程首先将数据包压入分段缓冲区，并为数据包设置超时定时器。此时可以设计两个事件触发多路协议数据单元（M_PDU）的生成和发送。

② 当分段缓存中的数据长度已经足够填充一个 M_PDU 的数据域，则直接从分段缓冲区首部取出指定长度数据段，生成 M_PDU，并交由下层虚拟信道访问子层发送。

③ 当分段缓冲区队列首部的数据包超过定时器阈值时，将触发超时中断。此时会直接将分段缓存中的数据直接生成 M_PDU 发送，填充域默认为全零。

（2）对于接收端：

① 每从虚拟信道中接收到一个 M_PDU，多路复用过程首先将 *M*_PDU 压入包重建缓冲区。

② 如果存在可以恢复的包，重构该包向上传递给网络层，直至包重建缓冲区中不存在可恢复的数据包。

③ 包重建缓冲区超时自动刷新缓存中的包碎片。

4）VCA 层虚拟信道设计及其划分

虚拟信道用于划分数据传输服务优先级和传输特性，并通过调度复用同一个主信道提供多种类型的数据传输服务。

虚拟信道标识符结构图如图 6.27 所示。

异步 1bit	业务等级 2bit	业务类型 2bit	对称信道 1bit

图 6.27　虚拟信道标识符结构图

虚拟信道标识符比特位说明如表 6.8 所列。

表 6.8　虚拟信道标识符比特位说明表

标识位	值	行为
异步	0	同步发送，无发送缓存，等待时间内获取发送权则立即放送，反之上报发送失败，丢弃待发送帧
	1	异步发送，将帧插入发送缓存队尾，一旦虚拟信道获得发送权利，立即从队首取帧发送
业务登记	00	测试（空闲帧，测量帧）
	01	一级业务
	10	二级业务
	11	三级业务

（续）

标识位	值	行为
业务类型	00	加密包传输
	01	加密流传输
	10	非加密包传输(供域内网络交互支持情形下测控线路传输运控数据,避免二次加密)
	11	自定义数据(VCA 子层直接访问服务)
对称信道	0	标识同一对协议实体中的两个传输方向互反,其他虚拟信道特征相同的一对虚拟信道,作为伪双工的标记
	1	

6.7.3　协议演进路线与方法

测控信息安全传输协议体系架构设计需要考虑工程可实现性与未来可演进性。

考虑未来基于星间链路构建天基信息网络,并与未来深空探测网的兼容性,协议体系架构保持与基于 DTN 技术的 SSI 的高度兼容性。测控系统信息安全协议可采用如下演进路线,如图 6.28 所示。

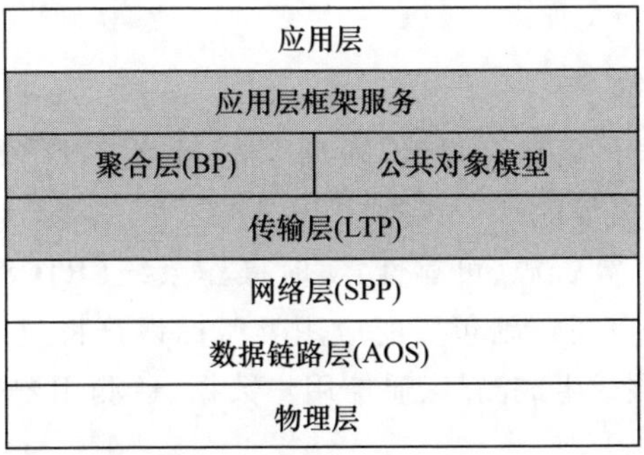

应用层	
应用层框架服务	
聚合层(BP)	公共对象模型
传输层(LTP)	
网络层(SPP)	
数据链路层(AOS)	
物理层	

图 6.28　测控系统信息安全协议可能的演进路线

由图 6.28 可知,通过上层架构进一步封装,测控信息安全传输协议可以无缝升级和过渡到 SSI。

同时,向 SSI 协议体系演进同时也要求空间应用开发模式的革新,由扁平式应用开发模式转变到以消息、事件、公共对象模型为基础的高级软件开发模型,涉及工程实践领域的复杂变更,需分阶段推进演变。

6.7.4　仿真实验设计

6.7.4.1　仿真建模概述

1）协议栈总体框架

测控信息安全传输协议体系可划分为 4 层框架结构,包含物理层、数据链路层(AOS)、网络层(SPP)及应用层,各层次模块如图 6.29 所示,通过操作跟踪网络(OPNET)进程域有限状态机对各层次协议进行建模。

图 6.29　4 层协议框架体系

测控信息安全传输协议，地面节点和空间节点可采用同一种协议栈，因此，只需要创建一种类型的网络节点模型。其中每一个逻辑层对应一个进程模型(一个逻辑层也可简化为若干子逻辑层，更细粒度地实现一个逻辑层)。

2）网络节点模型

在整个协议栈中，高级在轨系统(AOS)协议占有重要的地位。根据 AOS 层所提供的服务，可将 AOS 层更细化地分为虚拟信道链路控制(VCLC)子层、虚拟信道访问(VCA)子层和信道同步与编码(C&S)子层。因此，总共需要 4 个进程模型对应用层、空间包协议层、VCLC、VCA、C&S 进行建模，并根据各层次之间的联系组合成相应的协议栈。

3）应用层进程模型

进行各类业务数据的解包和封装，例如，测控运控上行数据、遥测数据、星间链路广播数据、自主导航数据等。

受限于星载平台计算资源、可靠性、实时操作系统(RTOS)等限制，应用层仅包含应用分发器，即根据空间包副包头的应用类型标识符将应用数据分发给遥测、遥控、运控等子系统，提供或生成测量、遥控用户数据、遥测用户数据、运控用户数据等服务。

4）网络负载生成算法模型

对于 OPNET 来说，算法的网络负载需要通过进程模型来模拟算法的时延分布。对于测控系统信息安全传输协议，对空间包协议的数据进行加密，因此在 SPP 层和 VCLC 层之间添加加密模型，也就是根据加密算法的网络负载情况，生成算法模型，仿真加密算法的时延分布。

加密算法的网络负载生成算法模型，主要包括加密和解密的时延，分别对 SPP 层向下传输的空间包的数据包加密，以及 VCLC 层向上传输的空间包进行解密。

对于加解密算法，假设对于一个包的加解密算法的计算时延服从参数为 $a=0.0001$，$b=0.001$ 的均匀分布，即算法时延 $t-U(0.0001,001)$。

对于 OPNET，是离散事件仿真器，以事件为基础，而对于仿真加密算法的时间复杂度，需要很小的时间粒度，因为 OPNET 本身的仿真的粒度是比加密算法时间负载粒度大的，因此对于假设的加密算法的时延的分布 $U(0.0001,0.001)$，OPNET 仿真是在比该分布还要大的粒度上仿真的。因此，时延会比实际的还要高。

5）统计量建模

(1) 全局统计量是用于对全局的网络性能指标进行监控的。待监控的指标包括：

① 数据链路的利用率，以百分比为单位，有星间链路利用率、运控链路利用率、遥控链路利用率、测控链路利用率。

② 端到端的时延，以秒为单位，有端到端整体时延、端到端运控时延、端到端测控时延、端到端遥控时延。

(2) 局部统计量是针对每个节点模型监控网络性能指标的。待监控的指标包括：

① 星间链路接收设备，有比特错误率、每个数据包的比特错误、信噪比、吞吐量(bit/s，package/s)、利用率。

② 星间链路发送设备，有吞吐量(bit/s，package/s)、利用率。

6.7.4.2　仿真验证与分析

1）仿真实验平台参数（表6.9）

表6.9　仿真实验平台参数表

仿真环境	OPNET Modelerv14.5
平台版本	Windows XP SP3
硬件平台	x86-PC
OPNET 仿真内核类型	32bit/Optimized/Sequential/None-debug
仿真时长	1800Simulation Seconds/Senario

星座网络及轨道参数配置用例见表6.10。

表6.10　星座网络及轨道参数配置用例

卫星种类	数量	轨道配置
MEO	24 颗	24/3/1，Walker 星座，三轨道平面，每平面8颗卫星均匀分布
IGSO	3 颗	倾角55°，高度36000km，升交点地理经度118°
GSO	3 颗	地理经度60°、110°、160°

每个卫星轨道数据通过软件STK，配置特定的参数，生成walker星座的各个卫星的轨道数据。

2）无加密负载下的测控信息安全传输协议的仿真

在不加加密负载的情况下（不保证信息的安全传输），对测控系统星地星间一体化信息传输协议进行仿真。在仿真过程中，需要明确描述的网络性能参数有：整体和个体的吞吐量、整体和个体的传输时延、整体和个体的网络利用率。系统的模型采用设计的网络节点模型。

3）加密负载下的测控信息安全传输协议的仿真

考虑传输协议有加密负载的情况下，对测控系统星地星间一体化信息安全传输协议进行仿真。在仿真过程中,需要明确描述的网络性能参数有:整体和个体的吞吐量、整体和个体的传输时延、整体和个体的网络利用率。系统的模型采用设计的网络节点模型。

4）仿真小结

（1）增加遥测链路或者增加星间链路的码速率,可以减小端到端的时延。

（2）增加遥测链路的码速率,会导致遥测链路的利用率减小。

（3）增加星间链路的码速率,会导致星间链路的利用率减小。

（4）有加密负载的通信网络比无加密负载的通信网络有一定的时延增加。

（5）过程中网络运行状态保持稳定可靠,中负载(无拥塞状态)下拥有较好的网络通信稳定性,端到端通信时延适中且抖动较小,有效数据链路利用率良好,具备充分的可行性。

6.8 本章小结

本章介绍了开展测控信息安全总体设计流程,基于测控信息传输需求分析、信息传输安全分析,系统介绍了可用于导航星座测控的密码算法、测控认证加密方案和测控密钥管理方案,并提出了一种适合于导航星座测控的信息安全传输协议,可以作为开展相关工作的参考。

参考文献

[1] 谭维炽,顾莹琦. 空间数据系统[M]. 北京:中国科学技术出版社,2006.

[2] 张庆君,郭坚,董光亮,等. 空间数据系统[M]. 北京:中国科学技术出版社,2016.

第7章　导航星座测控任务设计与实现

本章介绍导航星座测控总体设计涉及的主要内容。首先开展测控系统总体需求及约束条件分析，对工程总体及各大系统提出的测控功能、性能需求逐一进行分析计算；然后对导航星座测控模式进行初步设计，包括开展星座测控管理涉及的测控工作、针对星座测控不同阶段制定的相应测控方案；导航星座具备星间链路，可以利用星间链路开展测控工作，包括遥测、遥控及联合测定轨等；最后，设计了导航星座测控系统总体技术方案，介绍了方案设计、任务流程设计及大型试验等方面。

7.1　测控系统总体需求及约束条件分析

7.1.1　功能要求

全球系统由空间段、地面控制段和用户段3大部分组成。测控系统属于地面控制段，主要完成卫星发射与早期轨道段的测控支持，以及系统运行段的卫星平台和星座构型长期测控管理。

对于运行段，测控功能要求如下：

(1) 进行全球星座测控调度，实现对整星星座的控制和管理能力。

(2) 具备对GEO卫星、IGSO卫星、MEO卫星要求的跟踪测量能力，获取卫星测量数据并传送至测控中心，完成高精度定轨。

(3) 具备对GEO卫星、IGSO卫星、MEO卫星要求的遥测接收、解调和遥控能力，可随时对卫星进行控制，包括发送上行指令和数据注入。

(4) 具备星座构型保持控制能力，具备调整GEO卫星位置，调整MEO卫星、IGSO卫星轨道相位能力。

(5) 具备利用星间链路完成卫星遥测信息下传、遥控指令上注的能力。

(6) 具备管理导航星座卫星的能力。

7.1.2　主要技术指标要求

主要技术指标要求包括卫星定轨精度要求、星座构型维持指标要求等。

7.1.3　测控需求及约束条件分析

从功能和性能(技术指标)两个方面对测控系统提出了具体要求。

对测控系统新的功能要求:具备管理导航星座卫星的能力。

对测控系统新的性能(技术指标)要求:

(1) 具备对 GEO 卫星、IGSO 卫星、MEO 卫星要求的跟踪测量能力;

(2) MEO 卫星、IGSO 卫星工作轨道定轨精度要求;

(3) 星座构型维持指标要求。

7.1.4 全球星座测控调度控制及管理能力分析

全球星座测控需求包括单星测控需求和星座构型保持需求,另外还需要为运控系统提供测控支持服务及测控、运控一体化管理控制服务。为了完成上述需求,测控系统任务中心、网管中心需要具备相应的能力。对于单星而言,需要任务中心能够具备单颗卫星的遥测、遥控、测定轨能力。多星多任务能力,要求任务中心的遥测遥控任务处理系统、轨道计算系统具备多任务处理能力。网管中心既要完成测控设备状态设置,还需要具备很强的网管计划与调度能力,确保设备的有效利用。因此,测控系统一方面需要加强任务中心多任务处理能力,另一方面需要加强网管中心的计划与调度能力,同时,根据测控需求,建设适当数量的长管设备,满足任务需求。

7.1.5 对卫星覆盖能力分析

要求测控系统具备对 GEO 卫星、IGSO 卫星、MEO 卫星要求的跟踪测量和遥测解调处理能力,可随时对卫星进行工程控制,包括发送上行指令和数据注入。据此,测控系统根据测控站布局及卫星轨道进行分析。

对于 GEO 卫星,测控系统利用西安站长管测控设备,可以实现对卫星的不间断跟踪测量及遥测、遥控能力。

对于 IGSO 卫星,测控系统利用三亚站长管测控设备,可以实现对卫星的不间断跟踪测量及遥测、遥控能力。测控系统测控布局及 MEO 卫星星下点轨迹示意图如图 7.1所示,喀什、佳木斯、三亚站对 MEO 卫星覆盖分析如图 7.2 所示,圣地亚哥站

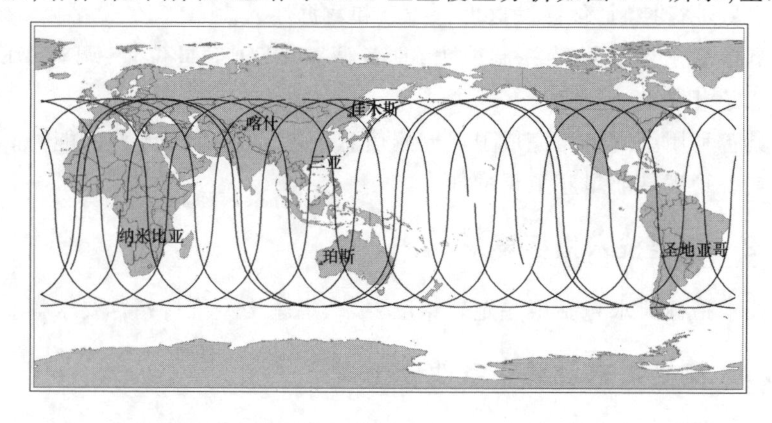

图 7.1 测控系统测控布局及 MEO 卫星星下点轨迹示意图(见彩图)

对 MEO 卫星覆盖分析如图 7.3 所示，喀什、佳木斯、三亚、圣地亚哥站对 MEO 卫星覆盖分析如图 7.4 所示，珀斯、纳米比亚站对 MEO 卫星覆盖分析如图 7.5 所示，喀什、佳木斯、三亚、珀斯、纳米比亚站对 MEO 卫星覆盖分析如图 7.6 所示，喀什、佳木斯、三亚、珀斯、纳米比亚、圣地亚哥对 MEO 覆盖分析如图 7.7 所示。

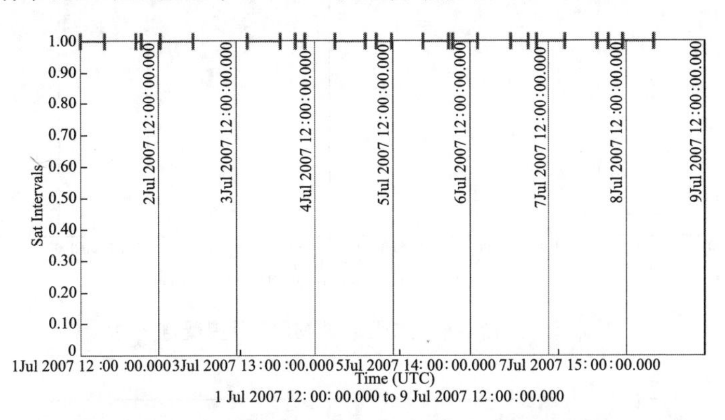

图 7.2　喀什、佳木斯、三亚站对 MEO 卫星覆盖分析

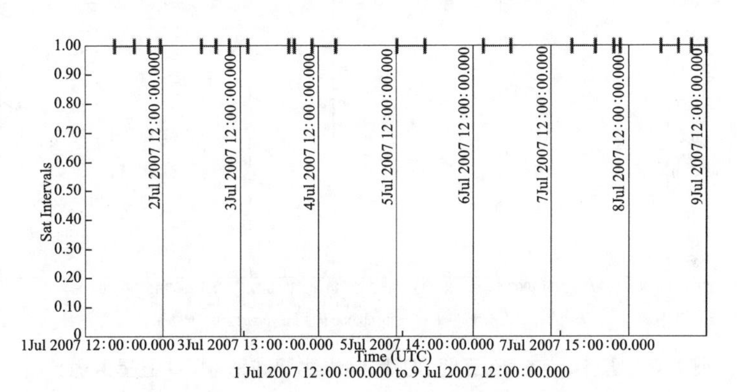

图 7.3　圣地亚哥站对 MEO 卫星覆盖分析

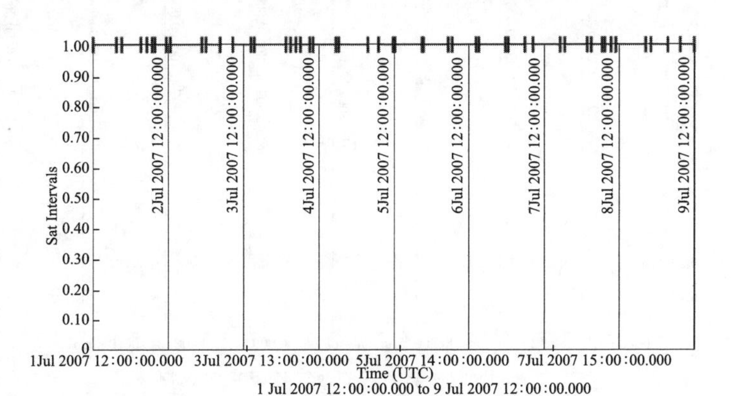

图 7.4　喀什、佳木斯、三亚、圣地亚哥站对 MEO 卫星覆盖分析

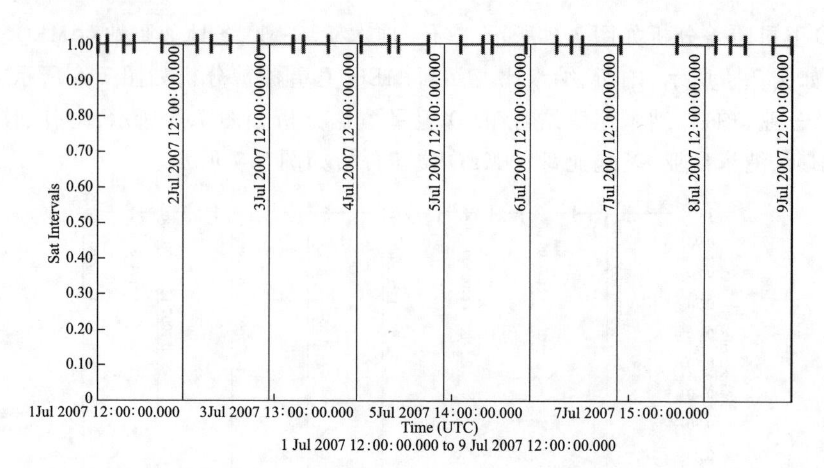

图 7.5 珀斯、纳米比亚站对 MEO 卫星覆盖分析

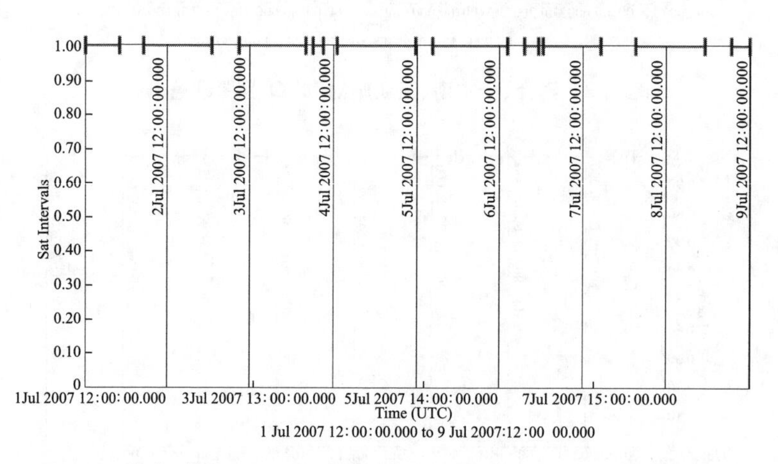

图 7.6 喀什、佳木斯、三亚、珀斯、纳米比亚站对 MEO 卫星覆盖分析

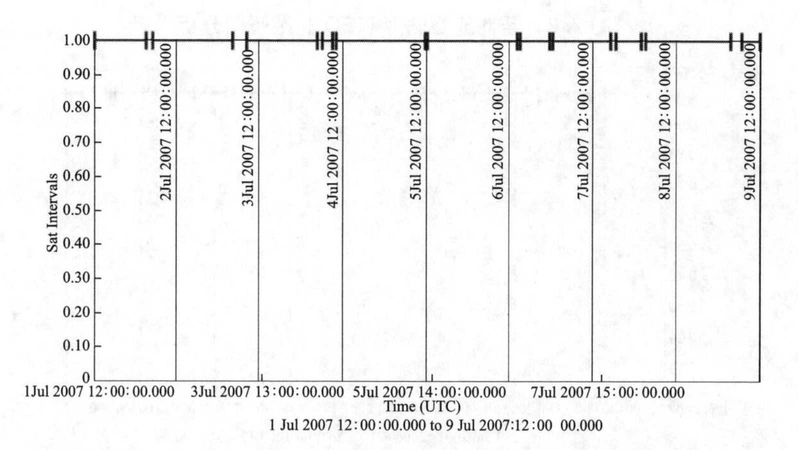

图 7.7 喀什、佳木斯、三亚、珀斯、纳米比亚、圣地亚哥站对 MEO 覆盖分析

从图7.2可以看出,喀什、佳木斯、三亚站对MEO卫星的覆盖率约为46%,从图7.3可以看出,圣地亚哥站对MEO卫星的覆盖率约为34%。从图7.4可以看出,喀什、佳木斯、三亚、圣地亚哥站对MEO卫星的覆盖率约为80%。从图7.5可以看出,珀斯、纳米比亚站对MEO卫星的覆盖率约为53%。从图7.6可以看出,喀什、佳木斯、三亚、珀斯、纳米比亚站对MEO卫星的覆盖率约为74%。从图7.7可以看出,喀什、佳木斯、三亚、珀斯、纳米比亚、圣地亚哥站对MEO卫星的覆盖率约为91%。

综上所述,在设备资源充分可用的情况下,利用三亚、佳木斯、喀什、渭南及圣地亚哥等站,可以满足MEO卫星轨道测量、遥测遥控的覆盖要求。

7.1.6　对IGSO卫星星座构型保持能力分析

7.1.6.1　IGSO星座摄动影响

IGSO是指倾角不为0°的地球同步轨道,其星下点轨迹是一个跨南北半球的8字,其交叉点在赤道上,这种轨道可对极区提供很好的覆盖。IGSO卫星常用于卫星导航系统性能的区域增强。由于受地球非球形引力和日月引力摄动的影响,其交叉点位置会在赤道上发生漂移。

下面对IGSO卫星交叉点的漂移进行仿真,仿真初始条件如下:

(1) 半长轴:42164.25km。

(2) 倾角:55°。

(3) 偏心率:0。

(4) 交点地理经度:118°。

(5) 近地点幅角(AOP):0°。

(6) 真近点角:0°。

1) 交点地理经度的漂移

根据仿真初始条件,递推200天,卫星交叉点经度变化示意如图7.8所示。

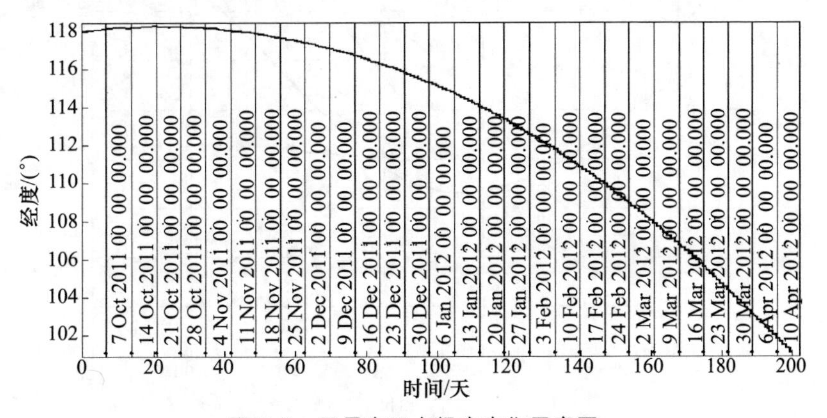

图7.8　卫星交叉点经度变化示意图

2）不同相位交叉点地理经度的漂移

参照仿真初始条件，采用不同相位递推 200 天后，其交叉点地理经度变化如图 7. 9所示。

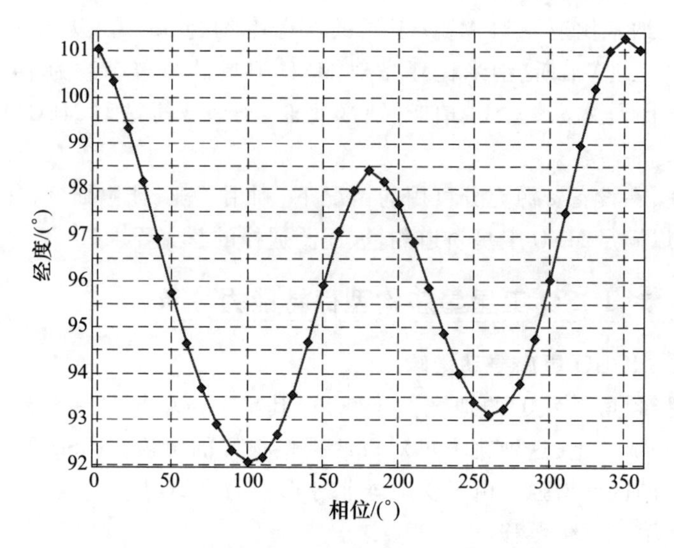

图 7. 9　不同相位卫星交叉点经度变化示意图

3）IGSO 星座交叉点经度相对变化

参照初始仿真条件，以相位间隔 120°三颗 IGSO 卫星（*A* 星、*B* 星、*C* 星）组成的星座，采用不同的相位递推 200 天，其交叉点地理经度相对变化如图 7. 10 所示（图中 d 表示两星之差）。

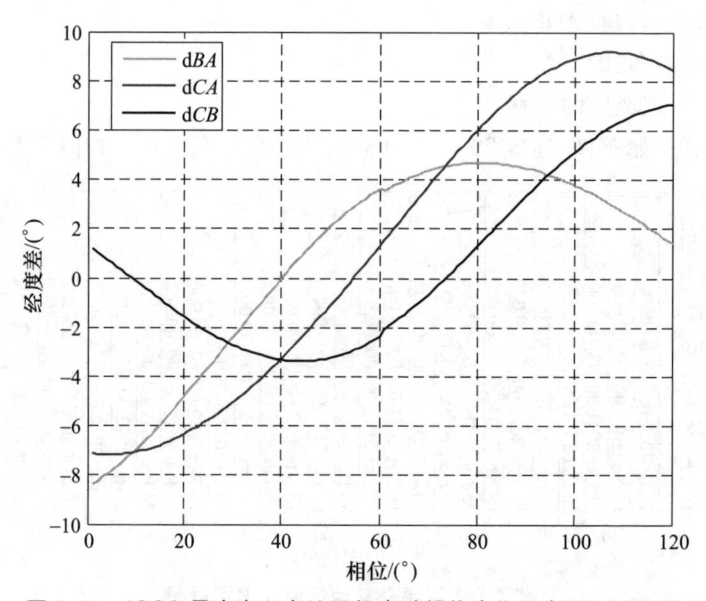

图 7. 10　IGSO 星座交叉点地理经度随相位变化示意图（见彩图）

由图可知,当 A 星相位为 107°(B 星相位为 227°、C 星相位为 347°)时递推 200 天,A 星和 C 星交叉点经度相对变化最大约为 9.19°。以上述真近点角分别递推,则交叉点相对经度随时间变化示意如图 7.11 所示。

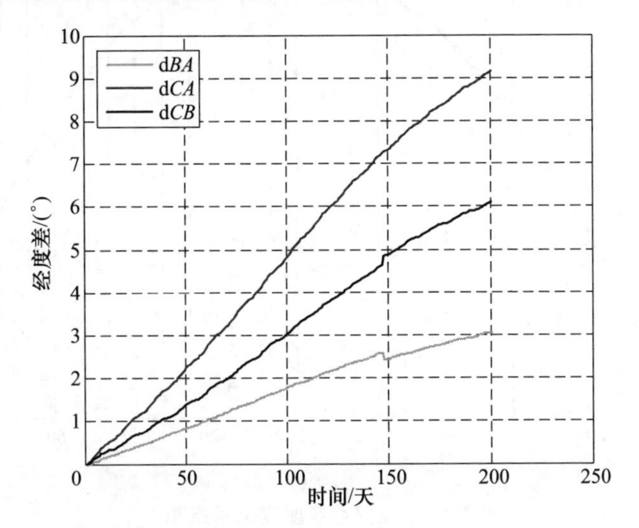

图 7.11　IGSO 星座交叉点相对经度随时间变化示意图

由图 7.11 可知,交叉点相对经度的随时间变化近似于线性,在 50 天左右将达到 2.5°。

7.1.6.2　IGSO 在轨道保持周期内的摄动影响

1)单颗星在轨道保持周期内的摄动影响

对 IGSO 卫星,由于其交叉点保持盒的大小一般远比 GEO 卫星的东西保持盒要大得多,因此 IGSO 的交叉点保持精度通常并不要求很高。此时,IGSO 的交叉点保持可以采用比 GEO 卫星更为简单的方式,即只需考虑修正交叉点经度漂移率,而不必考虑偏心率摄动的修正。

若要求卫星交叉点地理经度在 118° ± 2.5°的窗口内变化,可减小卫星的半长轴,使交叉点先向东漂移后向西漂移。

参考图 7.9,选取漂移量最小的相位(350°),起始交叉点地理经度为 115.5°,若使交叉点经度在 200 天后重新为 115.5°,则其半长轴应为 42157.636km。

仿真轨道参数如下:

(1)半长轴:42157.636km。

(2)倾角:55°。

(3)偏心率:0。

(4)起始交叉点地理经度:115.5°。

(5)近地点幅角:0°。

(6)真近点角:350°。

交叉点地理经度变化如图 7. 12 所示。

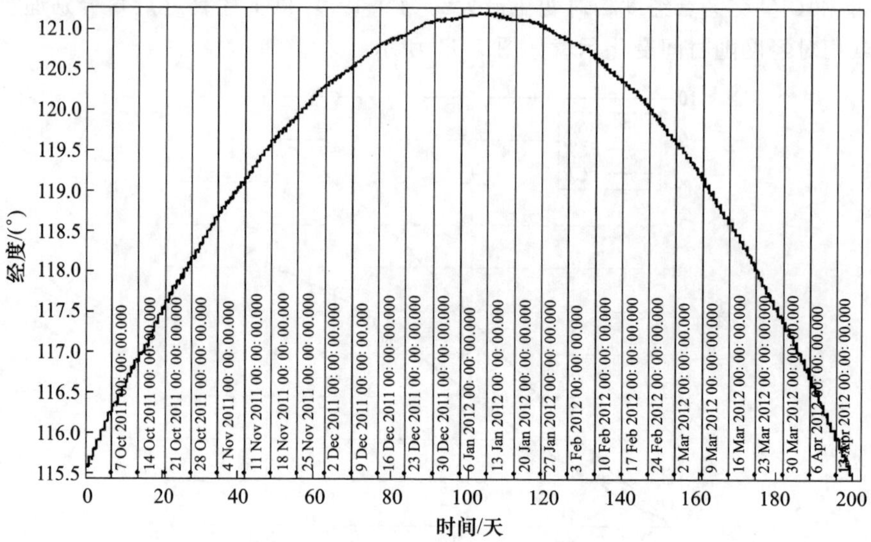

图 7. 12　交叉点经度变化示意图 1

如图 7. 12 所示,卫星交叉点地理经度向东最大为 121. 2°,超过漂移环的最东边界(120. 5°)

参考图 7. 9,选取漂移量最大的初始相位(100°),起始交叉点地理经度为 115. 5°,若使交叉点经度在 200 天后重新为 115. 5°,则其半长轴应为 42153. 731km。

仿真轨道参数如下:

(1) 半长轴:42157. 636km。

(2) 倾角:55°。

(3) 偏心率:0。

(4) 起始交叉点地理经度:115. 5°。

(5) 近地点幅角:0°。

(6) 真近点角:100°。

交叉点地理经度变化如图 7. 13 所示。

如图 7. 13 所示,卫星交叉点地理经度向东最大为 121. 1°,也超过漂移环的最东边界(120. 5°)。因此,初步判断单颗卫星交叉点地理经度保持周期应小于 200 天。

在此选取保持周期为 180 天,选取漂移量最小的初始相位(350°),仿真轨道参数如下:

(1) 半长轴:42157. 636km。

(2) 倾角:55°。

(3) 偏心率:0。

(4) 起始交叉点地理经度:115. 5°。

（5）近地点幅角:0°。

（6）真近点角:350°。

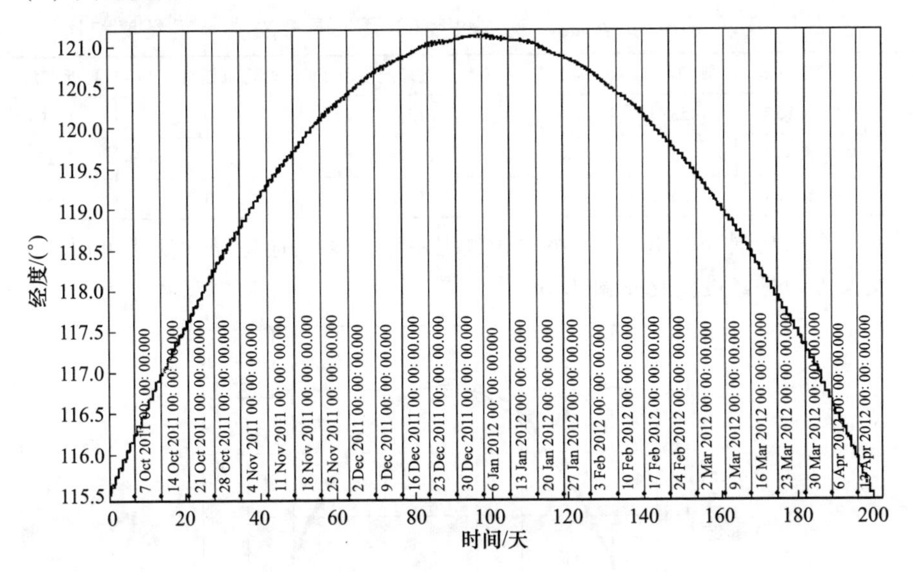

图7.13　交叉点经度变化示意图2

交叉点地理经度变化如图7.14所示。

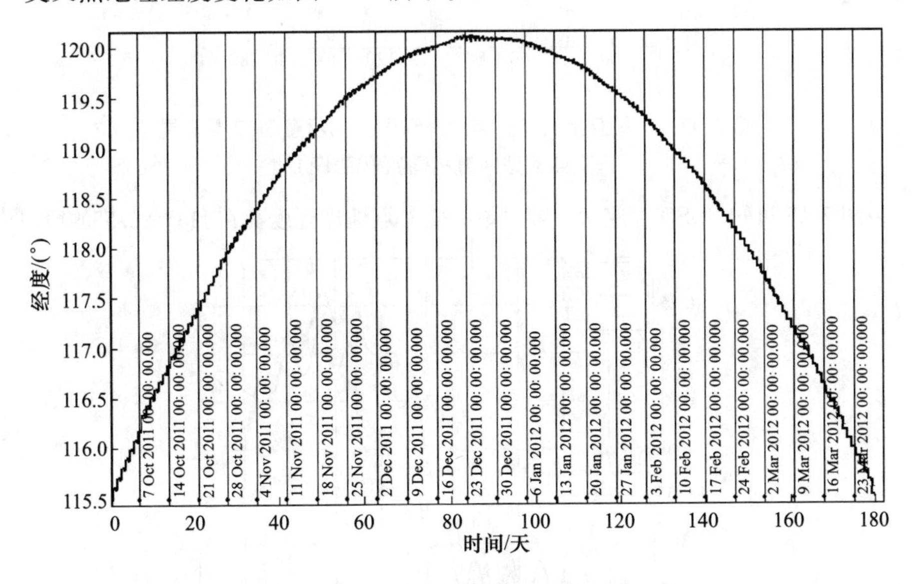

图7.14　交叉点经度变化示意图3

如图7.14所示，卫星交叉点地理经度向东最大为120.1°，未超过漂移环的最东边界（120.5°）。

2）IGSO星座在轨道保持周期内的摄动影响

(1) 星座中三星起始交叉点地理经度相同。参考图 7.10,选择交叉点地理经度相对变化最大的 A 星初始相位(约 107°),则 3 颗卫星初始轨道根数如表 7.1 所列。

表 7.1　3 颗 IGSO 卫星初始轨道根数(3 颗卫星升交点地理经度相同)

卫星	半长轴/km	倾角/(°)	偏心率	交叉点地理经度/(°)	近地点幅角/(°)	真近点角/(°)
A	42154.832	55°	0	115.5°	0	107
B	42155.470	55°	0	115.5°	0	227
C	42158.384	55°	0	115.5°	0	347

在一个保持周期内 IGSO 星座中 3 颗卫星的交叉点地理经度变化见图 7.15,其相对交叉点地理经度变化见图 7.16。

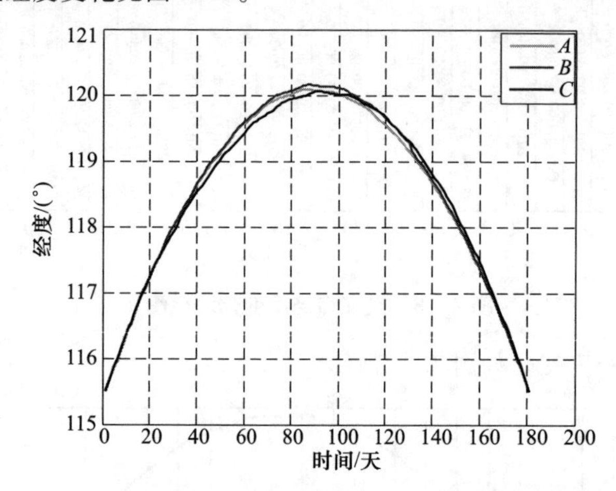

图 7.15　3 颗卫星的交叉点地理经度变化示意图(3 颗卫星升交点地理经度相同)(见彩图)

由图 7.15 可知,IGSO 星座中 3 颗卫星的交叉点地理经度都在 118° ±2.5°的窗口内。

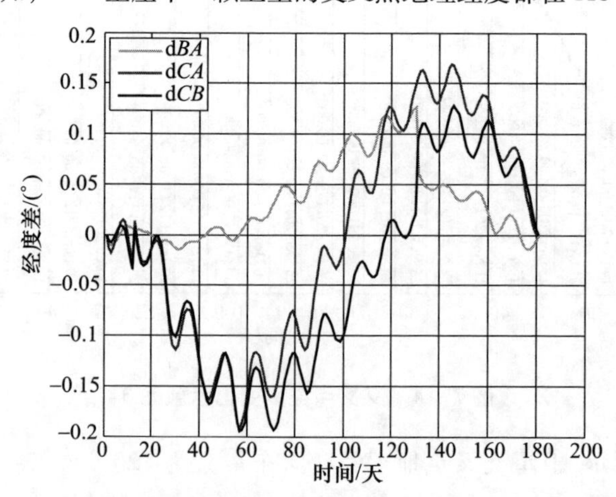

图 7.16　3 颗卫星的相对交叉点地理经度变化示意图(3 颗卫星升交点地理经度相同)(见彩图)

由图 7.16 可知其相对交叉点地理经度保持在 ±0.2°以内。

采用表 7.1 所列 IGSO 星座 3 颗卫星的轨道,在一个交叉点地理经度保持周期内,3 颗卫星的相对相位减去初始相位差随时间变化如图 7.17 所示。

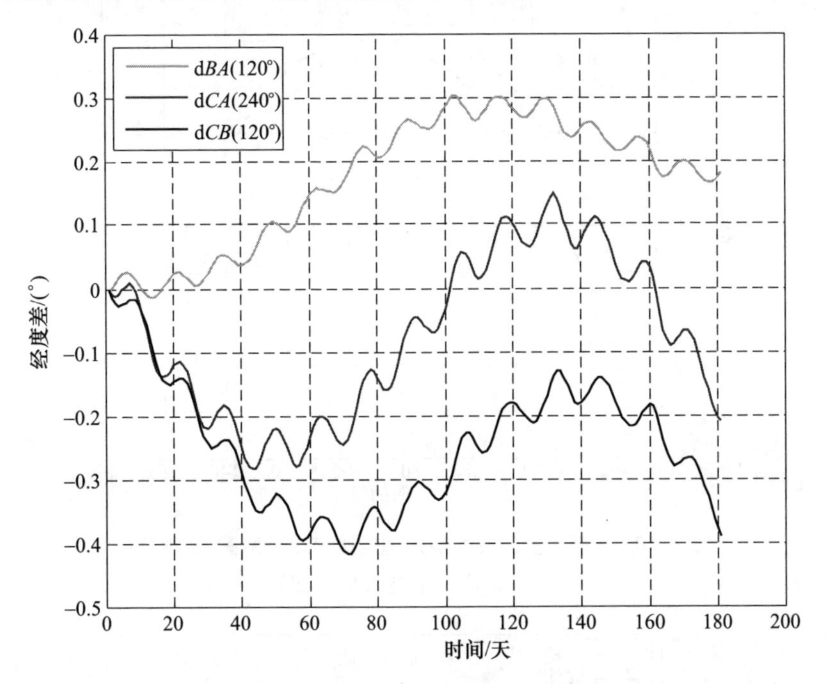

图 7.17　3 颗卫星的相对相位减去初始相位差随时间变化示意图
(3 颗卫星升交点地理经度相同)(见彩图)

由图 7.17 可知,IGSO 星座中 3 颗卫星的相对相位减去初始相位差能够保持在 ±0.5°以内。

综上所述,IGSO 中的 3 颗卫星初始交叉点经度相同的情况下,采用不同的半长轴,在 180 天的保持周期内,能够满足交叉点地理经度都在 118° ±2.5°的窗口内,且 3 颗卫星的相对交叉点地理经度也在 ±2.5°之内,相对相位减去初始相位差能够保持在 ±5°。

(2) 星座中三星起始交叉点地理经度不同。假设星座中三星交叉点地理经度不同,相差最大为 2°(*A* 星约为 117.5°,*B* 星约为 116.5°,*C* 星约为 115.5°),参考图 7.10,选择交叉点地理经度相对变化最大的 *A* 星初始相位(约 107°),则 3 颗卫星初始轨道根数如表 7.2 所列。

表 7.2　3 颗 IGSO 卫星初始轨道根数(3 颗卫星升交点赤经不同)

卫星	半长轴/km	倾角/(°)	偏心率	升交点赤经/(°)	近地点幅角/(°)	真近点角/(°)
A	42156.420	55°	0	78.751	226.081	240.950
B	42156.853	55°	0	317.857	318.021	269.054
C	42158.504	55°	0	196.978	340.967	6.036

在一个保持周期内 IGSO 星座中 3 颗卫星的交叉点地理经度变化见图 7.18,其相对交叉点地理经度变化见图 7.19。

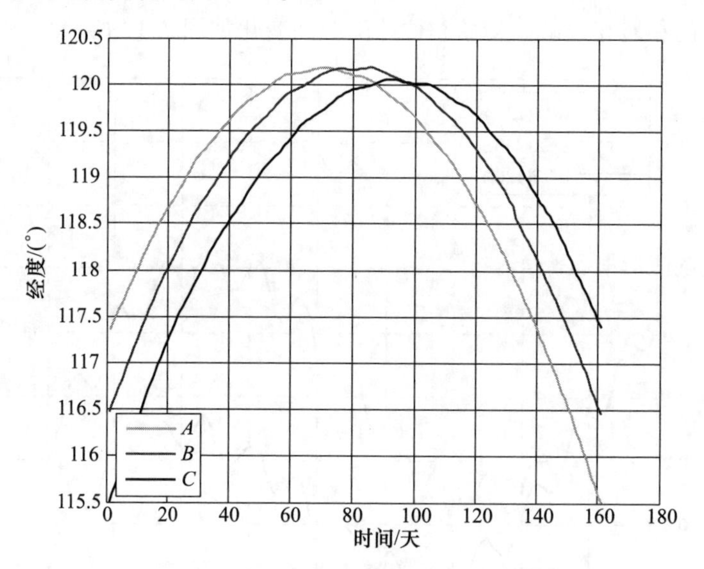

图 7.18　3 颗卫星的交叉点地理经度变化示意图(3 颗卫星升交点赤经不同)(见彩图)

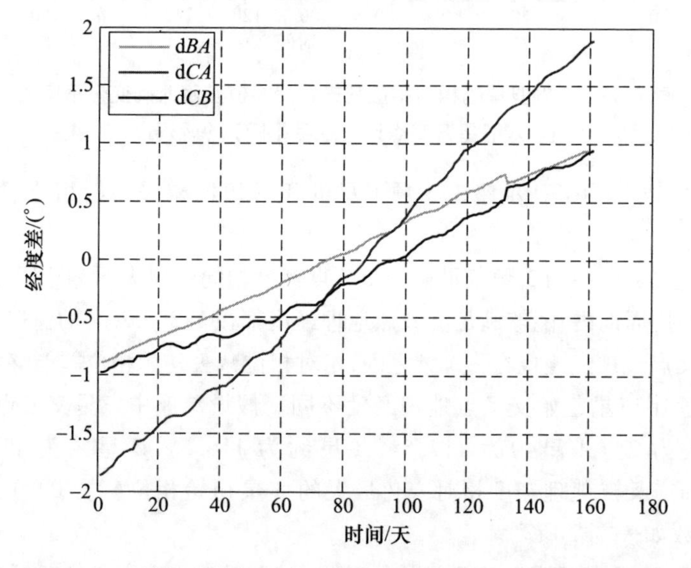

图 7.19　3 颗卫星的相对交叉点地理经度变化示意图(3 颗卫星升交点赤经不同)(见彩图)

由图 7.18 可知,IGSO 星座中 3 颗卫星的交叉点地理经度都能够在 118° ±2.5°的窗口内。

由图 7.19 可知,其相对交叉点地理经度保持在 ±2°以内。

采用表 7.2 所列 IGSO 星座三颗卫星的轨道，在一个交叉点地理经度保持周期内，3 颗卫星的相对相位减去初始相位差随时间变化如图 7.20 所示。

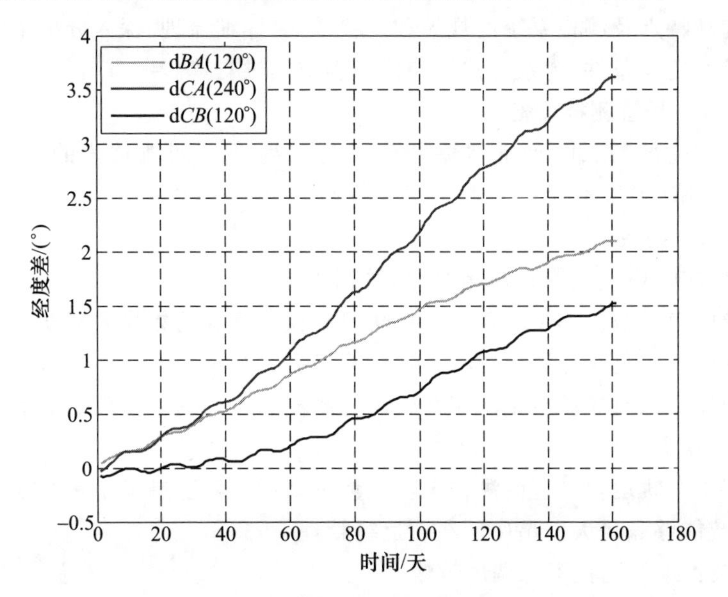

图 7.20 3 颗卫星的相对相位减去初始相位差随时间变化示意图（3 颗卫星升交点赤经不同）（见彩图）

由图 7.20 可知 IGSO 星座中 3 颗卫星的相对相位减去初始相位差能够保持在 ±4°以内。

综上所述，IGSO 中的 3 颗卫星初始交叉点经度相差最大 2°的情况下，采用不同的半长轴，在 180 天的保持周期内，能够满足交叉点地理经度都在 118° ±2.5°的窗口内，且 3 颗卫星的相对交叉点地理经度也在 ±2.5°之内，相对相位减去初始相位差能够保持在 ±5°。

7.1.7 对卫星测控调度管理能力分析

根据卫量测控任务分析，测控系统将建设和改造多套多目标测控设备，同时支持目标数可达 54 个。从设备套量和能力上来说，完全具备覆盖我国空域多个目标的跟踪测控能力，同时具备一定的备份能力。

7.1.8 测定轨精度分析

卫星工作轨道测定轨精度要求同现有的地球静止轨道卫星工程测控要求，经过计算分析和实际任务检验，测控系统能够满足工作轨道测定轨精度要求。

7.1.9 星座在轨测控支持

导航卫星星座由不少于 30 颗导航卫星（3 颗 GEO、3 颗 IGSO、24 颗 MEO）组成空间段。

为了具备对导航卫星星座在轨运行的支持能力、较好完成测控任务，结合导航卫星星座结构和特点及测控系统的规模和现状，需要详细梳理、深入分析星座在轨运行的测控需求及约束条件，为系统建设和任务实施提供支撑。

7.1.9.1 长管测控设备

可以利用南部、东北、西北等站用于支持发射及早期轨道段的测控设备完成GEO、IGSO、MEO卫星长管。

7.1.9.2 约束分析

对卫星在轨运行、长期管理测控支持的主要如下：

(1) 导航卫星数量不少于30颗，在轨卫星长期管理的数量大幅度增加。

(2) 星座结构复杂导致星座构型保持策略更为复杂。

现有测控资源对导航卫星星座在轨运行测控的主要约束表现如下：

1) 测控资源

现有用于在轨运行管理的测控设备数量不满足导航卫星星座测控需求。经过建设，测控系统能够满足大型星座的在轨运行管理。

2) 复杂管理的测控资源调度策略

导航卫星数量大幅增加、星座结构更为复杂，复杂星座的在轨运行管理对测控资源的调度提出了更高要求。目前，现有的测控资源调度策略主要针对单星模式或简单星座模式设计。经过关键技术研究和攻关，以及对测控中心的适应性建设，能够满足星座测控需求。

7.1.10 安全防护分析

7.1.10.1 应用需求分析

测控系统是卫星的重要组成部分，地面通过测控系统实现对卫星状态的监测、运行控制和星地测距及卫星轨道计算。

测控系统的安全性决定了整星的安全性和可用性，对测控系统的安全防护具有至关重要的意义。测控系统在卫星组网、补网发射阶段完成各类火箭和卫星的测控支持服务；作为航天装备的重要组成部分，在卫星在轨运行阶段完成星座构型保持和多星卫星平台管理工作。测控系统是该工程的一个重要组成部分，其安全性直接影响卫星导航性能。卫星导航系统安全防护能力的需求日益明显，测控系统的安全防护能力也必须相应提升。

7.1.10.2 功能需求分析

测控系统在完成测控功能的同时需要确保测控信息的安全性、具备安全防护功能，主要包括6个方面内容：

(1) 抗干扰：防止敌方通过发射高功率干扰信号压制己方无线电信号传输。

(2) 抗截获：防止己方无线电信号被敌方截获并破解，防止敌方利用截获的测控

信息欺骗和扰乱己方卫星与地面系统正常工作。

(3) 抗损毁:防止地面测控系统和星载测控设备遭受硬打击而损毁,导致系统瘫痪。

(4) 防盗用:防止测控信息被非法盗用、危害测控系统安全。

(5) 防失密:防止测控通信计算机网络的测控信息泄密或被窃密。

(6) 防入侵:防止地面测控系统的主机或网络被非法侵入,危害系统安全。

7.1.10.3　技术需求分析

测控系统安全防护重点在以下几个方面:

(1) 星地链路信息抗截获性能。测控系统可以采用新的信号体制,通过多种技术手段大大降低截获可能性。

(2) 星地链路抗欺骗抗干扰性能。调制如果采用标准格式,系统接收机易受各类虚假欺骗信号或截获影响,系统可能存在较大隐患。如果设计采用新的信号技术,则可以提高对各类欺骗信号的免疫能力。

(3) 星地链路抗压制性干扰和微波武器攻击性能。无线电统一载波系统在抗压制干扰性能方面能力较弱,仅能对抗较低的干信比的干扰信号,可以采用新技术体制和方案,提高系统对抗窄带干扰、脉冲干扰等能力。

(4) 地面系统抗损毁性能。固定地面系统位置易暴露,一旦遭受物理攻击而损毁,易长时间陷入瘫痪且无法恢复,可以采用能独立完成测控基本功能且具备一定机动能力的设备。

(5) 通信计算机网络信息安全。通信计算机网络依托商用计算机和操作系统建设、无法从物理上实现地面测控计算机网络与外网的隔离,存在受病毒、木马等网络攻击的风险,信息安全风险显著。可以采用强而有效的网络信息安全防护措施以及节点信息安全防护措施,防止地面信息被非法窃取、地面系统被非法侵入。

7.1.11　可靠性分析

7.1.11.1　测控系统可靠性总体要求

测控系统的任务是完成卫星发射与早期轨道段的测控支持,以及系统运行段的卫星平台和星座构型长期测控管理。在发射与早期轨道段,提出了对运载火箭遥测、外测、安控,对卫星排气控制、确定初轨、监视星箭分离、跟踪测轨、变轨控制和定点捕获,支持一箭多星加上面级测控等功能要求。在系统运行阶段,提出了全球星座测控调度,对 GEO、IGSO、MEO 卫星跟踪测量、遥测接收和遥控,星座构型保持与星座管理的功能要求。

测控系统可靠性包括:

(1) 组网阶段单次任务测控可靠度,包括发射段、飞行段、入轨段要求。

(2) 运行阶段测控系统可用度要求。

(3) 运行阶段系统关键任务成功度,包括星座构型保持、卫星平台监测要求。

(4) 运行阶段关键任务平均中断恢复时间,包括星座构型保持、卫星平台监测等关键任务平均中断恢复时间要求。

7.1.11.2 测控系统可靠性分配

组网阶段单次任务包括 GEO 一箭一星发射,IGSO 一箭一星发射,MEO 一箭一星发射,MEO 一箭双星发射等任务。运行阶段测控系统负责 GEO、IGSO、MEO 卫星的长期运行管理,承担星座构型保持、卫星平台监测等关键任务。

1) 卫星发射测控任务

(1) 阶段划分。GEO/IGSO 卫星发射测控任务整个过程划分为 3 个阶段。根据阶段特点,每个阶段的定义如下:

① 发射段。火箭点火至 GEO/IGSO 星箭分离。发射段测控任务包括对基础级火箭的实况景象记录、外弹道测量、遥测、安控,对卫星的外测、遥测、遥控。其中,关键测控任务包括火箭的安控任务,卫星的排气控制任务,星箭分离前测控任务。

② 飞行段。GEO\IGSO 星箭分离至卫星大推力发动机变轨结束。飞行段测控任务主要包括卫星遥测监视、初始状态建立、大推力发动机变轨。其中,关键测控任务包括星箭分离后测控任务、卫星初始状态建立、大推力发动机变轨。

③ 入轨段。卫星相位捕获进入预定轨位,至在轨测试完毕,转入运行阶段。入轨段测控任务主要包括卫星遥测监视、相位捕获、在轨测试。其中,关键测控任务包括小推力发动机的相位捕获等工作。

MEO 卫星发射测控任务整个过程划分为 3 个阶段。根据阶段特点,每个阶段的定义如下,关键测控事件与 GEO、IGSO 基本相同。

① 发射段:火箭点火至上面级与基础级火箭分离。

② 飞行段:上面级与基础级火箭分离到所有 MEO 卫星与上面级分离。

③ 入轨段:卫星相位捕获进入预定轨位,至在轨测试完毕,转入运行阶段。

(2) 任务可靠性。任务可靠性的基本定义为在规定的时间、规定的条件下,完成规定测控任务的能力。根据任务要求的不同,测控系统任务可靠性可以分为一般任务可靠性、关键任务可靠性,其中:一般任务是指任务期间系统执行的所有测控任务,代表了测控任务的全集;关键任务是一般任务的子集,关键任务失败,会对卫星发射产生重大影响,如安控任务失败会导致火箭漏炸或误炸、入轨前测控任务失败会导致飞行目标丢失等。

测控系统可靠性总体设计的目标是确保关键测控任务可靠性满足导航专项的任务要求。

2) 运行阶段测控任务

(1) 运行段测控系统可用度。运行段测控系统可用度,分为测控网络可用度和测控设备可用度两个层次。运行阶段测控系统可用度由单套设备的高可用度和网络的轻负载率来保证。

测控系统可用度定义:测控设备平均无故障工作时间之和/(测控设备的平均无

故障工作时间之和 + 平均修复时间之和)/负载率。

网络负载率定义:导航星座任务需要工作时间/测控网平均无故障工作时间之和。

(2) 运行阶段系统关键任务成功度。关键测控任务成功度定义:在一定任务时间和任务资源前提下任务成功的概率。

运行阶段星座构型保持、卫星平台监测等系统关键任务成功度,主要通过设备备份和增加备份任务弧段来满足。

(3) 运行阶段关键任务平均中断恢复时间。是指星座构型保持、卫星平台监测等关键任务平均中断恢复时间,以及中心计算机系统、通信系统和测控设备关键任务平均中断恢复时间要求。

7.2　导航星座测控管理模式设想

导航卫星星座属于我国第一个大型星座,在测控管理方面具有许多独特需求和特点。

一方面采用地面 S 频段测控网开展测控,另一方面,卫星研制了星间链路分系统,在星间链路正常的情况下,具备利用星间链路对星座进行测控管路的能力。

导航星座系统又有不同于以往任何卫星型号的特殊的测控需求,如整星座构型保持要求,高覆盖率要求等。

导航星座由不少于 30 颗卫星组成,从第一颗卫星发射开始到星座组网完成、稳定运行,有一个逐步形成能力的过程;此后根据星座运行情况,还需要补网发射备份卫星,直至到寿命末期。星座不同的运行阶段,测控管理模式和测控重点均需要分析研究,制定不同测控管理方案。

需要综合考虑上述特点,开展星座测控管理设计。星座运行控制方法已在第 4 章、第 5 章做了详细介绍。

7.2.1　星座测控管理需要开展的工作

7.2.1.1　深入分析星座测控管理需求

导航卫星系统建设与运行分为不同阶段,包括组网发射阶段和运行维护阶段。在不同的阶段,系统组成不同,星座约束条件不同,测控需求也不同,需要根据不同情况具体分析,并制定针对性测控方案。

7.2.1.2　深入分析星间链路测控管理需求

导航卫星星座空间段增加星间链路具有星间通信和测量功能,其中:星间通信功能可以为测控系统提供遥测遥控通道,完成地面测控站不可视卫星的遥测遥控;测控系统获得星间测量数据后,可以进行星地联合轨道确定,提高卫星定轨精度。因此星间链路是地基测控资源的有力补充。由中圆、同步及倾斜同步 3 种类型轨道卫星构成的复杂大型星座的长期在轨管理,最优构型保持及轨道控制,对利用星间链路的测量信息及通信链路都提出了新需求。

7.2.1.3 提高航天测控网自动化运行管理能力

通过系统建设,在网管中心和测控设备中全面提升测控设备的远程操控和自动化运行能力,系统运行和管理实现了自动调度、自动标校、自动测试和自动跟踪目标,实现了长管阶段系统运行模式质的飞跃。

7.2.1.4 根据任务需求提高多目标测控能力

针对迅速发展的卫星测控需求及星座测控需求,提高系统多目标同时测控能力,使测控网在多星测控、星座测控、集中高效运行管理和资源优化配置方面上一个新台阶。

7.2.2 不同阶段星座测控管理

导航卫星星座属于大型混合星座,星座在形成的过程中,测控需求和测控能力均有不同,因此,需要根据测控需求、测控能力、测控资源调配情况,合理采用测控模式,既满足星座测控需求,又最大限度有效利用测控资源。

7.2.2.1 组网阶段

在发射与早期轨道段,以地面测控设备为主,重点保证发射与早期轨道段卫星单星测控。在此阶段,测控系统一方面要完成对已组网进入工作轨道卫星的测控,对于已进入工作轨道卫星,正常情况下按照星座测控管理要求,将星间链路和地面测控相结合进行测控,另一方面还要重点保证对处于早期轨道段卫星的测控,进行轨道测量、遥测监视、遥控操作,配合运控进行载荷测试。

对上述测控工作,测控系统综合调度南部、西北、东北的测控设备完成测控任务。

7.2.2.2 稳定运行阶段

系统组网完成,处于稳定运行后,可统筹地基测控系统和星间链路测控资源完成星座测控任务。

7.2.2.3 补网阶段

在补网卫星阶段,补网卫星未纳入星座测控前,以地面测控为主进行单星测控,纳入星座测控后,可以统筹地基测控系统和空间链路测控资源完成星座测控任务。

7.2.2.4 星座寿命末期

星座寿命末期,卫星及星座可能因为异常而处于不稳定的工作状态,此时,卫星及星座测控以地面测控为主,同时,尽可能利用星间链路进行测控。

7.2.2.5 应急测控

对于应急情况,地面测控系统综合利用各种手段开展卫星测控,保证卫星安全。

7.2.3 利用星间链路支持测控

综合考虑星间链路承载测控业务能力、星间链路拓扑结构及路由和星间链路资源调度方案,制定总的使用原则为:充分利用但不依赖星间链路,把星间链路作为测控系统重要手段。

星间链路承载测控业务能力有两种情况：第一，测控业务是星间链路的常态化业务；第二，测控业务不能作为星间链路的常态化业务，每次使用时，需要重新申请。在星座组网及在轨运行初期，星间链路处于调试阶段时，为确保星座平台在轨正常测控管理，对于上述两种情况，测控系统利用星间链路进行测控，充分利用但不依赖星间链路，星间链路作为重要测控手段。对于第一种情况，利用地基测控网采用常规测控手段，完成测控任务，确保在星间链路出现故障情况时能够无缝对接，联合开展故障处置，并确保星座平台的正常运行；对于第二种情况，测控系统以利用地基测控资源为主，星间链路资源为辅进行星座的日常测控管理，只有在应急情况下，根据需要采用星间链路对卫星实施测控。在星座在轨稳健运行阶段，对于第一种情况，测控系统将充分利用星间链路进行常规测控；对于第二种情况，测控系统仍采用与组网及在轨运行初期相同的使用原则。

卫星星座在轨运行时，可以分为正常运行和自主运行两种运行状态，正常运行时需要地面系统支持，自主运行时可以独立自主运行，不依赖地面系统。

对于 GEO 和 IGSO 卫星来说，上行、下行信息传输均是通过境内站利用星地链路即可完成，而对于境外 MEO 卫星，通过星间链路以境内星作为中继节点来完成上下行信息传输。

7.2.4　导航星座长期测控管理技术

7.2.4.1　导航星座长期管理测控管理自动化方案

从导航星座对地面测控管理系统的基本需求、导航星座运行管理中对自动化的需求，以及地面测控系统任务对管理自动化的需求等多个方面，分析全球导航星座长期管理需求，形成全球星座管理需求一览表，如图 7.21 所示。

对于导航卫星来，表 7.3 所列为常规管理内容。

表 7.3　导航卫星常规管理内容

工作环节	操作方式	操作要求
遥测监视	人工 + 自动	配置遥测单收设备；人工重点监视各类控制期间的卫星状态；借助长管辅助诊断软件，实现遥测告警的自动化
控制计算	人工	技术人员利用控制计算平台软件完成
位置保持	人工	东西位保、南北位保 遥控作业运行自动；控前、控后测轨
月球干扰保护	人工	单星根据需求开展；人工安排控制设备、计算控制参数、复核遥控编码、启动遥控作业，自动发令
太阳干扰保护及地影管理	人工	具有季节性，春秋分前后每天都有，一般为星上自主完成
动量轮卸载	人工	单星根据需要实施
测控加解密	人工	使用专用测控加解密设备，实现遥控加密、遥测解密、密钥更换等
注入轨道、校时	人工	卫星轨道注入、校时
月度管理报告	人工	每月统计编写月卫星工作状态及测控管理情况

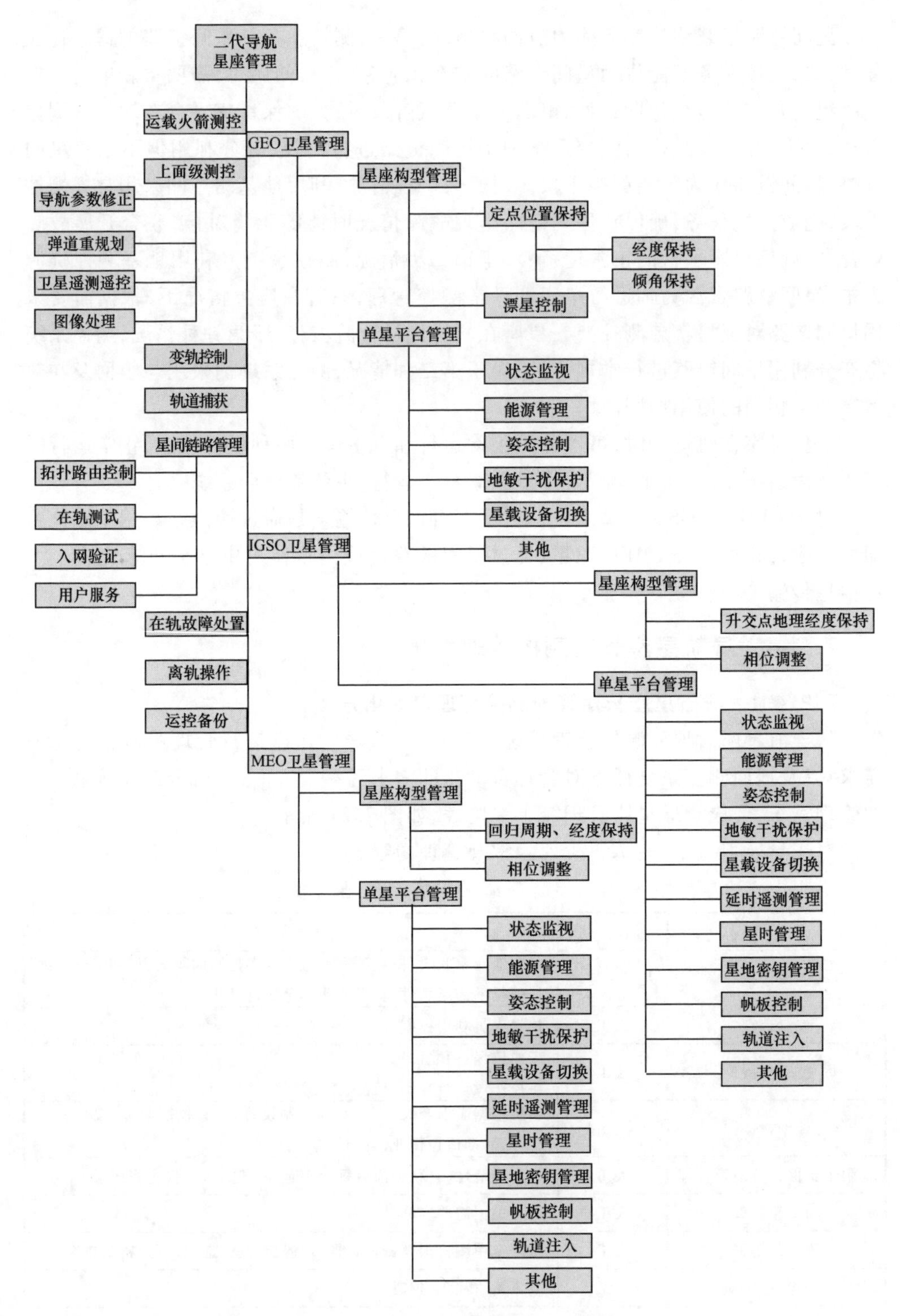

图 7.21　全球星座管理需求一览表

对于导航卫星星座，现有卫星管理系统需要加强以下方面：①提高卫星长期管理模式机器操作部分，降低人工操作失误风险；②提高日常管理自动化程度；③加强实时控制过程的监控技术研究和应用；④加强在轨故障快速应急处置能力。

测控系统需求发生变化主要表现在以下几个方面：

(1) 卫星平台自身技术状态的变化。这表现在卫星采用了大量新技术，如：采用星敏参与姿轨控；综合电子分系统统管整星数据流；卫星具备自主故障诊断处置功能(FDIR)；星地交互的指令系统、遥测系统有较大变化。

(2) 星间链路技术的引入。卫星将使用星间链路技术实施星间测量和信息传递，星间链路使地面测控系统对于导航卫星的测控手段获得极大扩展，同时也使测控网拓扑结构、资源调配、信息加工、传输、交换复杂化，对地面遥测、遥控、测轨及管理等支持功能提出了新的要求。

(3) 大型星座构型保持需求带来的挑战。导航卫星星座是一个大型混合星座，卫星类型包括MEO、GEO和IGSO，基本星座卫星数量达到30颗左右。由于卫星轨道发射偏差、捕获偏差和卫星轨道自身摄动运动的影响，在整个系统服务期内，卫星星座构型将不断发生变化，如何使这样一个大型星座实现最优构型保持控制，是前所未有的。

(4) 星座卫星数量的急剧扩充带来的挑战。导航卫星星座是一个由3G+3I+24M构成的大型星座，卫星数量的急剧增长对地面管理模式、软硬件规模、计划制定和优化、测控资源调配、冲突消解、信息处理交换等均提出了较高要求。

1) 全球星座长期管理自动化方案

根据对导航星座需求的梳理，针对导航卫星GEO、IGSO、MEO三类卫星平台新特点、星座构型、工程建设目标、星座运行等对地面测控系统的要求，对需要实现的管理任务进行分解、归类，对各类管理工作自动化的可行性和运行方式展开分析研究，并在更高层次的计划层面上，研究各类管理工作自动化有序运行的工作模式和策略。可以采用以计划驱动、条件触发、知识库支撑、人适时有限干预的准闭环自动化运行模式设计思路。卫星管理自动化运行模式如图7.22所示。

根据对全球导航系统自动化运行的设想，可以将整个全球导航系统长期测控管理的流程划分为4个环节或层次：

(1) 计划制定。本环节完成测控管理计划的制定。

可以细分为两个层次。首先，根据用户产生的卫星应用需求、研制部门提出的卫星管理需求、星座组网要求、测控系统自行计算的各类预报结果、卫星综合状态反馈信息及测控网资源调度结果信息，完成单星测控管理计划的制定。全球导航星座管理系统运行流程示意图如图7.23所示。

其次，将生成的单星测控管理计划表提交星座中长期测控管理计划制定生成模块，进行多星测控管理计划综合规划，如有冲突则通过冲突适当的消解算法重排单星计划，消除冲突，如此递归完成星座测控计划的制定和生成。

(2) 资源调度。在生成星座中长期测控管理计划后，将星座中长期测控管理计

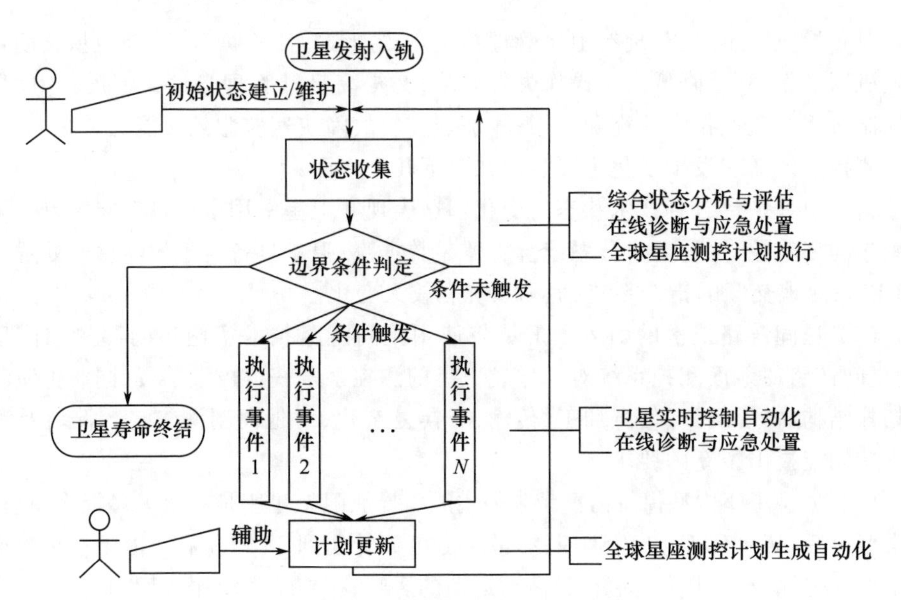

图 7.22　卫星管理自动化运行模式

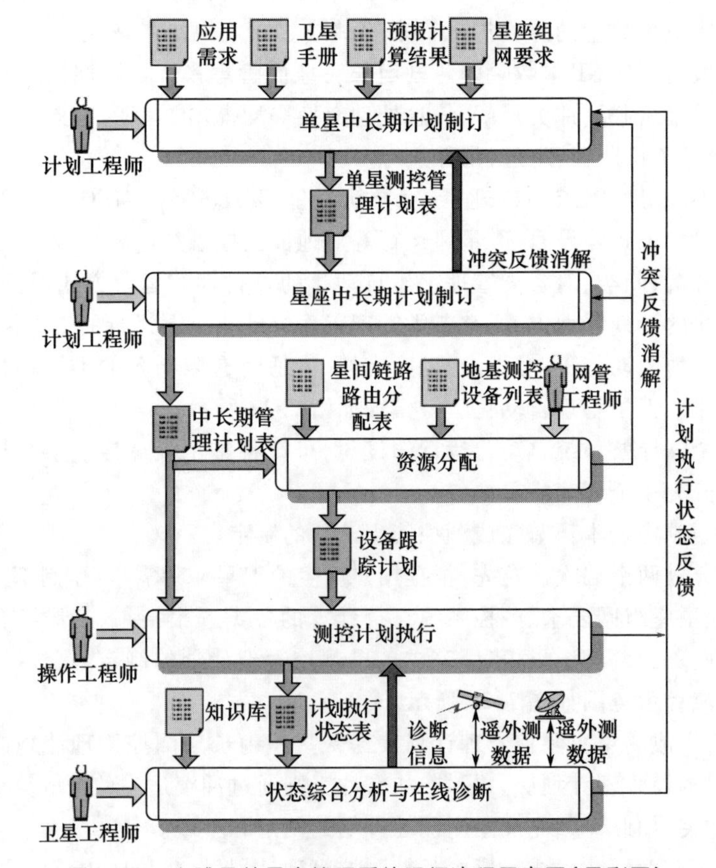

图 7.23　全球导航星座管理系统运行流程示意图(见彩图)

划表提交资源分配模块，通过星间链路路由分配表和地基测控设备可用列表，进行测控资源的预分配，生成设备跟踪计划表，并在资源调度算法无法消解冲突时，向测控管理计划制定生成模块反馈资源调度冲突报告。

（3）计划执行。在导航卫星星座中长期测控管理计划和设备跟踪计划的驱动下，测控管理计划执行模块将按照计划自动调度各个计算、加工、处理功能模块，执行遥测、遥控、测轨任务，完成对卫星的各种控制工作，输出计划执行状态表，接收状态综合分析与在线诊断功能模块的故障诊断结果、应急处置方案，调整执行进程，完成故障应急处置。

（4）状态更新。通过收集测控管理计划执行情况、遥外测数据、遥控状态信息、设备工作情况，状态综合分析与在线诊断功能模块对卫星状态进行实时分析判断，向测控管理计划执行模块提交故障诊断结果和应急处置方案，向测控管理计划制定模块反馈卫星运行状态，对测控管理计划表进行更新。

在系统级自动化方案基础上，完成对导航卫星星座综合测控管理计划制定、单星综合测控管理计划制定、遥测数据接收处理、遥控指令/数据加工、发送、轨道测定预报、控制计算等单项功能的自动化方案设计工作。

在自动化操作范畴讨论上行遥控操作，一般可分为测控计划控制下的预知行为和应急故障处置驱动下的偶发行为两类，但是对于遥控操作自动化来说两类驱动其实并无本质差异。遥控操作自动化示意图如图7.24所示，遥控操作自动化过程可如下设计：

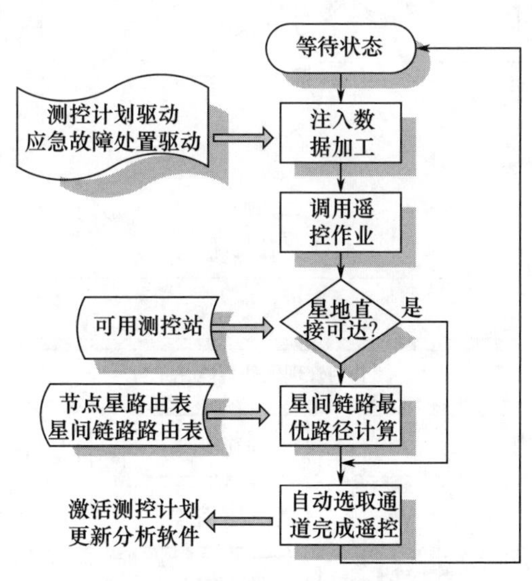

图7.24　遥控操作自动化示意图

① 遥控软件初始状态一般处于等待状态。

② 在测控计划驱动软件或故障自动化诊断软件驱动下，遥控软件被激活，并打开对应的遥控作业。

③ 利用可用测站信息，优先选取可以直达卫星的可用测控站（无并发冲突）自动实施遥控操作。

④ 如无法获得直达通道，则利用节点卫星表、路由表等信息，计算最优（最短）路径，通过此路径自动实施遥控操作。

⑤ 操作完成遥控软件重新进入等待状态。

2）全球星座长期管理系统自动化体系结构

在确定导航星座管理自动化方案的基础上，从地面测控系统功能模块规划、功能模块之间接口两个方面，展开分析和设计，构建满足自动化运行方案的长期管理系统基础体系结构。首先对完成管理需求所需对应的功能模块进行规划，对功能模块之间的接口进行设计，并基于功能模块和管理要求进行运行流程设计。导航卫星星座自动化管理系统架构如图 7.25 所示。

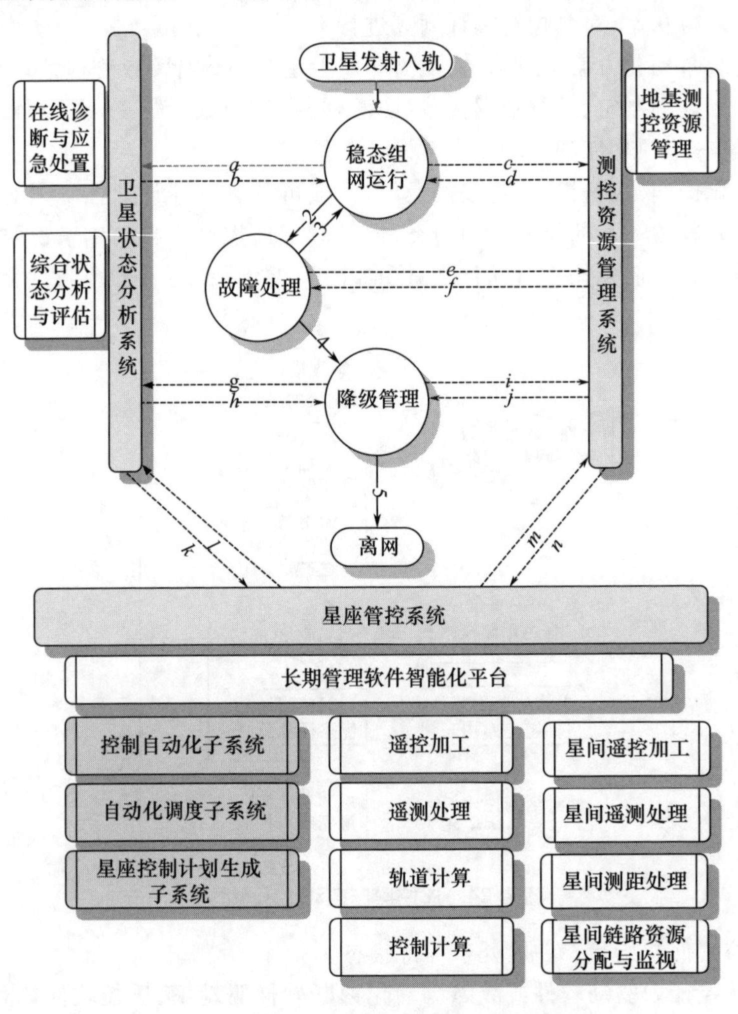

图 7.25　导航卫星星座自动化管理系统架构

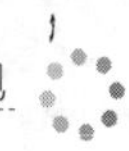

该系统在任务长期管理中承担的任务如下：

(1) 管理计划生成。

① 根据当前卫星状态、管理要求、星座构型维持要求，完成航天器长期测控计划的自动生成。

② 向星间链路运行管理系统提交测控计划对资源的需求，获得星间链路资源；没有被满足的资源需求，提交地面资源网管申请，获得地面资源。

③ 根据星间链路资源、地面资源获得情况，结合星间链路调度控制事件，完成对星座及各个单星的测控计划。

(2) 管理计划的自动执行。

① 依据综合调度计划，完成航天器任务长期管理过程中测控任务的自动化执行。通过自动化调度平台调度各功能子系统工作的方式、工作参数配置、工作命令，完成航天器长期管理过程中各测控事件的自动执行。

② 具有通过自动调度综合语音功能自动调度任务各参试方向完成相应工作的功能。

(3) 计划执行当中的自动判断与专家诊断。

① 在有控制事件时，根据测控计划中的遥控事件，在自动化控制判断子系统上，以对应的知识来跟踪判断卫星受控过程的正确性。

② 在没有地面主动控制时，利用在线诊断与应急处置子系统对卫星进行监视，对突发异常进行报警、诊断、处置。

(4) 跟踪后的状态分析与评估。在跟踪结束后(也可以在跟踪当中进行)，对卫星平台的工作状态、测控工作的完成效果进行分析与评估，作为下一步卫星管理计划的依据。

(5) 星座多星测控。为了满足通过星间链路进行多星测控的需求，在实时任务系统中需要构建天基多星测控功能，对星间遥测、遥控、测量信息进行处理，建立与单星遥测、遥控对应的处理通道和处理方法；利用星间测量数据进行轨道确定；利用星间遥测信息进行星间链路监视。建立如图7.26所示的导航卫星星座长期管理自动化系统。

综合调度管理平台子系统是导航星座长期管理自动化系统的核心部分，是为支持全球导航星座实现长期管理自动化而专门设计，它能够大大提高星座管理的准确性和安全性，彻底改变星座卫星长管现有的组织模式，大大提高航天器长期管理的效率。

考虑到中心任务软件系统结构的复杂性、平台的多样性及分布式运行的特点，为实现系统的自动化调度运行，将综合调度管理平台设计为两个层次，两层调度器示意图如图7.27所示。

该子系统软件结构上由两层调度器组成，上层是系统级的调度器，下层为各子系统平台的调度器。系统级调度器为新开发的综合调度管理平台软件，该软件完成调度计划的编辑生成、调度运行及监控操作。各子系统的调度器在系统级调度器的驱

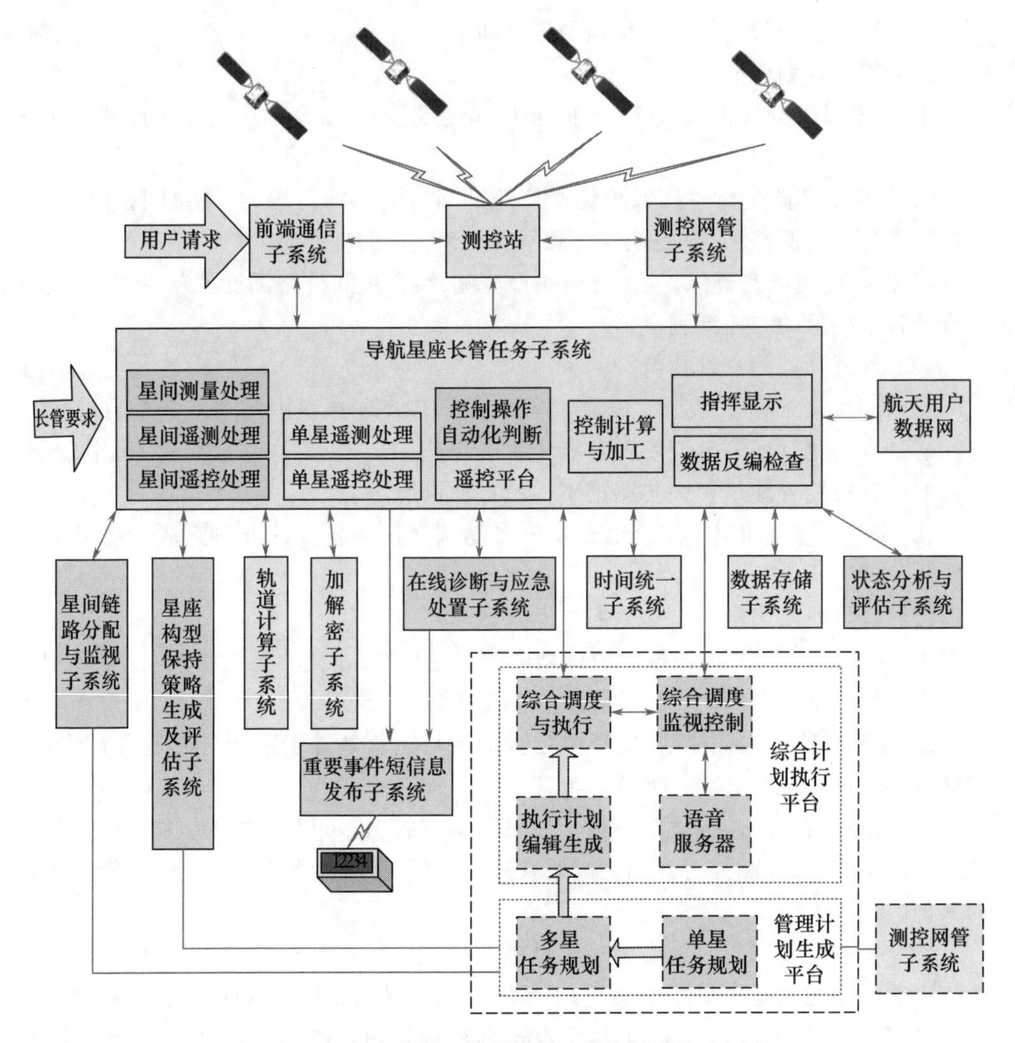

图 7.26　导航卫星星座长期管理自动化系统组成示意图

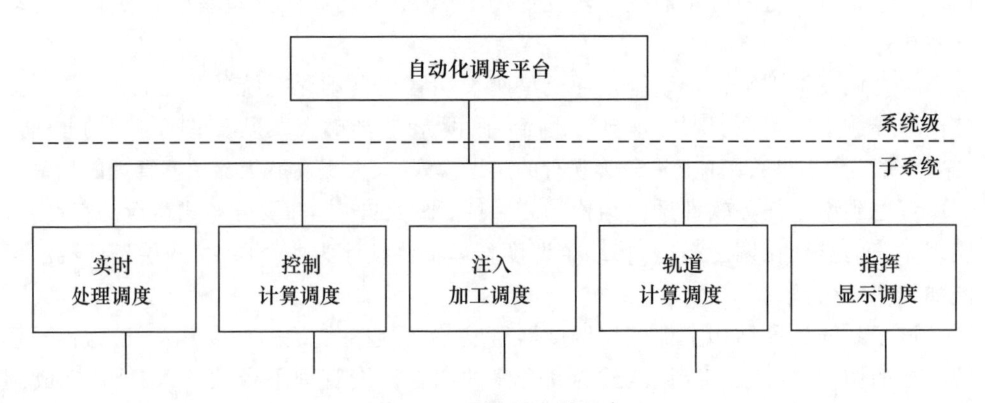

图 7.27　两层调度器示意

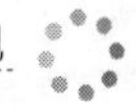

动下,完成各平台上具体事件的自动化执行,相应功能在现有各软件平台的基础上通过改造来实现。

综合调度管理平台软件(SMPS)系统外部运行环境如图7.28所示。

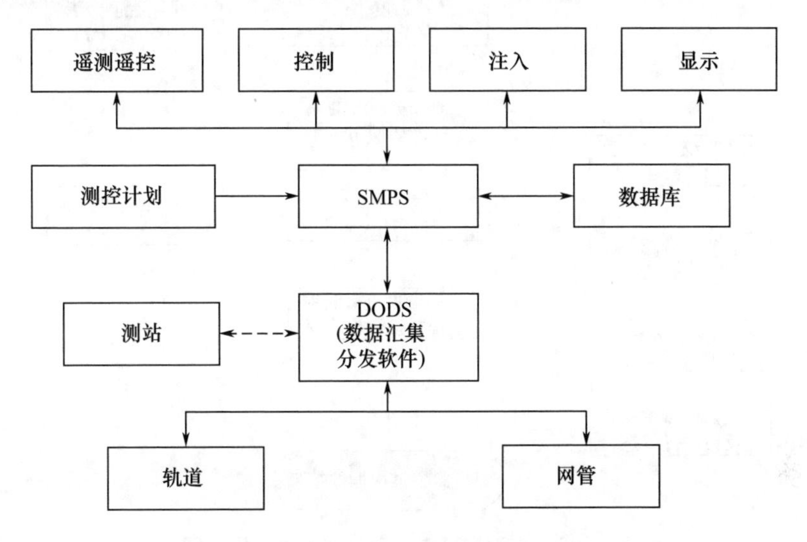

图7.28 SMPS系统外部运行环境

SMPS系统外部接口示意图如图7.29所示(图中序号表示作业处理流程顺序)。

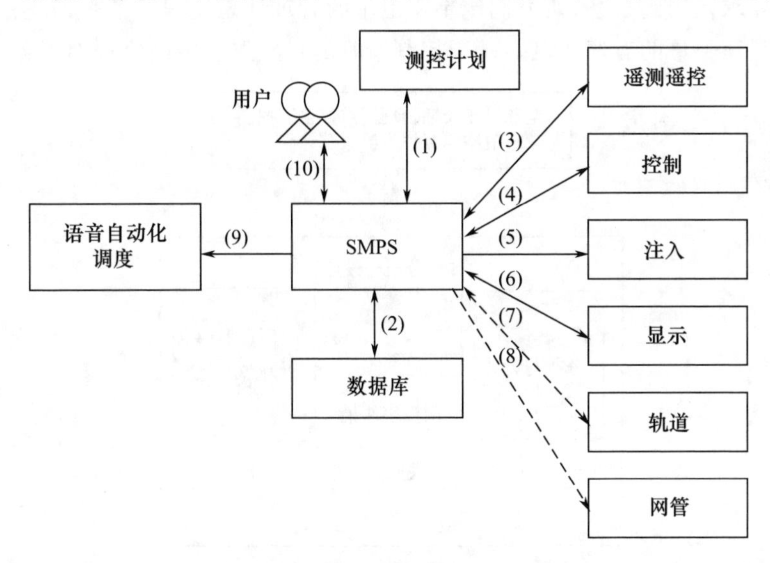

图7.29 SMPS系统外部接口

某测控事件自动化实施过程的示意图如图7.30所示。

7.2.4.2 导航星座卫星控制计划

导航星座卫星控制计划主要研究星座控制管理计划的制定方法和算法。基于星

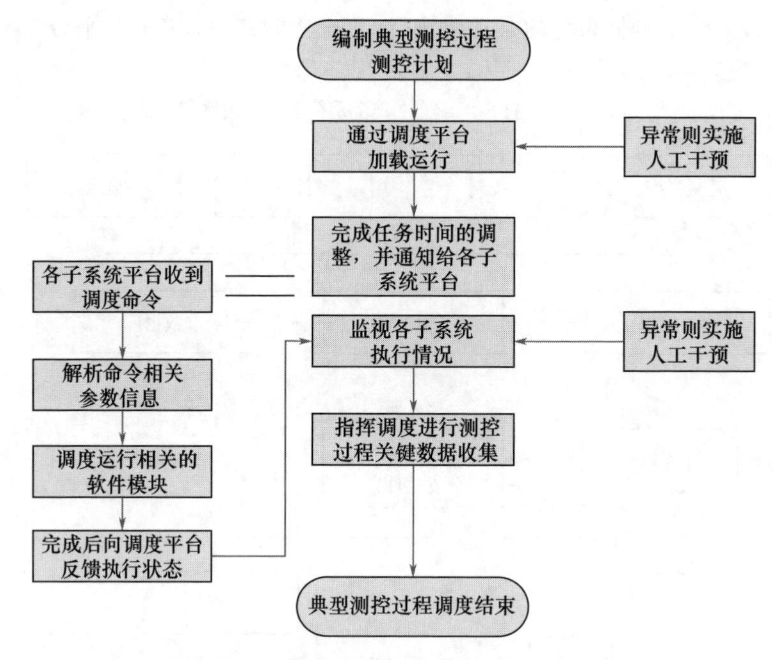

图 7.30　某测控事件自动化实施过程示意图

座卫星的轨道或相位维持策略、各类预报及其他控制事件，分析各个卫星控制事件的前后时序要求及制约关系，研究制定星座卫星的管理计划流程的策略、方法、算法，实现对全球星座卫星的有序控制。基于控制策略的星座卫星控制流程如图 7.31 所示。

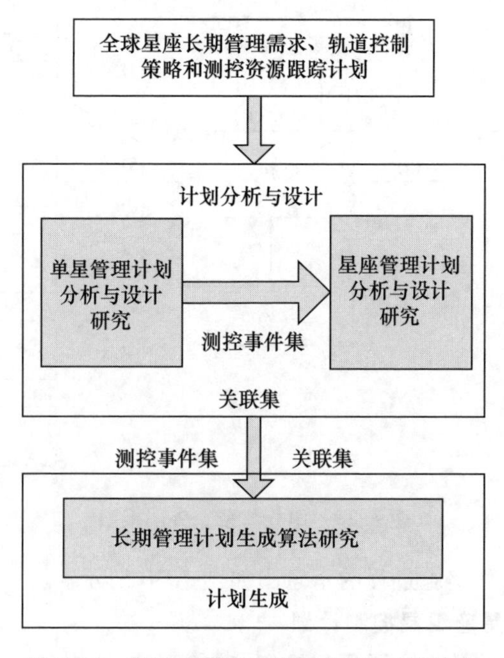

图 7.31　基于控制策略的星座卫星控制流程

1）导航星座卫星控制计划问题分析

分析导航卫星控制计划问题定位，将导航星座卫星控制计划问题定位为卫星任务操作规划问题，属于智能规划范畴；接着，以智能规划的基本概念为依据，分析卫星任务操作规划问题的一般描述，总结星座卫星任务规划特点；最后，结合星座卫星任务规划的工作进展，提出基于控制策略的星座卫星控制流程问题解决思路。

2）单星管理计划分析与设计

首先分析卫星管理计划的特性，总结卫星管理规划问题与传统经典规划问题不同的7个方面；其次，通过了解规划问题的表示方法，确定进行规划问题的描述语言；接着，从状态表示、动作表示和约束表示3个方面总结规划建模方法；最后，以导航卫星的典型控制过程——东西位置保持为例，建立卫星管理规划域和问题的形式化表示。

3）单星管理计划的求解算法

当前主要有多种算法能够支持规划问题中存在外部事件约束，包括：基于将约束时态推理融入图规划框架下的局部搜索算法（LPG-TD规划器的求解算法）；利用子目标分解和求解的时态规划算法（SGPlan4规划器的求解算法）；基于时序规划图的启发式规划改进算法（TILSAPA算法），经过分析比较，从结果来看，LPG-TD算法的求解能力具有更好的优越性，基于该算法，可建立卫星管理规划问题的求解结构，并以东西位置保持控制过程为例，说明利用LPG-TD算法求解卫星管理规划问题的有效性。

4）星座管理计划编排策略和方法

导航星座的长期管理需求主要体现在轨道构型的保持方面，通过星座统筹规划，对卫星实施机动控制，以满足导航系统各类指标要求。

7.2.4.3　星座长期管理自动化调度技术

星座长期管理自动化调度技术主要包括在星座长期管理自动化运行体系框架下对地面数据处理系统各功能进行统一调度管理和监控的技术和实现方案。通过对卫星管理中各类操作监视工作的分解、分析和抽象，定义操作事件描述“原语”，制定综合调度管理平台与各功能子系统之间调度控制的交互协议，在稳定性、安全性、可实施性的前提下设计适应于全球星座集中统一管理的高度自动化的多星综合调度平台，以面向飞控程序的调度计划脚本为基础实现各功能子系统的自动调度运行，并具备系统状态实时监控与智能诊断的能力。在相关技术研究的基础上，研制开发综合调度管理软件原型系统进行演示验证。

星座长期管理系统自动化调度示意图如图7.32所示。

7.2.4.4　长期管理软件智能平台技术

面向长期管理软件的智能平台，是利用云计算技术、基于应用服务器与智能调度引擎的软件智能化平台。其目标是实现长期管理的计算资源不受硬件资源的限制，能够自由使用、可充分调度，且是弹性可控的，从而以极少数量的人力资源智能管理多个卫星的运行过程。

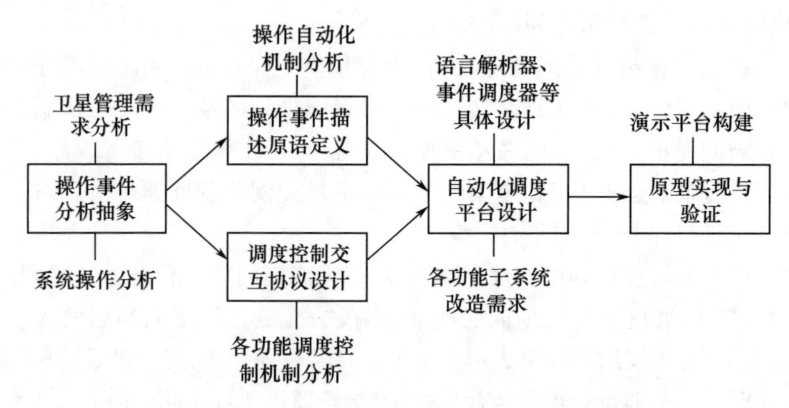

图7.32　星座长期管理系统自动化调度示意图

1）测控网专用云计算技术

利用服务器硬件构建云计算平台，在其上开展包括实时任务资源调度、基于负载均衡的资源调度和基于节能意识的资源管理等虚拟资源管理策略，建立分布式文件存储体系，并在基础上实现高速数据存储及查询和基于 Map/Reduce 的高速数据处理。

2）测控软件组件技术

测控软件组件技术涉及组织结构、管理形式和使用方法等多个方面，包括使用 Web Service 技术将现有的应用封装成服务化的组件，利用消息中间件技术来管理调用中的应用，如使用订阅/发布机制在组件间传递各类消息、命令和响应等及使用工作流协调和驱动各类组件运行的方法。

7.2.4.5　导航卫星控制自动化技术

中高轨卫星的控制操作可能发生在任何时间，为将专家从长管操作中解脱，同时保证控制过程安全，将自动化技术在导航卫星长期管理中安全可靠地应用，自动监视卫星是否按照控制意图正确地运行，以保证实时控制操作中的自动、迅速、准确、安全。

1）卫星实时控制判断方法

目前，航天器控制的自动化主要面向卫星控制命令的发送和单点采样式判断，没有解决对指令或者控制过程的持续性判断，因此进行较为复杂的控制过程时必须由专家人工判读；比较传统的卫星专家系统偏向于静态模式、稳态数据的监视判断方式，无法适应主动的、动态的控制过程。

参考国内外航天控制中心的实时监视系统和任务模式，分析现有技术特点，结合复杂控制过程的实际情况，可以采用基于预期行为的实时卫星监控方法，对典型控制事件建立具有遥控指令集和对应时序的控制与判断知识，形成指令级和事件级的两级判断监控体系。

2）航天器控制监视平台技术

关于卫星实时控制判断方法，在对卫星的主动控制当中，需要准确、实时地判断

阶段控制效果，为进行下一步控制打下基础。这就要求判断的过程，不仅要满足单个参数的趋势、目标判断，还应该满足多个参数的综合的、持续性的判断；更为重要的是，要与控制过程紧密结合起来，配合控制过程建立预期行为的描述，完成对预期目标的判断。

关于卫星控制操作自动运行，设计了基于控制监视平台，能够依据控制监视脚本完成控制过程的自动执行。

7.2.4.6　导航卫星在线诊断与应急处置技术

面向全球导航卫星星座的测控管理，针对导航卫星的状态在线检测、故障自动诊断及自动化处置技术，可实现导航星座卫星的异常快速检测与处置恢复，确保了导航星座连续、稳定、可靠地提供导航服务。

1）卫星状态在线检测技术

针对目前在轨的多颗导航卫星遥测数据变化情况进行分析，掌握了遥测数据变化的基本规律，在此基础上建立遥测数据变化趋势模型，将卫星实测数据与模型预测相结合，利用异常实时检测技术。采用阈值检测、波形检测、斜率检测、关联信息融合检测等多种方式对遥测数据进行在线检测，达到及时发现卫星状态异变的目的。在检测之前，还需要针对遥测误码等因素引起的虚警现象进行相应的数据预处理。

（1）导航卫星遥测数据挖掘技术。在对导航卫星遥测数据包含的时域、频域和序列信息进行深入分析的基础上，一方面基于统计分析方法进行遥测野值识别方法，另一方面基于序列分析方法针对状态检测问题进行单变量异常区间识别方法和多变量异常区间识别方法。

（2）故障征兆的提取技术。首先分析故障征兆常用类别可分性判据的不足，之后，基于分类错误来源于类别之间的临接区域的特点，采用以样本落在临接区域的概率为标准选择征兆，以降低样本在临接区域中的分类错误，并给出相应判据。

通过对卫星遥测数据进行实时检测，能够快速发现卫星状态异变。以在线检测为基础，在快速发现卫星状态异变之后准确定位故障原因，开展故障处置工作。

2）卫星故障的自动诊断技术

在对卫星经验知识进行深入分析的基础上，采用基于规则的知识表示方法和基于案例的知识表示方法，以进行经验知识的转化和整理。并且开展规则和案例相结合的集成诊断方法，实现对卫星异常进行自动化诊断，依据知识生成故障定位信息，快速定位卫星故障。

7.3　导航星座测控系统总体方案

7.3.1　测控方案设计

测控方案总体设计主要包括确定测控系统与卫星、运载火箭接口，测控任务与要求分析,确定测控网布局和测控设备技术状态,以及相应的任务要求。

7.3.2　测控任务流程设计

测控任务的主要技术流程如图 7.33 所示。

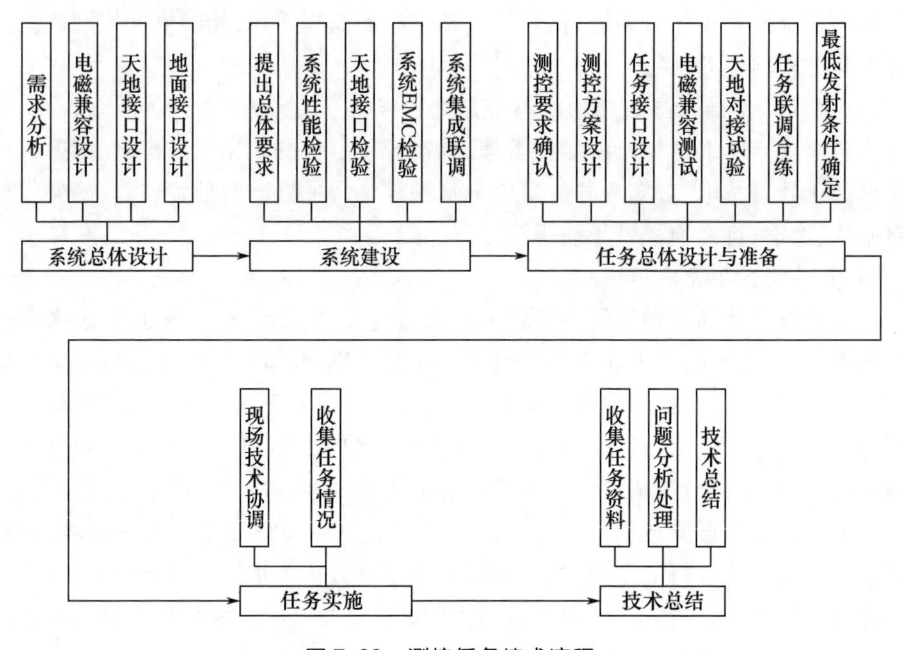

图 7.33　测控任务技术流程

7.3.2.1　系统总体设计

(1) 测控系统需求分析。分析论证卫星系统、运载火箭系统对测控系统的测控要求。

(2) 系统间接口协调与设计。根据卫星系统测控要求、飞行程序,火箭系统测控要求、初步弹道等,开展星地、接地接口设计、电磁兼容设计,提出箭载合作目标应答机技术指标要求和天线方向图技术要求,确定卫星应答机技术指标及遥测遥控接口等。

7.3.2.2　系统建设

根据任务需求,开展测控系统建设总体方案设计,明确系统总体技术状态,确定需要建设和改造的系统方案和投资规模,确定测控网组成和参试设备技术状态、初步任务要求等;提出测控设备研制改造总体技术要求,开展测控设备研制改造总体技术方案设计。

测控系统建设包括测控中心、测控设备、通信系统建设等方面,其中测控中心建设包括实时任务系统、长期管理系统、测控模拟器及动态模拟器等研制改造,测控设备建设包括火箭、卫星测控设备研制改造。

系统建设完成后,开展系统性能检验(如校飞)、系统集成联试、系统 EMC 检

验等。

7.3.2.3 任务总体设计与准备

在建设总体方案的基础上，开展任务总体设计，包括测控要求的再确认、测控方案设计、测控任务接口设计、对接试验总体设计、系统联调等。

根据工程需要，测控系统与各大系统间需进行的大型系统试验有：箭地测控对接试验、星地测控对接试验、星箭地电磁兼容试验和测控系统与运控系统联试等。对接试验总体设计须以系统间接口控制文件为依据，拟制对接试验大纲和实施方案，开展星箭地电磁兼容试验总体设计，拟制电磁兼容试验大纲。

根据任务进展情况，测控系统参试单位开展本单位内部联调联试、系统间联调联试及全区合练，开展测控中心与运控中心的单向联调，为任务实施做好准备。根据任务准备情况，测控系统还需要开展飞控任务演练和系统综合演练等。

7.3.2.4 任务实施与平台在轨测试

测控系统参加卫星发射任务，收集任务执行情况，确保完成各大系统提出的测控任务和要求；同时，结合任务实施，承担平台在轨测试。

对于新技术、新体制，结合卫星发射、长期运行等各阶段工作，开展测控系统在轨技术验证与技术试验工作。

7.3.2.5 技术总结

对参试情况进行技术总结，对出现的问题进行分析处理。

7.3.3 大型地面试验

导航星座工程中采用了大量新技术、新体制。为了使这些新技术、新建设项目稳定运行，测控系统在飞行任务中能够正常工作，并与星箭协调共同完成测控任务，在任务前不同阶段需通过各种有效手段对测控系统方案进行测试验证和任务演练，需要开展星地测控、箭地测控等大型地面试验。

7.4 本章小结

本章主要介绍导航星座测控任务总体设计所涉及的测控需求及约束条件分析、测控管理模式以及测控方案总体设计等方面。测控需求方面主要包括功能要求、主要技术指标要求等。根据测控需求，开展测控覆盖、构型保持、测定轨精度、可靠性及安全性等分析。测控管理模式则根据不同阶段要求及测控手段，开展发射与早期轨道段、长期运行阶段测控方案设计。测控方案总体设计主要包括确定测控系统与卫星、运载火箭接口，测控任务与要求分析，确定测控网布局和测控设备技术状态，以及相应的任务要求。测控任务流程设计则是在开展测控工作中需要根据工程进展和技术要求逐步推进的相关工作。大型地面试验则是根据工程采用的新技术、新体制要求，以及工作推进要求，开展星地测控、箭地测控等大系统间地面试验，确保任务顺利开展。

第8章　大型试验任务设计与实现

导航星座工程中采用了大量新技术、新体制。为了使这些新技术、新建设项目稳定运行，测控系统在飞行任务中能够正常工作，并与星箭协调共同完成测控任务，在任务前不同阶段需通过各种有效手段对测控系统方案进行测试验证和任务演练，需要开展星地测控、箭地测控等大型地面试验。

8.1　测控系统星地对接

测控系统星地对接由星上相关设备、地面改造及新研测控设备和测控中心共同完成，参加星地对接的星上设备主要包括测控应答机、综合电子分系统等，地面设备主要包括测控设备、测控中心。对接试验可分初样状态对接和正样状态对接两个阶段。初样和正样对应星上设备的阶段划分，地面设备均应完成出厂测试及验收。星地初样对接重点验证星地测控设备之间接口功能上的兼容性，重点检查星地测控设备在体制和方案方面的兼容性。星地正样对接在卫星研制转正样阶段后，择机与地面测控系统开展对接试验，其目的是最大限度地验证星地测控接口的匹配性和正确性。

8.1.1　试验目的

(1) 检验星地测控体制接口的正确性和匹配性。

(2) 检验星地测控设备联合工作的正确性、匹配性和协调性。

(3) 检验星地测控体制捕获性能。

(4) 检验星地测控体制工作流程。

(5) 检查星地测控体制跟踪性能。

(6) 检验卫星与地面测距、测速功能正确性；检查测距零值稳定性和方差及测速方差。

(7) 检验星地测控体制上行遥控指令、上行注入数据格式及发送、接收和执行的正确性、协调性。

(8) 检验星地测控体制遥测格式、遥测接收、解调及数据处理的正确性。

(9) 开展单星多站接收遥测数据流试验，检查星地测控数据发送、接收和处理流程的协调性。

(10) 检验星地测控体制抗干扰性能。

(11) 检验利用星间链路进行遥测遥控的正确性、协调性。

8.1.2　试验内容

星地测控对接试验主要包括不同测控体制下应答机信标特性、转发特性、自动增益控制 AGC 特性测试,星地捕获试验,测距、测速随机误差测试,星上应答机零值分离测试,遥测格式检查、误码率测试,遥控指令对接,上行数据注入对接,加解密功能试验等。

8.1.3　参试设备及主要技术状态

8.1.3.1　卫星系统

星上对接参试设备的电性能和电接口均代表卫星技术状态。

卫星系统参加对接设备包括:

(1) 测控应答机;

(2) 各类计算机;

(3) 多工器;

(4) 天线;

(5) 通用测试设备。

8.1.3.2　测控系统

(1) 测控站测控设备;

(2) 测量船测控设备;

(3) 中心计算机系统;

(4) 时统、通信、调度系统;

(5) 通用测试设备。

8.1.4　组织实施

对接大纲由系统总体负责编写。实施单位负责各自编写对接实施细则并组织实施。卫星系统负责提供与对接有关的技术文件、遥控指令码表和注入数据。

实施单位、卫星单位负责对接数据的记录和收集,对接试验结束后,将对接记录汇总并整理分析整个对接试验情况,形成对接试验总结。

8.2　测控系统箭地对接

8.2.1　一般对接

测控系统箭地对接由箭上相关设备、地面测控设备及指控中心共同完成,参加箭地对接的箭上设备主要包括各类应答机等,地面设备主要包括测控设备、指控中心。对接试验可分初样状态对接和正样状态对接两个阶段。初样和正样对应箭上设备的阶段划分,地面设备均应完成出厂测试及验收状态。

箭地初样对接重点验证箭地通信设备之间接口功能上的兼容性。重点检查箭地测控设备在体制和方案方面的兼容性。

箭地正样对接在运载火箭上面级研制转正样阶段后,择机与地面测控系统开展的对接试验,其目的是最大限度地验证运载火箭与地面测控接口的匹配性和正确性,包括:

(1) 验证箭上应答机及有关设备与地面测控站、测控中心联合工作的正确性、协调性、匹配性。

(2) 检验遥测格式、接收、解调及遥测数据处理的正确性。

(3) 进行应答机性能测试。

(4) 进行星地距离零值统计和分离。

8.2.2 箭地中继对接试验

8.2.2.1 试验目的

运载火箭具备中继测控功能,需要开展专项中继对接试验。

中继对接试验的目的是验证箭地中继接口的正确性、匹配性和箭地设备联合工作的协调性,包括:

(1) 验证中继测控前向数据发送及接收的正确性。

(2) 验证中继测控返向遥测数据发送及接收的正确性。

(3) 验证测量功能正确性。

(4) 验证箭-星-地联合工作的协调性。

(5) 验证箭载中继测控设备、火箭射频设备及卫星射频设备之间无线信号的电磁兼容性。

8.2.2.2 试验内容

箭地中继测控对接试验主要包括:前/返向信道状态检查,前/返向链路捕获时间测试;前/返向数据格式及内容正确性检查;返向数据接收误比特率测试;距离测量功能测试;无线静态对接试验;箭上中继模拟电磁环境摸底试验。

8.2.2.3 参试设备及主要技术状态

火箭系统参加对接试验箭上产品采用飞行状态产品,主要包括中继测控终端、中继天线、地面单元测试设备等。为配合完成电磁兼容试验,卫星系统测控应答机及天线也可参加试验。

地面测控系统参试设备主要包括中继卫星系统。要求状态设置正常,工作状态良好,具备对接技术状态;要求中心计算机系统正常,软件调试完毕,具备对接技术状态。

8.2.2.4　组织实施

对接大纲由系统总体负责编写。对接实施单位负责编写对接实施细则。火箭系统负责提供与对接有关的技术文件、数据。

对接实施单位、火箭系统单位负责对接数据的记录和收集,对接试验结束后,将对接记录汇总并整理分析整个对接试验情况,形成对接试验总结。

8.3　星箭地电磁兼容试验

8.3.1　试验目的

检验星、箭、地有关设备同时工作的电磁兼容性能和协同工作效果,为全系统的电磁兼容可行性提供技术依据;监测有关设备电磁辐射特性和发射场周围电磁环境,为解决可能出现的干扰问题提供测试数据。

8.3.2　参试设备及主要技术状态

包括:星载电子电器设备及地面检测设备,运载火箭电子电器设备及地面检测设备,地面无线电设备。必须保证各参试设备主要技术状态良好。

8.3.3　试验内容

主要完成以下试验内容:

(1) 发射场周围电磁环境监测;

(2) 星、箭、地无线电设备辐射特性监测;

(3) 星、箭、地系统间电磁兼容性综合测试。

8.3.4　试验时间和地点

在发射阵地结合阵地联合总检查进行。

8.3.5　组织分工

系统总体拟制测试大纲,负责技术协调,牵头分析参试系统间的电磁兼容情况,测试结束后完成电磁兼容性测试技术总结报告上报工作。

实施单位按大纲要求拟制测试实施细则,组织实施现场测试,收集整理测试数据;型号部门参加测试,并为测试提供相关技术保障。

8.4　测控系统联试

为检验测控中心实战任务软件的正确性、可操作性与指挥人员的工作协调性,保证实战飞控操作万无一失，在任务准备阶段，测控中心需要进行充分的飞控任务演练。主要分为主动段任务演练和运行段任务演练，以检验各中心之间，以及中心与设备之间各种信息交换的正确性和协调性。

8.5 测控系统与运控系统对接试验

测控系统与运控系统对接试验重点检查运控中心与测控中心之间接口设计的匹配性和信息交换的正确性。

8.6 通信系统联调

通信系统联调的目的：

（1）检查通信设备之间的接口、连接匹配性。

（2）打通试验站点之间的信息通道，检查信息传输的正确性。

（3）检查通信系统的稳定性和可靠性。

8.7 设备校飞

目的：对新研测控设备进行性能和精度检验，为完成实际任务提供技术依据。

8.8 测控系统综合演练

在任务前期，测控系统的软硬件系统建设完成后，进行全系统共同参加的测控系统信息联调和系统综合演练，验证全系统的工作协调性和信息传输正确性。

8.9 本章小结

为了保障测控系统任务顺利开展，需要进行相关试验，包括星地测控对接、箭地测控对接、星箭地电磁兼容试验、测控系统联试以及测控系统与其他系统对接试验等。本章简要介绍了上述试验的试验目的、试验内容及试验项目等。

第9章　星座测控技术展望

随着导航事业的不断发展,各种不同轨道导航卫星组成的混合导航星座成为其必然发展趋势,从而对航天测控网提出各种极富挑战性的测控要求;而随着星上探测设备种类增加和性能不断提高,需要下传的数据量也急剧增加。例如,导航星座在存在星间链路情况下,仍然要求航天测控网具有多目标同时测控能力、高精度测定轨能力,要求尽量降低测控费用,要求在一定对抗环境下具备测控能力。为满足这些要求,航天测控网一直不断地发展新的测控技术及新测控网体系结构。同时,随着航天工业技术和计算机技术的不断发展,越来越多的技术会被应用到导航星座测控工程实践中:首先,地面测控、运控、星间链路运行管理一体化发展是大势所趋,系统总体设计必须顺应这一发展趋势,从系统工程总体层面、天地接口层面、地面系统等多方面,统筹各种需求,统一设计;其次,必须应用技术发展的最新成果,解决系统关键技术,提高系统运行管理能力、服务保障能力及安全性可靠性。

9.1　地面系统一体化发展趋势

未来卫星导航地面系统是一体化、网络化、自动化、智能化的卫星导航地面系统,能够综合利用大数据、人工智能、云计算等新技术,具备航天测控、运控、星间链路运管功能,具备自动化智能化水平高、管理控制效能高、运行维护成本低等特点。

为实现测控、运控、星间链路运管地面系统一体化,实现地面系统网络的多业务融合、资源智能分配及系统的互连互通,需要对地面系统的需求、功能性能指标体系研究与分配、体系架构及模式流程、运行管理技术、内外部接口关系等进行详细研究、分析与分解,并设计相应总体方案。

9.2　高效可靠运行管理技术

地面系统高效可靠运行管理技术,涉及系统总体设计的方方面面,如星座自主状态监视与控制、地面系统网络智能运维、多波束设备技术、天基信息网络协议体系、随遇接入技术、系统高精度测定轨与构型保持、地面系统一体化密码设计等。

9.2.1　高效自主星座监视与控制技术

充分考虑自主运行和通过星间链路的实时数据传输与控制,为实时有效卫星测控,需要实时掌握各卫星及整体星座运行状态。根据星座需求的梳理,针对卫星轨道特点、星座构型、星座运行、系统目标等对地面系统的要求,对需要实现的星座状态监视与控制任务进行分解归类,设计高效自主的星座管理体系结构,对可行性和运行方式开展分析研究。

9.2.2 地面系统网络智能运维技术

现有地面系统交互程度低、自动化程度参差不齐,需要综合运用人工智能、云计算、大数据等技术提升地面系统与外界信息、数据的交互服务能力,实现设备级、业务级的全寿命周期的故障诊断、健康管理,提升业务运行管理维护水平,大幅度减少非关键环节的人工参与,从而提升系统性能,实现未来地面系统运管与服务的自动化与智能化。

9.2.3 基于星地协同网络的高精度时频传递技术

导航系统的高精度时间同步与时频传递是系统应用的基础,其关键技术包括星地协同时频网络架构、基于星地协同多链路的时间同步、整网高精度钟差联合解算等。高精度时频传递技术可支持未来形成天地协同一体化的导航系统高精度时间同步网络,实现时间同步链路应用效能的最大化以及天地时间同步链路的协同互备。

9.2.4 多波束设备技术

导航星座多种轨道卫星组网运行,为满足地面测运控系统高效运行需求,开展多目标测控的地面测运控设备多波束技术的研究与应用,尤其是针对地面系统多业务协同、多目标测量与数传以及可重构地面站发展研制需求,开展宽带多频点相控阵天线技术、多业务融合处理技术以及基带数字信号可加载可重构技术研究,实现多业务可加载数字多波束系统关键技术突破,实现地面站的可重构,为全面提升多业务执行、多星多频段星地测量与数传以及体系抗打击能力提供关键支撑。

9.2.5 随遇接入技术

基于航天器随遇接入测控体系架构,实现卫星星座在天地基测运控网络可覆盖区域内自主感知、随遇接入网络,以及快速、可靠获取测运控服务,可大幅提升星座测控管理效率和在轨应用效能。

9.2.6 高精度测定轨及星座构型保持技术

导航星座需要高精度轨道测量与精确预报,实现高精度测定轨;同时由于卫星轨道发射偏差、捕获偏差和卫星轨道自身摄动运动的影响,在整个系统寿命周期内,卫星星座构型将不断发生变化,需要根据任务需求和理论分析,开展星座构型保持指标分析与分配、保持技术研究等,实现导航星座高精度测定轨与星座构型保持。

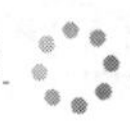

9.2.7　更高层的天基信息网络协议

在导航星座工程中，基于星间链路，构成了星地星间一体化空间信息传输网络，为此需要采用更高层、更全面、更合理可行的信息安全传输网络协议，统筹测控、运控、星间链路运行管理、系统安全需求，统一设计星地、星间信息安全传输网络协议，使得系统运行更为高效、可靠、合理。

9.2.8　地面系统一体化密码技术

星地一体化密码系统总体技术是导航星座信息安全的基石，星地一体化密码系统总体技术主要包括安全可靠密码算法、密码协议、基于公钥密码体制密码管理方案，以及多中心密码设备运行管理体系等，开展上述技术研究，可以满足导航星座管理星地/星间、业务测控/工程测控一体化任务需求。

9.3　降低导航星座任务的测控费用

导航星座的测控与操作管理是导航星座任务的重要环节，但是庞大航天测控网的建设与维护费用，以及长寿命卫星操作管理累积性开支，在导航星座任务总费用中占比越来越大。目前，降低导航星座任务测控管理费用已成为关注的研究课题之一，可以从以下几个方面开展工作：第一，概念和工作方式的改变。未来导航卫星的设计，注重提高星上自主能力，提高地面自动化能力，通过星上自主与地面自动化的最佳有机结合使导航星座的管理模式发生革命性变革。第二，国际合作、测控业务互操作。为导航星座服务的地面测控站在国际范围内共享，可提高测控站的利用率和可靠性，而且节省测控费用。第三，采用先进有效技术措施和工程管理办法。在适当放宽测控需求的前提下，采用先进计算机技术和网络技术，大量采用现有成品软硬件，利用大规模集成电路等，可将地面站做得非常小，成本也很低。地面系统的自动化可减少操作人员的工作负荷和人员数量，降低运行操作费用，还可以减少人为错误的风险，况且全面、严格、重复和快捷地执行已规划好的操作能减少对异常的响应时间。此外，坚持标准化，在系统建设中采用招投标等办法，都可以大大减少航天测控系统的工作量以及工程进展中的大量协调工作和文件，从而降低测控费用。

9.4　标 准 化

星载和地面测控设备的标准化可以扩展测控设备业务的通用性，使得同一测控系统更可用于多种航天产品，可以明显降低航天任务的运行成本，缩短航天任务的研制周期。如果采用国际标准，则可促进航天测控网的国际合作和测控业务的相互支援，同时有利于我国航天测控业务和设备推向国际市场。

1982年成立的空间数据系统咨询委员会(CCSDS),负责开发和采纳适合于航天测控和数传系统的各种通信协议和数据传输规范,以适应航天器复杂化的发展趋势,并满足对空间资源的和平利用、加强国际合作的需要。到2000年,CCSDS已公布了遥控信道编码、分包遥控、无损数据压缩、时间码格式、射频和调制系统、外测和轨道数据、高级在轨系统、空间通信协议规范等近30份蓝皮书。1989年,CCSDS颁发AOS建议书,目前已有150多个航天器采用CCSDS建议。CCSDS各技术领域目前主要的研究方向包括:①在系统工程领域,重点研究CCSDS系统体系架构的设计和信息安全架构设计;在信息安全方面,工作重点是信息安全体系结构设计、密钥管理机制、IPsec在空间网络的应用等。②在任务操作和信息管理(MOIM)领域,重点是航天器任务操作技术、机器人遥操作技术等。③在航天器星载接口业务(SOIS)领域,重点是即插即用技术、无线网络技术、软件体系结构等。④在空间链路业务(SLS)领域,重点是下一代空间链路协议的指定、激光通信等。⑤在空间互联网业务(SIS)领域,重点是DTN协议的相关标准制定及应用。

缩略语

ACK	Positive Acknowledgement	肯定确认
AES	Advanced Encryption Standard	高级数据加密标准
AOP	Argument of Perigee	近地点幅角
AOS	Advanced Orbiting System	高级在轨系统
APID	Application Process Identifier	应用过程标识
ARM	Advanced RISC Machine	进阶精简指令集机器
ARP	Address Resolution Protocol	地址解析协议
ASM	Any-Source Multicast	任意源组播
BD	BeiDou	北斗
BDS	BeiDou Navigation Satellite System	北斗卫星导航系统
BP	Bundle Protocol	束协议
BPSK	Binary Phase-Shift Keying	二进制相移键控
C&S	Code & Synchronize	同步与编码(子层)
CANDOS	Communication and Navigation Demonstrate on Space Shuttle	航天飞机通信与导航演示验证
CAP	Consistency Availability Partition Tolerance	一致性可用性分区容忍性
CBC	Cipher Block Chaining	密码分组链接
CCFL	Cold Cathode Fluorescent Lamp	冷阴极荧光灯管
CCM	Counter Mode with CBC-MAC	基于 CBC-MAC 的计数器和加密认证模式
CCSDS	Consultative Committee for Space Data Systems	空间数据系统咨询委员会
CFB	Cipher Feed Back	密码反馈
CFDP	CCSDS File Delivery Protocol	CCSDS 文件传输协议
CIFS	Common Internet File System	通用 Internet 文件共享
CISC	Complex Instruction Set Computer	复杂指令集计算机
CMAC	Cipher-Based Message Authentication Code	基于密码的消息认证码
CML	Carrier Modulation Loss	载波调制损耗
COS	Common Orbiting System	常规在轨系统
CPU	Central Processing Unit	中央处理器

CRC	Cyclic Redundancy Check	循环冗余校验
CSS	Cross Support Services	交互支持业务
CTR	Counter	计数器
CVCDU	Coding Virtual Channel Data Unit	编码虚拟信道数据单元
DAS	Direct-Attached Storage	直连式存储
DES	Data Encryption Standard	数据加密标准
DHCP	Dynamic Host Configuration Protocol	动态主机设置协议
DLP	Digital Lighting Process	数字光处理
DM	Dense Mode	密集模式
DMD	Digital Micromirror Device	数字微镜装置
DNS	Domain Name System	域名系统
DOP	Dilution of Precision	精度衰减因子
DPSK	Differential Phase Shift Keying	差分相移键控
DTN	Delay Tolerant Networking	延迟容忍网络
DTNRG	DTN Research Group	DTN 研究小组
DVI	Digital Visual Interface	数字视频接口
ECB	Electronic Code Book	电子密码本
EGM	Earth Gravitational Model	地球重力场模型
EIRP	Effective Isotropic Radiated Power	有效全向辐射功率
EXT3	Third Extended File System	第三代扩展文件系统
FAT32	File Allocation Table32	32 位文件分配表
FC	Fiber Channel	光纤通道
FPGA	Field-Programmable Gate Array	现场可编程门阵列
FTP	File Transfer Protocol	文件传输协议
GCM	Galois/Counter Mode	加密认证模式
GDOP	Geometry Dilution of Precision	几何精度衰减因子
GEO	Geostationary Earth Orbit	地球静止轨道
GLONASS	Global Navigation Satellite System	(俄罗斯)全球卫星导航系统
GNC	Guidance, Navigation and Control	制导、导航与控制
GNSS	Global Navigation Satellite System	全球卫星导航系统
GPFS	General Parallel File System	通用并行文件系统
GPS	Global Positioning System	全球定位系统
GSO	Geosynchronous Orbit	地球同步轨道
HA	Highly Available	高可用
HAC	High Availability Cluster	高可用集群
HMAC	Hash-Based Message Authentication Code	基于 Hash 函数的消息认证码

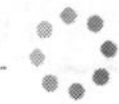

HPC	High Performance Cluster	高性能集群
HTML	Hypertext Markup Language	超文本标记语言
HTTP	Hypertext Transfer Protocol	超文本传输协议
HTTPS	Hypertext Transfer Protocol Secure	超文本传输安全协议
ICMP	Internet Control Message Protocol	互联网控制报文协议
IEEE	Institute of Electrical and Electronic Engineers	电气与电子工程师协会
IGMP	Internet Group Management Protocol	互联网组管理协议
IGSO	Inclined Geosynchronous Orbit	倾斜地球同步轨道
INS	Inertial Navigation System	惯性导航系统
IO	Input Output	输入输出
IOPS	Input/Output Operations per Second	每秒读写次数
IP	Internet Protocol	互联网协议
IPN	Interplanetary Internet	行星际互联网
IPOC	IP Over CCSDS	CCSDS 架构下的 IP 体系
ISO	International Organization for Standardization	国际标准化组织
IV	Initial Value	初始值
iSCSI	Internet Small Computer System Interface	小型计算机系统接口
JPL	Jet Propulsion Laboratory	喷气推进实验室
KVM	Kernel-Based Virtual Machine	基于内核的虚拟机
LAN	Local Area Network	局域网
LBC	Load Balance Cluster	负载均衡集群
LCD	Liquid Crystal Display	液晶显示屏
LDAP	Lightweight Directory Access Protocol	轻型目录访问协议
LDP	Logic Data Path	逻辑数据路径
LDPID	Logical Data Path Identifier	逻辑路径标识
LED	Light Emitting Diode	发光二极管
LEO	Low Earth Orbit	低地球轨道
LTP	Licklider Transmission Protocol	利克里德传输协议
LUN	Logical Unit Number	逻辑单元号
M_PDU	Multiplexing Protocol Data Unit	多路协议数据单元
MAC	Message Authentication Code	消息认证码
	Media Access Control	媒体访问控制
MBGP	Multiprotocol Extensions for BGP-4	多协议边界网关协议
MCID	Master Channel Identifier	主信道标识
MEO	Medium Earth Orbit	中圆地球轨道

MIPS	Microprocessor Without Interlocked Piped Stages	无内部互锁流水级的微处理器
MLD	Multicast Listener Discovery	组播侦听发现
MOIM	Mission Operation and Information Management	任务操作和信息管理
MSDP	Multicast Source Discovery Protocol	组播源发现协议
NACK	Negative Acknowledgement	否定确认
NAS	Network Attached Storage	网络附加存储
NASA	National Aeronautics and Space Administration	美国国家航空航天局
NAT	Network Address Translation	网络地址转换
NFS	Network File System	网络文件系统
NIC	Network Interface Card	网络接口卡
NIST	National Institute of Standards and Technology	(美国)国家标准与技术研究所
NORAD	North American Aerospace Defense Command	北美防空司令部
NTFS	New Technology File System	新技术文件系统
OFB	Output Feedback	输出反馈
OMNI	Operating Mission as Nodes on the Internet	网络节点操作任务
OPNET	Operational Tracking Network	操作跟踪网络
OSI	Open System Interconnection	开放式系统互联
PARM	Packet Accept Return Message	包接收汇报
PC	Personal Computer	个人计算机
PCA_PDU	Physical Channel Access_Protocol Data Unit	物理信道访问协议数据单元
PCM	Pulse Code Modulation	脉冲编码调制
PDXP	Packet Data Exchange Protocol	包数据交换协议
PEP	Performance Enhance Proxy	性能增强代理
PIM	Protocol Independent Multicast	协议无关组播
PIM-DM	Protocol Independent Multicast-Dense Mode	密集模式独立组播协议
PIM-SM	Protocol Independent Multicast-Sparse Mode	稀疏模式独立组播协议
PNT	Positioning, Navigation and Timing	定位、导航与授时
POSIX	Portable Operating System Interface	可移植操作系统接口
PPP	Precise Point Positioning	精密单点定位
PRN	Pseudo Random Noise	伪随机噪声
PSC	Packet Send Control	包发送控制
PSK	Phase Shift Keying	相移键控
PVC	Polyvinyl Chloride	聚氯乙烯
RAAN	Right Ascension of Ascending Node	升交点赤经
RAID	Redundant Arrays of Independent Drives	独立硬盘冗余阵列

RAM	Random Access Memory	随机存取存储器
RARP	Reverse Address Resolution Protocol	反向地址转换协议
RDBMS	Relational DataBase Management System	关系数据库管理系统
RDSS	Radio Determination Satellite Service	卫星无线电测定业务
REST API	Representational State Transfer Application Programming Interface	表现层状态转化应用程序接口
RISC	Reduced Instruction Set Computer	精简指令集计算机
RNSS	Radio Navigation Satellite Service	卫星无线电导航业务
RTK	Real Time Kinematic	实时动态
RTOS	Real-Time Operating System	实时操作系统
SAN	Storage Area Network	存储区域网络
SCID	Spacecraft Identifier	航天器标识符
SCML	Subcarrier Modulation Loss	副载波调制损耗
SCPS	Space Communication Protocol Specification	空间通信协议规范
SCPS-NP	SCPS Network Protocol	SCPS 网络协议
SCPS-SP	SCPS Security Protocol	SCPS 安全协议
SCPS-TP	SCPS Transmission Protocol	SCPS 传输协议
SDL	Space Data Link	空间数据链路
SFM	Source-Filtered Multicast	过滤源组播
SIS	Space Internet Service	空间互联网业务
SLS	Space Link Service	空间链路服务
SM	Sparse Mode	稀疏模式
SMPS	Synthesis Manage Platform Software	综合调度管理平台软件
SNACK	Snack Acknowledgement	快速重传确认
SNMP	Simple Network Management Protocol	简单网络管理协议
SOIS	Spacecraft Onboard Interface Services	航天器星载接口业务
SPN	Substitution-Permutation Network	代换-置换网络
SPP	Space Packet Protocol	空间包协议
SSE	Streaming SIMD Extensions	流 SIMD 扩展
SSI	Solar System Internetwork	太阳系互联网架构
SSM	Source-Specific Multicast	特定源组播
TC	Telecommand	遥控
TCP	Transmission Control Protocol	传输控制协议
TDRS	Tracking and Data Relay Satellite	跟踪与数据中继卫星
TDRSS	Tracking and Data Relay Satellite System	跟踪与数据中继卫星系统
TFT	Thin Film Transistor	薄膜场效应晶体管

TFVN	Transfer Frame Version Number	传输帧版本号
TM	Telemetry	遥测
TT&C	Telemetry, Track and Command	遥测、跟踪和指挥
UDP	User Datagram Protocol	用户数据包协议
UTC	Coordinated Universal Time	协调世界时
VC	Virtual Channel	虚拟信道
VCA	Virtual Channel Access	虚拟信道访问
VCA_SDU	Virtual Channel Access Service Data Unit	虚拟信道存取业务数据单元
VCDU	Virtual Channel Data Unit	虚拟信道数据单元
VCID	Virtual Channel Identifier	虚拟信道标识符
VCLC	Virtual Channel Link Control	虚拟信道链路控制
VID	VLAN Identification	虚拟局域网标识
VLAN	Virtual Local Area Network	虚拟局域网